"十三五"职业教育国家规划教材
"十二五"职业教育国家规划教材

高等职业教育农业农村部"十三五"规划教材

农业气象

NONGYE QIXIANG

第五版

闫凌云　主编

中国农业出版社

北　京

内容简介

　　本教材的编写以职业教育教学改革为先导，紧紧围绕农业行业、企业对人才需求，注重高质量、宽基础、强能力，以培养农业高素质、技术技能型人才为基准内容，以适应农业发展对人才的需要为培养目标。

　　本教材主要内容：绪论主要介绍气象学与农业气象学研究的对象、内容和方法，大气的组成和结构；第一篇农业气象要素，包括第一、二、三、四章，主要介绍光、温、水和气等重要气象要素的形成、时空变化规律及对农业生产的影响；第二篇农业天气，包括第五、六章，主要介绍农业天气的形成与变化、农业灾害性天气的形成、发生的规律和防御措施；第三篇农业气候，包括第七、八、九章，主要介绍农业气候的形成、中国气候特征和农业气候资源的分析与利用；第四篇农业小气候，包括第十、十一章，主要介绍农业小气候的特点及设施小气候的调节；第五篇实训篇，主要包括气象仪器的使用和具体的观测方法、农田小气候的观测及气象资料的整理、统计、分析和利用。

　　本教材特点：理论和生产实际、理论和技能紧密结合，突出理论应用能力和实践操作能力；教材中各章设置"学习导航"和"知识链接"，能够引导学生学习和课后总结；设置了"知识窗""查一查""想一想""算一算"等栏目，增加学生学习的趣味性。

　　本教材既适用于种植类，以强调应用能力培养为教学目标的农业高等职业教育的学生用书，也可作为农业类参考书目和农业类科普读物。

第五版编审人员名单

主　编　闫凌云

副主编　张　翼　张清杉

编　者　（以姓氏笔画为序）

　　　　闫凌云　张　聪　张　翼

　　　　张清杉　郑长艳　夏立平

　　　　扈艳萍　解　锋

审　稿　李　有

第一版编审人员名单

主　编　闫凌云

参　编　夏立平　姚宁屏　赵兰枝

审　稿　董中强

第二版编审人员名单

主　编　闫凌云

副主编　夏立平

参　编　姚宁屏　张树民　路保生　赵兰枝

审　稿　董中强　李　有

第三版编审人员名单

主　编　闫凌云

副主编　夏立平　王淑梅　张清杉

编　者　（以姓氏笔画为序）

　　　　王淑梅　李　敏　李庆伟　闫凌云　张清杉

　　　　姚宁屏　秦晓萍　夏立平　常　梅

审　稿　董中强　李　有

第四版编审人员名单

主　编　闫凌云

副主编　夏立平　张　翼　张清杉

编　者　（以姓氏笔画为序）

　　　　李　敏　闫凌云　张　翼　张清杉　郑长艳

　　　　夏立平　扈艳萍　解　锋

审　稿　李　有

第五版前言

根据国务院《国家职业教育改革实施方案》、教育部等相关部门《关于在院校实施"学历证书＋若干职业技能等级证书"制度试点方案》、教育部《关于加强高职高专教育教材建设的若干意见》、教育部《高等职业学校专业教学标准（农林牧渔大类）》等文件有关精神，借鉴高等职业教育近年来工学结合的实践性成果，充分吸收农业气象领域的新知识、新技术、新成果、新工艺，围绕培养技术技能型人才目标，按照新时代职业教育对教材的要求，在第四版基础上，重新修订了《农业气象》（第五版）教材。其特点主要有：

1. 内容体现创新　教材编写中及时吸纳当前的新知识、新技术、新成果，并增加了实用性。每一章节前增加了"知识窗""查一查""想一想""算一算"等栏目，增加了学生学习的趣味性，使教材的结构体更为新颖，学生学习的趣味增强。

2. 职业特色突出　教材编写体现了现代职业教育体系最新教学改革精神，突出"专业与产业、职业岗位对接，专业课程内容与职业标准对接，教学过程与生产过程对接，学历证书与职业资格证书对接，职业教育与终身教育学习对接"等五个对接。同时紧扣《关于在院校实施"学历证书＋若干职业技能等级证书"制度试点方案》，将"学历证书＋若干职业技能等级证书"制度贯穿教材全过程，技能训练部分增加自动气象观测站和灾害性天气的统计分析，使学生能够运用较系统的理论知识，密切结合生产实际，强化技能训练，使他们在以后的工作中能够更熟练更便捷地查找相关气象资料。

3. 生师学教创新　为了方便学生课余时间学习和教师授课参考，中国农业出版社"中国农业教育在线"配置了该教材的数字课程，并在纸质教材中设置二维码，通过动画、视频等形式将难点内容、实训过程进行展现，让学生随时随地进行学习，提高了学习效果，方便教师授课。

4. 多元编写团队　邀请企业、行业技术专家参加教材编写和审稿，使教材内容更具有前瞻性、针对性和实用性，更体现生产实际需要，更具有企业个性

和职业特色。

　　本教材由河南农业职业学院闫凌云担任主编，河南农业职业学院张翼和杨凌职业技术学院张清杉担任副主编，黑龙江农业职业技术学院郑长艳、辽宁职业学院扈艳萍、杨凌职业技术学院解锋和郑州市中牟气象局张聪等参加编写。本教材由河南农业大学李有教授审稿。

　　由于编者水平有限，书中难免存在错误、疏漏和不妥之处，恳请使用本教材的师生和广大读者批评指正，以便今后修改完善。

　　对本教材有疑惑或修改建议者，可与主编联系，主编信箱：lingyun@163.com。

闫凌云

2019 年 7 月

第一版前言

本教材以教育思想、教育观念改革为先导，以教学改革为核心，教材基本建设为重点，注重提高质量、宽基础、强能力，以培养高等技术应用型、适用型、综合型、先进型的专门人才为内容，以适应社会发展为培养目标而编著的。

农业气象是气象学、农学、农业生物学和农业生态学的边缘学科；是种植业、畜牧业、园林业等专业的专业基础课；是研究与农业生产密切的气象条件，并为农业生产服务的应用气象学科。

全书共有理论部分四篇，第一篇主要介绍光、温、水和气等重要的农业气象要素的形成、变化规律及对农业生产的影响。第二篇介绍农业天气形成、灾害性天气的发生规律及防御措施。第三篇介绍农业气候的形成、中国气候特征及农业气候资源的开发利用。第四篇介绍农田小气候的特点及设施小气候的调节。实训篇主要包括气象仪器的利用和具体的观测方法、农田小气候的观测及气象资料的整理、统计、分析和利用。

本教材注重理论教学与实践教学相结合，以为农林生产服务为目的，结合全国各地气候特点和不同专业要求，选材面宽，适用面广，适合农林类高职高专非气象专业学生使用，也可作为农林类科普读物。

我国地域辽阔，各地农业气象条件及农业生产情况不同，加之不同专业对课程教学要求和侧重点不同，因此，在使用本教材时，可以根据本地区特点、专业要求及课时安排作适当调整。

由于编者水平有限，加上时间仓促，疏漏之处敬请广大读者批评指正，以便以后进一步完善。

编　者

2001 年 3 月

第二版前言

农业气象是气象学、农学、农业生物学和农业生态学等的边缘学科，是种植业、畜牧业、园林业等专业的专业基础课，是研究与农业生产关系密切的气象条件，并为农业生产服务的应用气象学学科。

《农业气象》作为21世纪农业部高职高专规划教材于2001年7月出版以来，经过在教学中使用，得到同行师生一致好评和认可，这是对我们的肯定和最大的鼓励，同时也对我们提出了更高的要求，鞭策我们在已有的基础上再接再厉，继续努力。

本教材以学生为主体，以培养学生能力为本位，并按照技能型人才培养需要，合理安排课程架构。

为适应我国农业科学事业和教学发展的需要，在第一版《农业气象》的基础上做了修改，第二版与第一版相比较：部分基础理论得以细化；理论和生产实践相结合部分得以加强；技能训练部分得以精炼；附录资料得到增多。相信修改后的《农业气象》教材，在以后教学过程中：能够运用较系统的理论知识，密切结合生产实际，确实加强技能训练，能更便捷地查找相关资料。

本书绪论主要介绍气象学与农业气象学研究的对象、内容和方法，大气的组成和结构；第一、二、三、四章主要介绍光、温、水和气等重要气象要素的形成、时空变化规律及对农业生产的影响；第五、六章介绍农业天气的形成与变化、灾害性天气的形成和发生的规律及防御措施；第七、八、九章主要介绍农业气候的形成、中国气候特征和农业气候资源的分析与利用；第十、十一章主要介绍农业小气候的特点及设施小气候的调节；第十二章实训主要包括气象仪器的使用和具体的观测方法、农田小气候的观测及气象资料的整理、统计、分析和利用。

编写内容分工：绪论、第三章、第四章（其中第三节）、第六章（其中第三节、第五节、第六节）、第八章、第九章、第十一章由闫凌云编写；第一章、第四章（其中第一节、第二节、第四节）、第六章（其中第四节、第七节）由姚宁

屏编写；第二章、第五章、第六章（其中第一节、第二节）、第七章、第十章由夏立平编写；第十章由张树民编写；农业气象实习指导由赵兰枝、路保生编写。河南农业大学董中强教授和李有教授为本书审稿。

本教材注重理论教学与实践教学相结合，以为农业生产服务为目的，结合全国各地的气候特点和不同专业要求，选材较宽，适用面较广，适合农林类高职高专学生使用，也可作为农林类科普读物。

由于编者水平有限，疏漏之处在所难免，在此敬请读者批评指正，以便再版时进一步完善。

编　者

2005 年 4 月

第三版前言

《农业气象》（第二版）作为 21 世纪农业部高职高专规划教材于 2005 年出版以来，经过在教学中使用，得到同行师生的一致好评和认可，第三版被评为"普通高等教育'十一五'国家级规划教材"，这是对我们的肯定和最大的鼓励，同时也对我们提出了更高的要求，鞭策我们在已有的基础上再接再厉，继续努力。

本教材以教学思想、教学观念改革为先导；以进一步改善教学条件，促进教学改革为核心；以服务"三农"为目的，注重高质量、宽基础、强能力，以培养农业高等技术应用型、适用型、综合型和先进型的专门人才为基准内容，以适应农业发展对人才的需要为培养目标而编写的。

农业气象是气象学、农学、农业生物学和农业生态学等的边缘学科，是种植业、畜牧业、园林业等专业的专业基础课，是研究与农业生产关系密切的气象条件，并为农业生产服务的应用气象学学科。

为适应我国农业科学事业和教学发展的需要，在《农业气象》（第二版）的基础上，特在以下几个方面作以修改：常识性基础知识部分得以细化；农业气象灾害知识得以充实；技能训练部分得以精炼。相信修改后的《农业气象》教材，在学生学完之后：能够较系统地运用理论知识，密切结合生产实际，确实加强技能训练，并能更便捷地查找相关资料。

本教材绪论主要介绍气象学与农业气象学研究的对象、内容和方法，大气的组成和结构；第一、二、三、四章主要介绍光、温、水和气等重要气象要素的形成、时空变化规律及对农业生产的影响；第五、六章介绍农业天气的形成与变化、灾害性天气的形成和发生的规律及其防御措施；第七、八、九章主要介绍农业气候的形成、中国气候特征和农业气候资源的分析与利用；第十、十一章主要介绍农业小气候的特点及设施小气候的调节；实训指导主要包括气象仪器的使用和具体的观测方法、农田小气候的观测及气象资料的整理、统计、分析和利用。

　　编写分工：绪论、第三章、第八章由闫凌云（河南农业职业学院）编写；第二章、第四章由夏立平（黑龙江生物科技学院）编写；第一章由姚宁屏（嘉兴职业技术学院）编写；第六章由王淑梅（辽宁职业学院）编写；第四章、第七章由张清杉（杨凌职业技术学院）编写；第九章由秦晓萍（酒泉职业技术学院）编写；第十章由常梅（阜新高等专科学校）编写；第十一章由李庆伟（河南农业职业学院）编写；实训指导由李敏（河南省郑州市中牟气象局）编写。河南农业大学董中强教授和李有教授予以审稿。

　　本教材注重理论教学与实践教学相结合，强调以服务农业生产为目的，结合全国各地的气候特点和不同专业要求，选材较宽，适用面广，适合农林类高职高专学生使用，也可作为农林类科普读物。

　　书中难免存在错误和不妥之处，敬请广大读者批评指正，以便再版时进一步完善。

编　者
2010 年 7 月

第四版前言

《农业气象》第三版作为"普通高等教育'十一五'国家级规划教材"于2010年出版以来，经过在教学中使用得到同类院校师生的认可和好评，第四版被评为"十二五"职业教育国家规划教材，这是对我们的肯定和最大的鼓励，同时也对我们提出了更高的要求，激励我们在已有的基础上继续努力。

本教材以职业教育改革为先导，紧紧围绕培养高素质技术技能型人才为目的；注重高质量、宽基础、强能力，以培养农业高等技术应用型、适用型、综合型和先进型的专门人才为基准内容；以适应农业发展对人才的需要为培养目标而编著。

农业气象是气象学、农学、农业生物学和农业生态学等的边缘学科，是种植业、畜牧业、园林业等专业的专业基础课，是研究与农业生产关系密切的气象条件，并为农业生产服务的应用气象学学科。

为适应农业职业教育改革和农业科学发展的需要，在《农业气象》第三版的基础上，在以下几个方面作以修改：每一章前增加了学习导航，各章增加了知识链接，增补了常识性基础知识在生产上的应用；农业气象灾害知识得以细化；技能训练部分增加自动气象观测站和灾害性天气的统计分析；同时教材中设置了"知识窗""查一查""想一想""算一算"等栏目，使得教材的结构体系新颖。本教材能够运用较系统的理论知识，密切结合生产实际，加强技能训练，并能更便捷的查找相关气象资料。

本教材由闫凌云（河南农业职业学院）主编。具体编写分工如下：绪论、第二章、第三章、附录由闫凌云编写；第一章、第四章由夏立平（黑龙江生物科技职业学院）编写；第五章、第九章（第一节、第二节）由解锋（杨凌职业技术学院）编写；第六章由张清杉（杨凌职业技术学院）编写；第七章、第八章由郑长艳（黑龙江农业职业技术学院）编写；第九章第三节、第十章由扈艳萍（辽宁职业学院）编写；第十一章、实训八、九、十、十一、十二由张翼（河南农业职业学院）编写；实训一、二、三、四、五、六、七由李敏（郑州市

中牟气象局）编写。李有教授（河南农业大学）予以审稿。

本教材注重应用理论教学与实践性教学相结合，为农业生产服务的目的明确，并结合全国各地的气候特点和不同专业要求，选材较宽，适用面较广，适合农林类高职高专学生使用，也可作为农林类科普读物。

书中难免存在错误和不妥之处，敬请广大读者批评指正，以便进一步完善。

编 者

2014 年 1 月

目 录

绪　论

学 习 导 航

➡ **基本概念**

大气、气象、气象要素、气象学、天气、天气学、气候、气候学、干洁空气、对流层、摩擦层、应用气象学、农业气象学、平行观测法。

➡ **基本内容**

1. 气象学的基本知识。
2. 农业气象学的研究对象、研究方法和任务。
3. 农业气象学的发展历程。
4. 大气的组成成分及其垂直结构。

➡ **重点与难点**

1. 气象学的基本概念。
2. 大气的组成与大气的垂直结构。
3. 农业气象学的研究对象、研究方法和任务。

一、气象学与农业气象学

(一) 气象学基本概念

地球周围包围着一层深厚的空气，这层空气称为地球大气（简称大气）。大气和其他物质一样，时刻不停地在运动变化和发展着。在大气运动变化过程中，经常进行着各种物理过程，比如大气的增热与冷却、水分的蒸发与凝结等；伴随着这些物理过程出现的风、云、雨、雪、雾、霜、雷、电光等物理现象称为气象。气象学是研究大气中所发生的各种物理过程和物理现象的形成原因及其变化规律的科学。在描述大气中的物理过程和物理现象时，常用一些定性或定量的基本因子来描述，如太阳辐射、温度、湿度、气压、风、云、蒸发和降水等称为气象要素。各个气象要素之间相互联系、相互制约，在不同的地方和不同的时间内错综复杂地结合在一起，就表现为不同的天气和气候。

天气是指一个地区，在短时间内各种气象要素的综合表现。它是短时间的、不稳定的、瞬息多变的现象。天气学是指研究天气形成及其演变规律，并肩负着对未来天气做出预报的一门科学。气候是指一个地区多年的大气平均统计状态，既包括多年来正常的天气情况，也包括极端的天气特征。气候一旦形成，具有一定的区域性和相对稳定性。气候学是研究气候形成和变化规律及其特征的一门科学。

气象学研究范围很广，广义的气象学包括天气学和气候学。

气象学与人民生活、经济建设、国防事业等多方面均有密切关系。由于运用方向不同进而形成不同的应用气象学科，如农业气象学、林业气象学、海洋气象学、医疗气象学等。随着气象科学的不断发展，运用气象部门提供各种气象信息和资料，使人们在工农业生产中，充分利用有利的气象条件，克服与抗避不利气象条件的影响。

(二) 农业气象学

研究气象与农业的相互关系的科学，称为农业气象学。农业气象学是利用气象科学技术为农业生产服务，使农业生产能够充分利用有利的天气和气候条件，躲开灾害性天气的危害，从而使农业生产达到高产、稳产、优质、低耗的一门应用气象学科。

1. 农业气象学的研究对象和任务　农业气象学的研究对象一方面是农业对象，广义讲农业包括种植业、林业、畜牧业、水产业、农业建筑与设施、农业生产过程等。另一方面是农业气象条件，包括空气温度、空气湿度、气压、风、日照、太阳辐射、降水、蒸发、二氧化碳浓度、土壤温度、土壤湿度、土壤蒸发、农田蒸散、水温等。农业气象研究可以针对单项气象要素与农业的关系，也可以是多种气象要素对农业的综合影响。其主要目的在于揭示农业与气象环境相互关系的规律性，为农业生产服务。

2. 农业气象学的研究方法　农业气象学的研究方法既不同于农业研究，也不同于气象研究。农业气象研究的对象有两个，在研究时，应遵循平行观测的原则。即一方面在进行各种气象要素观测，另一方面还必须在同一地点、同一时间内对作物生长发育状况进行观测研究。通过两方面的观测资料对比分析，确定气象条件对作物生长发育和产量的影响，从而对作物生育期间的气象条件做出正确的评价与分析。在实际工作中，为了在较短时间内获得尽可能多的有价值的农业气象资料，在平行观测的原则下，常采用以下方法进行研究：

（1）**农业物候研究法** 通过对作物的物候期与生态环境的关系研究农业物候规律。

（2）**农业气象试验法**

分期播种法：即同一作物在每隔一个相同时段后播种一次，这样可找出同一气象条件对不同生育期的影响以及同一生育期对不同气象条件的反应。

地理播种法：即在同一时间里，同种作物在气象条件不同的地点进行播种。由于不同地理位置的气象条件不同，可在较短时间内进行平行观测，以达到试验目的。

人工气候试验法：即利用人工控制气象条件的设施进行农业气象试验。有温度、光照、降水强度等单因子模拟试验，有温湿、温光、温气等复因子试验。

（3）**农业气象遥感** 利用遥感技术进行作物估产、草地资源监测、水旱灾害监测、环境污染监测等。

（4）**资料分析法** 通常是根据数理统计的原理，借助于计算机，统计并分析多年的历史资料。

（5）**作物气象模拟法** 运用数学方法建立可描述作物生长发育、光合生产、器官建成、产量形成等生理生态过程与环境之间关系的数学模型，在此基础上再按照一定的规则用计算机程序将有关模型"装配"在一起，形成可模拟作物生产全过程的软件系统。

（三）中国农业气象学的发展

1. 中国古代的农业气象学成就 早在旧石器时代，人们在采集野生植物果实、种子和狩猎过程中就注意到周围的环境有随季节而变化的现象，从而产生了物候农时的概念。其后，人们注意到中午太阳最高，日影最短时，白昼最长，气候炎热，植物繁茂；中午太阳最低，日影最长时，白昼最短，气候寒冷，植物落叶，动物蛰伏，于是产生了季节和节气的概念。

公元前26世纪，《尚书·尧典》中有帝尧让羲氏与和氏出掌四时之官，观天象，授农时。

公元前3世纪出现的《吕氏春秋》、公元1世纪的《氾胜之书》、公元6世纪贾思勰的《齐民要术》、公元11世纪沈括的《梦溪笔谈》、公元16世纪徐光启的《农政全书》等书中对作物与农时（农业气象条件）的关系作了论述。在这个时期我国农业气象的成就已经处于世界领先地位。

2. 中国近代农业气象科技的发展 公元15世纪始，近代气象科技陆续自西方传入中国。

从1840年到中华人民共和国成立，近代中国农业气象事业的发展是很缓慢的。

1922年竺可桢在《科学》第七卷第9期上发表《气象与农业之关系》一文，倡导农业气象学，成为中国近代农业气象学的奠基人。

3. 中国现代农业气象学的发展 中国现代农业气象学的建立、并取得突飞猛进的进展是20世纪50年代以后。在这一时期，我国成立了专门的农业气象研究、教学和业务管理机构，有组织、有计划地开展农业气象研究、教学和业务活动，培养出大批的专业人才，农业气象科技水平得到迅速提高，成为当今世界上农业气象事业较为发达的国家之一。

50年代，是中国农业气象事业开创之际，农业气象观测、研究所使用的仪器设备多采用气象台站观测用仪器，物候观测主要靠目测。开展了农业气象仪器的研究，如土钻、冻土

表、辐射计等。

60 年代，我国开始研究、设计适用于农业气象研究的温、湿、风、光、土壤温、湿度等要素多点观测仪器。

70 年代，我国引进了一些较为先进的农业气象仪器设备，如农业气象综合测定仪、人工气候箱、分波段太阳辐射仪等。在测定方法上，向遥测、数据自记或自动采集方向发展。

80 年代，电子计算机和遥感技术在农业气象中的应用，特别是微机在农业气象研究中的逐渐普及，给农业气象研究带来新的活力。在各农业气象要素自动循回测定、数据处理、数值模拟、数据库等方面都发挥了巨大的作用。而卫星遥感系统在农业气象研究和农业服务中的应用如资源普查、作物产量预测、气象灾害监测等方面都发挥着独特的作用，为农业气象研究和农业服务提供了有力的手段。

90 年代以来，农业气象学进入快速发展阶段。农业气象学研究的领域更广、更深，从作物资源利用、农业气候资源与区划研究、农业气象灾害研究、气候变化对农业与生态的影响，到气候变化影响下农业气象灾害防灾减灾技术的研究、气候资源高效利用技术的研究、农业气象现代化观测技术的研究、设施与特色农业气象及现代生物技术的环境调控技术研究。具体体现在以下几个方面：

(1) 农业气象监测手段与方法研究　研究内容主要有农业气象观测项目、观测试验方法研究与农业气象站网设置研究；农田小气候自动化遥测和地面遥测技术研究；农田水分、蒸散、生理辐射、田间二氧化碳浓度等观测仪器、观测方法研究；卫星、航空遥感对农田、森林、草场植被指数、地温、土壤湿度、积雪、农业旱涝以及森林火灾、大面积农业病虫害等动态监测方法研究等。准确、及时地获取并传输各类农业气象观测数据资料，是农业气象学研究发展的基础。

(2) 农业气象学基础理论和应用技术研究　这是提高农业气象学科科学水平及解决农业生产实际问题的能力、拓展学科服务领域的重要条件。基本的研究仍然是揭示农作物、农业动物生长发育、产量形成和气象条件之间的关系，尤其是在土壤—植物—大气系统中研究能量和物质的交换、输送与气象条件之间的关系，并建立反映生长发育速率以及产量形成过程中光合作用产物积累、分配机制规律的模拟模式。农业气象学基础理论研究成果，是农业气象学应用与服务的基础，既可以直接为农业气象学技术发展和本学科的其他分支服务，也可以转化为农业气象应用技术。随着现代化农业工厂化生产的发展，研究设施农业的微气象调控理论和应用技术，成为农业气象应用技术研究的重要内容。

(3) 农业气象情报、预报理论与方法研究　农业气象情报、预报是气象为农业生产服务的重要手段。农业气象情报研究实时与非实时农业气象资料的传输、收集及加工、处理、分析，建立农业气象情报服务系统，生成和发布客观定量的农业气象情报服务产品。农业气象预报研究提高各种农业气象预报方法的科学性、准确性、时效性，建立农业气象预报专家系统，对农用天气和重要农事条件、农业气象灾害、土壤湿度、农田灌溉量、作物播种期、发育期、收获期、作物产量、森林火险等级及农业病虫害等做出准确的、时效性较好的农业气象专业预报。

(4) 农业气候资源的合理开发、利用和保护　光、热、水等农业气候资源是农业生产的重要基础自然资源。对各地的气候进行农业适宜性鉴定和农业气候生产潜力评价，对农业生物进行气候生态适应性研究，可以按照地区性农业气候资源的优势，因地制宜地确定农业生产类型、生产结构，改善种植制度，调整作物布局，引进良种或合理安排品种，采用先进栽培管理措施，使之极大地提高农业气候资源利用程度和利用效率。农业气候还十分重视农业地形气候与农田小气候的研究，这方面的研究成果为农业生产专业化基地的选择以及调节、改善农业小气候条件提供了重要的依据和措施。气候变化和气候灾害对农业生产的影响，包括气候冷暖变化、水资源变化以及干旱、沙漠化、大气污染等农业生态环境变化对农业生产可持续发展的影响及其相应对策的研究，成为农业气候重要的、新的研究内容。

（5）农业气象灾害及其防御研究　对农业干旱、洪涝、低温阴雨、霜冻冷害、干热风、冰雹等主要农业气象灾害的发生发展规律，及其对农业的危害机理和防御对策、措施进行研究，以提高农业防灾减灾的能力。

此外，农业气象学的科学技术成果进一步转化为生产力，进一步转化为气象为农业服务的能力，也将使农业气象应用技术成果与农业气象服务产品更广泛地应用在现代农业生产、气候资源开发利用和生态环境治理中，有效地解决农业生产中相关的气象问题，为农业的可持续发展，做出积极的贡献。

知识链接

中国著名的气象学家

竺可桢（1890.3.7—1974.2.7）　又名绍荣，字藕舫，汉族，浙江上虞人。中国卓越的科学家和教育家，当代著名的地理学家和气象学家，中国近代地理学的奠基人。他先后创建了中国大学中的第一个地学系和中央研究院气象研究所；担任浙江大学校长13年，被尊为中国高校四大校长之一。

涂长望（1906—1962）　我国著名气象学家，出色的社会活动家，知名教育家，中国科协和九三学社的创始人之一，我国近代气象科学的奠基人之一，新中国气象事业的主要创建人、杰出领导人和中国近代长期天气预报的开拓者。

叶笃正　1916年2月出生于天津市，1940年获清华大学理学学士学位，1943年获浙江大学理学硕士学位，1948年11月在美国芝加哥大学获博士学位；气象学家，中国科学院院士；历任中国科学院地球物理研究所研究员、研究室主任，大气物理研究所研究员、所长，中国科学院副院长等职；现任中国科学院特邀顾问，中国科学院大气物理研究所名誉所长；美国气象学会荣誉会员；英国皇家气象学会会员；芬兰科学院外籍院士；曾在许多国际国内学术组织中担任重要职务。

二、大气概论

（一）大气的组成

大气由多种气体、水汽和悬浮在大气中的微粒杂质等混合组成。大气中除去水汽和杂质的整个混合气体称为干洁空气。

1. 干洁空气　其主要成分有氮、氧、氩，此外还有少量的二氧化碳及氖、氦、氪、氢、臭氧等气体（表0-1）。

表 0 - 1　干洁空气的组成

气　体	体积比（%）	气　体	体积比（%）
氮（N₂）	78.083	氦（He）	5.24×10^{-4}
氧（O₂）	20.947	甲烷（CH₄）	1.5×10^{-4}
氩（Ar）	0.934	氪（Kr）	1.1×10^{-4}
二氧化碳（CO₂）	0.033	氢（H₂）	5.0×10^{-6}
氖（Ne）	1.82×10^{-3}	臭氧（O₃）	$1.0 \times 10^{-6} \sim 5.0 \times 10^{-6}$

（1）氮和氧　氮是大气中含量最多的气体成分。自然条件下，大气中的氮通过植物的根瘤菌，被固定在土壤中，成为植物所需的氮肥；在闪电条件下，大气中的氮和氧结合成氮氧化物，随降水进入土壤，被植物吸收利用。

氧气是生物呼吸必需的气体。大气中氧的含量很高，也很稳定，可以满足植物需要。土壤中，植物根部的呼吸、细菌和真菌的活动都要消耗氧气，但是氧的补充过程十分缓慢，氧的含量常常不足。土壤水分过多和土壤板结情况下，植物有时会出现缺氧中毒现象。

（2）臭氧　低层大气中，臭氧往往是由雷雨闪电或有机物的氧化而形成，但这些作用并不经常，所以低层大气中臭氧含量很少，且不稳定。在上层大气中，臭氧的形成主要是由于太阳紫外线的作用，所以，臭氧主要集中在离地面 10～50km 的大气层中，在 20～25km 附近含量最多，称之为臭氧层。臭氧含量一年中以春季最多，秋季最少，年变化幅度随着纬度的升高而增大。

臭氧能强烈吸收紫外线，致使离地面 40～50km 气层中的温度大为增高。臭氧吸收了对生物有害的波长较短部分的紫外线，保护了地球上生物的生存。臭氧对作物的生长和发育具有强烈的抑制作用。

（3）二氧化碳　大气中的二氧化碳主要来源于矿物燃料的燃烧、有机物质的腐败分解以及生物的呼吸作用。大气中二氧化碳的含量很少，平均含量（体积比）约占 0.03%，且多集中在20km以下的大气层中。低层大气中二氧化碳的含量随时间和空间的不同而有变化，一般冬季比夏季多，阴天比晴天多，夏季的夜间比白天多，城市比农村多。在工业城市，大气中的二氧化碳含量可超过 0.05%。

 知识窗

二氧化碳施肥

二氧化碳施肥是指向作物生长环境中补充二氧化碳，以促进植株光合作用的一种方法。在设施栽培中广泛采用。

设施栽培环境相对封闭，日出后作物进行旺盛的光合作用，迅速将设施内贮存的二氧化碳消耗掉，由于其密闭，得不到外界的补充，因而会造成严重的二氧化碳亏缺，使作物光合速率下降，光合产物减少。因此，在设施内进行二氧化碳施肥可以明显提高作物产量，改善品质。一般采用液态（钢瓶）二氧化碳法，开启减压阀门，通过出口压力和开启时间控制二氧化碳施用量，与有孔的塑料管连接二氧化碳均匀地分布到设施内的各个角落，使用时间、数量、浓度可自由调控。

二氧化碳善于吸收和放射长波辐射，能影响地面和空气温度。绿色植物光合作用需要吸收、利用二氧化碳，在辐射充分满足的条件下，一般作物的光合速率随二氧化碳浓度增加而增大。二氧化碳浓度增加，水分利用效率提高，也可使作物某些器官的产生和形成的物候期提前。

2. 水汽 地球表面江、河、湖、海等水面蒸发，土壤蒸发和植物蒸腾是大气中水汽的主要来源。因此随高度的增加，大气中的水汽逐渐减少，而且大气中的水汽主要集中在3km以下的大气层中。大气中的水汽含量极不稳定，仅有大气体积的0.01%～4%，随时间和空间的变化大，但它在天气变化中起着重要的作用。另一方面，水汽的性质也是极不稳定的，水汽存在"三态"变化，在变化的过程中带来具体的天气现象，如云、雾、雨、雪、霜、露等都是水汽的凝结物，因而水汽是天气变化的主要角色，并在态变的过程中伴随热量的吸收和放出。水汽能强烈地吸收和放射长波辐射，从而对地面及空气温度产生影响。

3. 杂质 是悬浮在大气中的一些固态或液态的小颗粒，包括花粉、孢子、尘埃、盐粒等。大气中杂质主要集中在3km以下的大气层中，随高度的增加而减少，杂质的含量因地区、昼夜、季节、天气条件的变化而有差异。

杂质能吸收、散射太阳辐射，使到达地面的太阳辐射有所减弱；又能阻挡地面辐射，减缓地面冷却的程度。具有吸湿性的杂质可作为水汽凝结（凝华）的核心，对成云致雨起着重要作用。

 知识窗

大 气 污 染

大气污染是指由于人类的活动（工业、交通运输、建筑等）或自然过程（森林火灾、火山爆发等），致使大量的污染物进入大气，改变大气成分，当达到足够的浓度时，会对环境中的生物造成危害的现象。其污染物主要分为有害气体（二氧化碳、氮氧化物、碳氢化物、光化学烟雾和卤族元素等）及颗粒物（粉尘、酸雾和气溶胶等）。它们的主要来源是工厂排放、汽车尾气、农垦烧荒、森林失火、炊烟（包括路边烧烤）、尘土（包括建筑工地）等。

大气污染对人体的危害主要表现为呼吸道疾病；对植物的危害主要表现为可使其生理机制受压抑，生长不良，抗病虫能力减弱，甚至死亡；对气候产生不良影响，如降低能见度，减少太阳辐射，而导致城市居民佝偻病率增加，大气污染物能腐蚀物品，影响产品质量。

近十几年来，不少国家发现酸雨，雨雪中酸度增高，使河湖、土壤酸化、鱼类减少甚至灭绝，森林发育受影响。酸雨是怎样形成的呢？当烟囱排出的二氧化硫酸性气体，或汽车排放出来的氮氧化物烟气上升到空中与水蒸汽相遇时，就会形成硫酸和硝酸小滴，使雨水酸化，这时落到地面的雨水就成了酸雨。煤和石油的燃烧是造成酸雨的主要祸首。酸雨会对环境带来广泛的危害，造成巨大的经济损失，如：腐

蚀建筑物和工业设备；破坏露天的文物古迹；损坏植物叶面，导致森林死亡；使湖泊中鱼虾死亡；破坏土壤成分，使农作物减产甚至死亡；饮用含酸化物的地下水，对人体有害。

（二）大气的垂直结构

大气的成分、温度、密度等物理性质随高度都有明显的变化。世界气象组织（WMO）规定，主要按气温垂直分布及各层次气流运动状况和电离状态，将大气分为对流层、平流层、中间层、热层、散逸层（图 0-1）。其中与人类生活和农业生产关系最密切的是对流层。

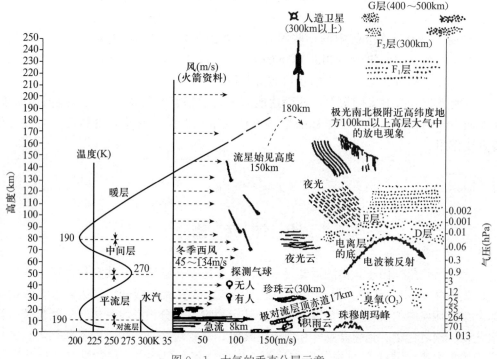

图 0-1 大气的垂直分层示意

对流层是紧靠地面的一层，受地面影响最大。其厚度随纬度和季节而变，平均厚度低纬度为 17～18km，中纬度为 10～12km，高纬度为 8～9km；夏季厚度比冬季高得多。

对流层的气温随高度升高而降低，平均每上升 100m 降低 0.65℃。对流层内集中了大约 3/4 的大气重量、几乎全部的水汽和杂质，空气除了有大规模的水平运动外，上下对流运动也很旺盛，使得空气在高低之间、南北之间及海陆之间得到交换，近地面热量、水汽和杂质也随空气的流动而得到交换，导致一系列天气现象（如风、云、雨、雪等）发生。

在对流层中，自地面 1～2km 高度称为摩擦层；距地面 30～50m 这一气层，称为近地气层。近地气层主要特征是温度、湿度、风速等气象要素的垂直变化梯度特别大。其中 0～2m 的贴地气层气象要素变化更为剧烈。近地气层和贴地气层受地面影响强烈，是人类生活和生物生存的重要环境，对它的研究有着很大的意义。

信息链接

中国科技博览——大气科学馆（http：//www.kepu.net.cn/gb/earth/weather/index.html）是由中国科学院大气物理所承办的，主要介绍关于地球世界的大气、地质、冰雪、大气污染等方面的科普知识。其中包括组成大气的成分、结构、基本性质、运动规律以及人与气候、气象观测、天气预报、大气污染等项目内容。

思 考 与 练 习

1. 什么是气象要素、气象学、天气学和气候学？
2. 什么是农业气象学？农业气象的研究对象和方法是什么？
3. 低层大气是由哪些成分组成的？哪些成分与气象变化有关？有何关系？
4. 二氧化碳对植物和大气环境起什么作用？
5. 整个大气层按其不同的物理性质在垂直方向上分为哪几层？
6. 为什么说对流层对人类环境特别重要？
7. 近地气层有何特征？

第一篇

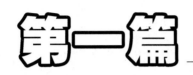

农业气象要素

　　气象要素是指构成和反映大气状态和大气现象的基本要素,是定性和定量地描述大气中一系列物理过程和物理现象的特征量。农业气象要素是指与农业生产密切相关的光、温、水、气等,其数量的多少、时空分布的规律直接影响农业生产中作物的分布、作物生长发育状况、产量的形成和品质的优劣。因此,掌握农业气象要素的时空分布和变化规律,是利用气象知识服务于农业生产的重要理论基础。

第一章 太阳辐射

学习导航

➡️ 基本概念

辐射、太阳辐射、赤纬、太阳高度角、太阳方位角、可照时数、实照时数、日照百分率、太阳辐照度、太阳常数、光照度、地面辐射、地面反射辐射、地面有效辐射、地面辐射差额、地面反射率、大气辐射、大气逆辐射、大气热效应、光周期现象、光饱和点、光补偿点、光能利用率。

➡️ 基本内容

1. 太阳辐射时间长短、太阳辐射光谱、光照度。
2. 昼夜的形成与昼夜长短的变化。
3. 太阳辐射在大气中的减弱作用。
4. 地面辐射状况及地面辐射结果。
5. 大气辐射及大气热效应。
6. 地面有效辐射的结果及其影响因子。
7. 地面辐射差额在时间和空间上的变化规律。
8. 太阳辐射中的光谱成分、光照度、光照时间对农业生产的影响。
9. 作物光能利用率及其提高途径。

➡️ 重点与难点

1. 昼夜形成及昼夜长短的变化。
2. 太阳辐射在大气中的减弱。
3. 地面辐射和大气辐射的结果。
4. 地面有效辐射的结果及其影响因子。
5. 到达地面的太阳总辐射及其变化规律。
6. 太阳辐射中的光谱成分、光照度、光照时间对农业生产的影响。
7. 作物光能利用率及其提高途径。

太阳能是地球最主要的能量来源，每年地球从太阳能中获得的热量为 5.338×10^{24} J，占地球上总能量的 99%。太阳辐射也是形成天气和气候的重要因子，几乎气象中所有重要现象都与之有关。一方面，太阳能是绿色植物进行光合作用制造有机物质的唯一能量来源，另一方面，太阳辐射还具有光效应，在地球上形成昼夜和季节。在我国民间广为流传的农业谚语"鱼靠水、娃靠娘，万物生长靠太阳""日是黄金雨是宝，五谷丰收少不了"都说明了这一点。另外，太阳辐射也是大气中一切物理过程和物理现象发生发展的能量基础。

第一节　太阳辐射

任何物质，只要它表面的温度大于绝对零度（即 $t > 0K$，$0K = -273.15℃$），那么它将时刻不停地以电磁波和粒子的形式向四周空间放射能量，这种能量的传播方式称为辐射。以这种方式传播的能量，称为辐射能。有时也把辐射和辐射能通称为辐射。

太阳是一个极其炽热的气态球体，中心温度为 2.0×10^7 K，表面温度高达 6 000K，在这样的高温下，太阳时刻不停地把巨大的能量向四周放射，称为太阳辐射。

一、昼夜与季节

（一）昼夜的形成与日照时数

1. 昼夜的形成　地球在时刻不停地自转和公转，在其自转和公转的过程中，地球和太阳的相对位置经常发生变化，但在某一时刻，地球和太阳的相对位置则是确定的，这时对于地球而言总有半个球面对着太阳，表现为白天，称之为昼半球；另外半球背对着太阳，表现为夜晚，称之为夜半球，昼半球与夜半球的交接线称为晨昏线（图 1-1）。

2. 昼夜长短的变化　地球在自转和公转的过程中，地轴与地球公转轨道面维持 66°33′ 不变，所以晨昏线和地轴不在一个平面上（春分、秋分除外），因此晨昏线和地球上的纬度线相交割，把同一纬度线分为两部分，一部分在昼半球，称之为昼弧段；一部分在夜半球，称之为夜弧段。由于地球和太阳的相对位置经常发生变化，所以晨昏线也经常变化，晨昏线所分割的昼弧段和夜弧段的长短也经常发生变化（赤道地区昼弧和夜弧相等），进而就形成了昼夜长短的变化。

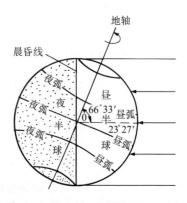

图 1-1　地球自转

3. 日照时间　春分日和秋分日，全球各地昼夜平分。赤道处，全年每天日照都是 12h。

就北半球而言，一年中，夏至日日照时间最长，冬至日日照时间最短；夏半年（春分至秋分）昼长夜短，且纬度越高，日照时间越长，到了北极圈内为极昼，冬半年（秋分至春分）昼短夜长，且纬度越高，日照时间越短，到了北极圈内为极夜。

各纬度、各季节从日出到日落的一段时间称为可照时数，可从"日照时间表"中查出，它是从天文学角度计算得出的。由于地形和地物遮蔽，或受云和天气现象影响，实际日照时数往往小于可照时数，我们把太阳直射光实际照射的时间称为实照时数。实照时数用日照计测得。实照时数与可照时数的百分比称为日照百分率。

在日出前与日没后的一段时间往往有亮光，称为曙暮光。曙暮光对作物生长、发育有不同程度的影响，所以常用太阳高度角 $h_⊙$（太阳直射光与地平面的夹角）在地平线以下 $0°\sim 6°$ 的一段时间记为曙暮光时间，计入一天的光照时间中。

（二）太阳高度角与太阳方位角

1. 赤纬　太阳直射地球上的位置，与直射地球的地理位置是一致的，用 φ 表示，赤纬的取值范围在南北回归线之间，即 $\varphi \in [-23°27', 23°27']$。

2. 太阳高度角　太阳光线和地平面的夹角，用 h 表示，取值范围为 $h \in [0, 90°]$。

3. 太阳方位角　太阳光线在水平面的投影和当地子午线的夹角，用 A 表示。太阳方位角

◆ **试一试**：查阅资料，测试一下你所在地区的太阳高度角，并分析太阳高度角在农业生产中的应用意义。

以正南方向为零，由南向东、向北为负，由南向西、向北为正，如太阳在正东方，方位角为 $-90°$，在正东北方时，方位角为 $-135°$，在正西方时方位角为 $90°$，在正北方时方位角为 $\pm 180°$。

◣ **知识窗**

真 太 阳 时

真太阳时是以太阳视圆面中心运动为依据的计时系统，其基本单位是真太阳日，即视太阳中心连续两次正午之间的时间间隔。一个真太阳日等分为 24 个真太阳时。真太阳日以子夜为零时，作为一天的开始，正午时为真太阳时 12 时。

（三）地球公转与四季形成

由于地球绕太阳公转时，地球上某一地区不同时期获得太阳辐射能量不同，使温度不同，从而形成该地四季。当太阳直射北半球时，北半球太阳高度角较大，而且日照时间比较长，北半球获得的太阳辐射能较多，温度较高；当太阳直射南半球时，北半球的情况则相反（图1-2）。

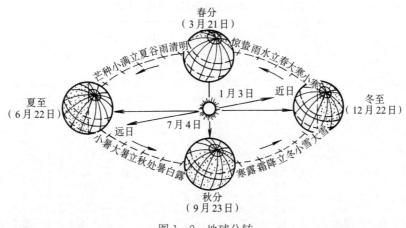

图 1-2　地球公转

二、太阳辐射光谱

太阳辐射光谱：即太阳辐射能随波长的分布。

在大气的上界，太阳辐射能量绝大多数集中在 $0.15\sim4\mu m$ 波长范围的紫外线、可见光、红外线波段内，因波长比较短，所以称太阳辐射为短波辐射。太阳辐射光谱中能量密度最大值是 $0.475\mu m$，由此向短波方向，各波段具有的能量急剧降低，向长波方向各波长具有的能量则缓慢地减弱（图1-3）。

在大气上界，根据能量随波长的分布情况，波长小于 $0.4\mu m$ 的紫外光区占太阳辐射的总能量大约有7％，50％的能量集中在波长为 $0.4\sim0.76\mu m$ 的可见光区，可见光

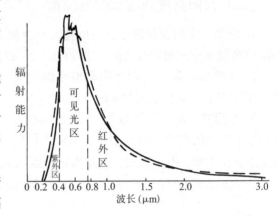

图1-3 大气上界的太阳辐射光谱

区由红、橙、黄、绿、青、蓝、紫光组成，43％的能量集中在波长大于 $0.76\mu m$ 的红外光区。

由于大气吸收，地球表面测得的太阳辐射光谱在 $0.29\sim5.3\mu m$（图1-4）。同时，随着太阳高度角的变化，太阳辐射光谱中各部分的相对强度发生改变（表1-1）。

紫外线、蓝紫光随太阳高度角减小而减小；红橙光及红外线部分却逐渐增加。

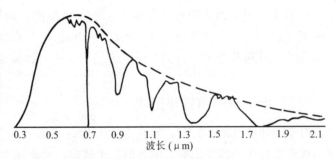

图1-4 地表面太阳辐射光谱能量分布和主要吸收带

表1-1 不同太阳高度角时辐射光谱中各部分的相对强度（总辐射量＝100％）

太阳辐射光谱	波长范围（μm）	太阳高度角						
		0.5°	5°	10°	20°	30°	50°	90°
紫外线	<0.400	0	0.4	1.0	2.0	2.7	3.2	4.7
可见光	0.400～0.760	31.2	38.6	41.0	42.7	43.7	43.9	45.3
其中：								
紫光	0.400～0.455	0	0.6	0.8	2.6	3.8	4.5	5.4
蓝紫光	0.455～0.492	0	2.1	4.6	7.1	7.8	8.2	9.0
绿光	0.492～0.577	1.7	2.7	5.9	8.3	8.8	9.2	9.2

（续）

太阳辐射 光谱	波长范围 （μm）	太 阳 高 度 角						
		0.5°	5°	10°	20°	30°	50°	90°
黄光	0.577～0.597	4.1	8.0	10.0	10.2	9.8	9.7	10.1
红橙光	0.597～0.760	25.4	25.2	19.7	14.5	13.5	12.2	11.5
红外线	＞0.760	68.8	61.0	58.0	55.3	53.5	52.9	50.0

三、太阳辐照度

1. 太阳辐照度 简称为辐照度，是反映太阳辐射强弱程度的物理量，指单位时间内垂直投射到单位面积上的太阳能量的多少。用符号 S 表示。单位为 $J/(m^2 \cdot s)$。

2. 太阳常数 当地球处于日地平均距离时，在大气上界，所测得的太阳辐照度为一个常数，称为太阳常数。太阳常数的数值随太阳黑子数目的变化和测定方法的不同而有变化。1981 年 10 月，世界气象组织根据火箭、卫星等仪器观测的结果，将太阳常数值修改为 1 367.69J/($m^2 \cdot s$)，其变化幅度一般在±2％范围内。

3. 到达地面的太阳辐照度 如果不考虑大气的影响，则地平面上的太阳辐照度取决于太阳高度角（图 1-5）。图中的 S' 为某地平面的太阳辐照度，S_0 为同一水平面上垂直于太阳方向的平面上太阳辐照度，即太阳常数，$h_\odot$ 为太阳高度角。这时到达 AC 和 BC 面上的总辐射量相等，即：

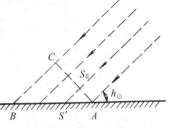

图 1-5 地面上太阳辐照度

$$S'AB = S_0 AC$$

$$S' = S_0 \frac{AC}{AB}$$

$$\sin h_\odot = \frac{AC}{AB}$$

因此：$S' = S_0 \sin h_\odot$

一天中，正午 $h_\odot$ 最大，S' 值最大，夜间 $h_\odot$ 最小（为零），S' 也值最小；一年中，夏至正午 $h_\odot$ 最大，S' 值最大，冬至正午 $h_\odot$ 最小，S' 值也最小。

4. 光照度 太阳辐射除热效应外，还有光效应。表示光效应的物理量，称为光照强度，简称光照度。太阳辐照度与光照度的概念不同，但两者有一定的联系，光照度所反映的是在太阳辐照度中对人的眼睛产生感觉

◆ **测一测：**用照度计测定不同天气、不同时间、不同地点的光照度数，并绘制相关曲线图。试总结出阅读书刊时所需的光照度。

的那部分能量。光照度的大小取决于可见光的强弱。光照度单位为勒克斯（lx）。我国常用米烛光，1lx 就是以一个国际烛光的点光源为中心，以 1m 为半径的球面上的照度。光照度有日变化，一天中以正午时为最大。一年中夏季最大，冬季最小。随纬度增加，光

照度减小。

晴天时，光照度由直射光和散射光两部分构成，阴天仅为散射光。

四、太阳辐射在大气中的减弱作用

（一）吸收作用

1. 大气中各种成分对太阳辐射的选择性吸收　其吸收量，约占大气上界的6％（图1-6）。

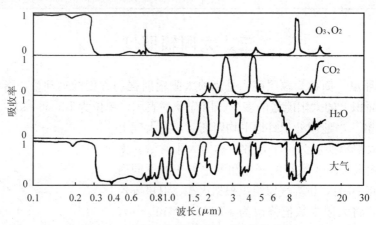

图1-6　大气中各组成成分对辐射的吸收

O_3 和 O_2 主要吸收紫外线，对红外线和可见光吸收极少。在紫外线波段中，对波长较长的部分吸收也较少，主要是强烈吸收紫外线中波长较短的部分，特别是波长为 $0.29\mu m$ 以下的紫外线，几乎被全部吸收，以致地面上几乎测不到这个波段的辐射波谱。CO_2 和 H_2O 主要吸收红外线，对紫外线和可见光几乎不吸收。

2. 云层的吸收作用　云层能吸收大量的太阳辐射，其吸收量约占大气上界的14％。

（二）散射作用

大气中的各种气体分子、悬浮的水滴和尘埃等都能把入射的太阳辐射向四面八方散出，这种现象称为散射。散射主要发生在可见光区，它只改变辐射方向，不改变辐射性质。通过散射作用，大约有10％的太阳辐射返回到宇宙空间。散射有分子散射和粗粒散射两种。

1. 分子散射　直径比太阳辐射波长小的质粒（如空气分子）所产生的散射现象。其散射能力与波长的四次方成反比。

在日常生活中，晴朗无云的天空呈蔚蓝色，就是因为短波比长波散射得更多。晴天的早晨和傍晚，由于 $h_\odot$ 小，太阳光穿过大气层到达地面的路径较远，沿途中蓝光、紫光被强烈散射而减弱，使得到达地面的红橙光比例很高，因而我们看到的是一轮红日。而中午前后，太阳光穿过大气层到达地面的路径较短，可见光中七种颜色混为一体，呈现白色。

2. 粗粒散射　直径比太阳辐射波长大的质粒（如烟粒、尘埃、云滴和雾滴）等产生的散射现象。它们对各种波长几乎具有同等的散射能力。空气混浊或阴天，天空呈乳白色，就是粗粒散射的结果。

（三）反射作用

反射作用主要是大气中云层和较大的尘埃能将太阳辐射中的一部分能量反射到宇宙空间，从而削弱到达地面的太阳辐射。其中以云层的反射作用最为重要，云层愈厚，云量愈多，反射作用愈强。据观测，云层对太阳辐射的平均反射率为 $50\%\sim55\%$，有时可达 80%，全年平均统计，大约使太阳辐射削弱了 27%。

在上述削弱太阳辐射的三种方式中，以散射和反射的作用较大，吸收只占很小的比例。至于太阳辐射穿过大气层到达地面的辐照度大小除了被大气层中各种成分削弱外，还与穿过大气层路径的长度和大气透明状况有关。

五、到达地面的太阳辐射

到达地面的太阳辐射由两部分组成，即太阳直接辐射和散射辐射。

直接辐射是指以平行光线的形式直接投射到地面的太阳辐射。直接辐射照度是指单位面积，在单位时间内所接受的直接辐射，用 S' 表示。

散射辐射是指经散射后，由天空投射到地面的太阳辐射。散射辐射照度是指单位面积，在单位时间内所接受的散射辐射，用 D 表示。

直接辐射与散射辐射之和，称为总辐射。直接辐射照度与散射辐射照度之和称为总辐照度，用 Q 表示。

（一）影响辐照度的因素

影响辐照度的因素主要是太阳高度角和大气透明系数。

1. 太阳高度角的影响 当 $h_\odot$ 增大时，S' 和 D 都增大，因而 Q 也增大。又由于 $h_\odot$ 有日变化、年变化和随纬度的变化，因此 Q 也有日变化、年变化和空间水平变化。

2. 大气透明系数 是指太阳辐射透过一个大气量（大气垂直厚度）后的照度与透过大气前的照度的百分比，常用 P 表示。其大小主要取决于大气中水汽和杂质含量。当 P 增大时，S' 增大，但 D 减小，这时，Q 的变化方向就取决于 S' 和 D 对 Q 贡献的大小。一般来说，S' 的值大于 D 的值，变化也快，因此，多数情况下，当 P 增大时，Q 也增大。

3. 海拔高度 当海拔升高时，S' 增大，Q 也增大。

4. 云量 云量增多，Q 可能增大，也可能减小，分为以下三种情况：

① 当天空乌云密布时，$S'=0$，到达地面的辐照度以 D 为主，但其值也减小，则这时的 Q 必定减小。

② 当部分天空有云，且云遮住阳光，这时，对该区域来讲，$S'=0$，而 D 的增大量补偿不了 S' 的减小量，则 Q 也减小。

③ 当部分天空有云，而且是没有遮住阳光的中云和高云，这时，对该区域来讲，S' 没有明显减小，或减小不多，而 D 却有明显增大，因此使得 Q 增大。

（二）总辐照度的变化规律

1. 总辐照度的日变化 一天中，Q 在夜间为零，日出后逐渐增大，正午达到最大，午后又逐渐减小。值得注意的是，一方面，由于夏季的午后常出现对流云，使最大值出现在正午之前或正午之后；另一方面，由于散射作用，只有当太阳光线在地平线以下且和地平线的夹角大于7°时，Q 才能为零。

2. 总辐照度的年变化 一年中，Q 的最大值，除赤道地区有两次最大值，分别出现在春分和秋分，其他地区都出现在夏季，最小值出现在冬季。

3. 总辐射量的变化 总辐射量是指地平面上的单位面积，在某一时段内所接受到的太阳总辐射能的数量。其中，时间取一天、一个月、一年，分别称为日总量、月总量、年总量。图1-7给出了北半球太阳辐射日总量的情况。显然，在冬半年，随纬度增加，因为 $h_\odot$ 减少，日照时数减少，所以太阳辐射日总量减少幅度很大。而夏半年，随着纬度增加，$h_\odot$ 减少，但是，日照时数增加，所以日总量减少幅度很小。

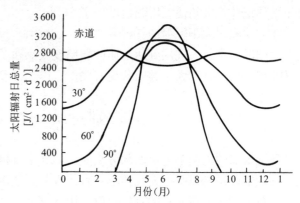

图1-7 晴天太阳辐射理论日总量年变化

在北纬90°处，6月的日总量反而比低纬度更高，这是因为日照时数比低纬度长得多的缘故。

影响辐照度和日照时数的因素，都对总辐射量有影响。当总辐照度增强、日照时数增加时，总辐射量就增加。

（三）到达地面太阳辐射光谱的变化

经大气减弱后，到达地面的太阳辐射光谱的组成成分发生了改变。

1. 直接辐射光谱 随着太阳高度角的降低，波长长的成分逐渐增加，而波长短的成分逐渐减少。当太阳高度角为90°时，红光占可见光的1/4，而太阳高度角为5°时，红光占可见光的2/3，当太阳高度角为0.5°时，红光占可见光的4/5，蓝紫光完全消失。

随着海拔高度的增加，直接辐射的短波成分和红外线成分都有所增加。前者是由于散射辐射随高度增加而减少，后者是由于水汽随海拔高度增加而减少，因而减少了对红外线的吸收。太阳直接辐射光谱成分随海拔高度不同也有所改变。但总的来说，在海拔高的地方，由于空气稀薄，散射质点少，紫外线和可见光中波长短的蓝紫光的含量增多，这种情况对高山植物有一定的生物学意义。

2. 散射辐射光谱 其成分也随太阳高度角、大气透明系数而改变。当太阳高度角降低时散射辐射中的紫外线逐渐减少，而大于 $0.6\mu m$ 的红光和红外线成分却逐渐增多，但散射辐射中的可见光成分（$0.4\sim0.6\mu m$）的能量，几乎不随太阳高度角的改变而改变，这就是目测中，散射辐射光谱组成随太阳高度角的变化为什么不明显的原因。

六、地面对太阳辐射的反射

到达地面的太阳总辐射中，有一部分被地面反射回到大气中，称为地面反射辐射。另一部分被地面吸收转变为热能。地面对太阳辐射反射能力的大小常用反射率 r 表示，它等于反射辐射与到达地面的总辐射的百分比。由于太阳辐射不能穿透地球，所以地面吸收率为$1-r$。地面反射率大小，决定于地面的性质和状态（表1-2）。

表1-2 各种下垫面的平均反射率

下垫面的性质		反射率（%）	下垫面的性质	反射率（%）
黑钙土	干燥	12	大多数农作物	18～30
	潮湿	5	绿草地	26
黄土	干燥	27	大草原	22
	潮湿	14	葡萄园	18～19
浅灰土	干燥	32	落叶林	15～20
	潮湿	18	针叶林	10～15
白沙土	干燥	40	沼泽地	12
	潮湿	18	新雪	80～95
水面	$h_\odot = 5°$	58	陈雪	42～70
	$h_\odot = 90°$	2		

1. 颜色对反射率的影响 颜色不同的各种下垫面，对太阳辐射可见光部分有选择反射的作用。各种颜色表面的最强反射光谱，就是它本身颜色的波长。白色表面具有最强的反射能力，黑色表面的反射能力较小，绿色植物对黄绿光的反射率大，洁白的新雪反射率可达90%以上。由表1-2可看出，颜色不同，反射率有很大差别。

2. 土壤湿度对反射率的影响 反射率将随土壤湿度的增大而减小。例如白沙土，随着湿度的增加其反射率从40%降到18%，减少了22%。这是因为水的反射率比陆面小的缘故。有试验指出，地面反射率与土壤湿度呈负指数关系。

3. 粗糙度对反射率的影响 随着下垫面粗糙度的增加，反射率明显减小。这是由于太阳辐射在粗糙地表面，有多次反射，另外太阳辐射向上反射的面积相对变小，所以导致反射率变小。

4. 太阳高度角对反射率的影响 当太阳高度角比较低时，无论何种表面，反射率都较大。随着太阳高度角的增大，反射率减小。一天中太阳高度有规律的日变化，使地面反射率也有明显的日变化，中午前后较小，早、晚较大。

水面反射率随水的平静程度和太阳高度角的大小而变化。据测定，当太阳高度角由60°变为1°时，平静水面的反射率由2%增加到89.2%。对于波浪起伏的海面，平均反射率为10%。总之水面比陆地反射率小。

由于植被的厚度、密度、颜色不同，土壤湿度不同，地面的反射率也不同。由此可见，即使到达地面的太阳辐射一样，不同性质的地面吸收的太阳辐射仍然可以有很大差异，这也是地面温度分布不均匀的重要原因之一。

第二节　地面辐射和大气辐射

一、地面辐射

1. 地面辐射状况 地球表面的平均温度约300K，地面日夜不停地放射辐射，称为地面辐射，以E_e表示，其辐射波长为$3\sim80\mu m$，放射能力最强的波长为$10\mu m$。地面辐射的波长全部在红外光区，因此，地面辐射又称为地面长波辐射和红外热辐射。

2. 地面辐射结果　地面长波辐射通过大气层时，大气中的水汽、二氧化碳和水滴等吸收了绝大部分的地面辐射能，其中尤以水汽的吸收能力最强，据统计地面辐射的能量 93% 被大气所吸收，仅有 7% 的能量散失在大气层之外，而大气对太阳辐射的吸收仅为大气上界的 6%，可见大气能量主要来自地面，而不是来自太阳，所以说地面辐射是低层大气的主要热源。

二、大气辐射

1. 大气辐射的状况　大气在吸收地面辐射后，其温度升高，平均温度约为 200K，大气亦日夜不停地向外放射辐射，称为大气辐射。其辐射波长为 $7\sim120\mu m$，其放射能力最强的波长为 $15\mu m$，大气辐射波长也全部在红外光区，所以大气辐射也称为大气长波辐射。

2. 大气逆辐射　大气辐射是向四面八方射出的，其中投向地面的那一部分大气辐射因与地面辐射方向相反称为大气逆辐射，用 E_a 表示。

3. 大气热效应　大气能让大部分的太阳辐射透过而到达地面，使地面获得能量，却把地面辐射几乎全部吸收，阻止地面能量外泄；还以大气逆辐射的形式把一部分能量传回给地面，补偿了地面以辐射的形式所损失的能量，这就使地面不至于过多地损失热量，从而对地面起到保温作用，这种作用称为大气热效应。因为大气热效应与温室玻璃的保温效应相似，所以也称为大气的温室效应。

温室效应及其危害

大气吸收地表向外放出的长波辐射，使地表与低层大气温度升高，保证了地表平均气温在 15℃ 左右。但是随着社会的发展，人类社会向大气中排放氯氟烃等气体增加，增多的结果是在大气中形成一种无形的玻璃罩。例如太阳辐射到地球上的热量无法向外层空间发散，结果使地球表面变热。

地球的气候变暖，气温升高，导致地区降水量的不均匀分布，有些地区降水量增加，而另一些地区干旱加剧，同时自然灾害出现频率明显提高。气温的升高也会导致两极地区冰川融化，海平面升高，许多沿海城市、岛屿或低洼地区将面临海水上涨的威胁，甚至被海水吞没。

人类社会必须制订有效措施，控制大气中温室气体的含量增加，控制人口增长，加强植树造林，来防止地球的进一步变暖。

三、地面有效辐射

地面有效辐射是指地面辐射与地面吸收的大气逆辐射之差，用 E 表示。有：

$$E=E_e-E_a$$

通常地面温度高于大气温度，所以 $E_e>E_a$，$E>0$，即地面放出热量多，而得到的补充少，意味着地面有效辐射将使地面损失热量而降温。

影响地面有效辐射（E）的因素有以下 6 个：

1. 水汽 这是关键因素，水汽增加，E_a 增加，E 减少。所以当天空有云、雾存在时，E 较小。云层越厚，云底越低，E 越小。

2. 风 因为风能促进对流，使上层热量往下传给地面，所以风使夜间 E 减小，风速增大，E 减小。

3. 地气温差 当 $T_{地}>T_{气}$ 时，$E>0$，温差增大，E 增大（这种情况大多发生在白天）；当 $T_{地}<T_{气}$ 时，$E<0$，温差减小，E 减小（这种情况大多发生在夜间）。

4. 下垫面性质 起伏不平的粗糙下垫面有效辐射大于较平坦的地面，地面越粗糙，地面有效辐射越大；干燥下垫面的有效辐射大于潮湿的下垫面。

5. 覆盖 采用薄膜、草垫、雪等材料在夜间覆盖时，E 减小。有植物覆盖时，E 减小。

6. 海拔高度 海拔高度增加，水汽量减少，E_a 也减小，E 增大。

四、地面辐射差额

地面辐射差额指单位面积的地表面，在一定时间内，辐射能的收入和支出之差。用 R 表示，即：

$$R=(S'+D)(1-r)-E$$

式中：S'——直接辐射；

D——散射辐射；

r——反射率；

E——有效辐射。

此式表明，地面辐射差额是地面吸收的太阳总辐射与地面有效辐射之差，由于影响式中各项目的因素有日变化、年变化，所以 R 也有日变化、年变化。

一天中，白天地面吸收的太阳总辐射远远大于地面有效辐射，$R>0$，地面得到热量，地面温度升高。其中，一般情况下，$S'>D$，所以白天以 S' 为主，则 R 的日变化与 S' 的日变化基本一致，在中午前后达到最大值。夜间，$(S'+D)(1-r)=0$，$R=-E$，所以 $R<0$，地面失热而降温。R 的昼夜正负值转变时间，一般情况下，分别出现在日出后约 1h，由 $R<0$ 转变为 $R>0$；日落后约 1h，由 $R>0$ 转变为 $R<0$。不过天气状况的改变会破坏这个规律。

一年中，夏季，太阳辐射照度较强，$R>0$；冬季，太阳辐射照度较弱，$R<0$。正负值的转换月份因纬度而异，在低纬度 $R>0$ 的月份较多，随纬度增加，$R>0$ 的月份减少。

第三节 太阳辐射与农业生产

太阳能是绿色植物通过光合作用制造有机物质的唯一能量来源，也是热量的主要来源。太阳辐射的光谱组成、光照强弱以及光照时间长短对植物生长发育都有重要影响，在作物产量的形成及地理分布上起着重要的作用。

◆ **想一想**：你知道"鱼靠水，娃靠娘，万物生长靠太阳"是什么意思吗？

一、光谱成分与植物生长发育的关系

(一) 紫外光区对植物生长发育的影响

小于 $0.29\mu m$ 的短紫外线对植物有机体有致伤作用，大多数高等植物或真菌在这种辐射线照射下几乎立即死亡。

波长在 $0.29\sim0.315\mu m$ 的紫外线对大多数植物有害，人们利用这部分紫外线消毒土壤、消灭农作物的病虫害。

波长在 $0.315\sim0.4\mu m$ 的紫外线对植物无害，可起成形作用，可使植物敦实矮小，叶片变厚。可提高种子萌发能力。可使果品色泽红润，果品成熟期如缺少紫外线，则含糖量降低。但有些植物要控制紫外线才能获得良好的品质，如云雾茶、生姜等。

(二) 可见光区对植物生长发育的影响

可见光是太阳辐射光谱中与植物生长发育关系最密切的波段，绿色植物进行光合作用时，可见光被叶绿素吸收并参与光化学反应，所以可见光也称为光合辐射，又称为生理辐射。植物对光合辐射各种波长的吸收和利用是不同的，把参与作物光合作用并转化为有机物质而贮存起来的太阳辐射称为光合有效辐射。叶绿素的吸收高峰有两个，一个在 $0.40\sim0.50\mu m$（主要为蓝、紫光），一个在 $0.60\sim0.70\mu m$（主要为红、橙光），因此它们是植物光合作用效率最高的波长。

可见光中蓝、紫光的光谱对植物（如向日葵）的向光性运动起着重要作用，当植物向光部分遇到这段光谱时，生长就受到抑制，比背光部位长得慢，导致植物向光性弯曲。可见，蓝、紫光具有防止茎叶徒长的作用。树木、花卉等向光部分长得慢，背光部分长得快，结果时间一长，植物会向光弯曲。

> ◆ **查一查**：用于诱杀害虫的光谱主要是什么光谱？主要针对哪些害虫有效？

可见光还可用于诱杀害虫，因为昆虫的视觉波长范围为 $0.25\sim0.70\mu m$，偏于短波，而且多数昆虫具有趋光性，这样，就可以在夜间利用荧光灯发出的较短光谱诱杀害虫。

(三) 红外光区对植物生长发育的影响

红外线具有热效应，它不直接参加植物的有机质制造过程，却是影响植物热力状况的重要因素。红外线的热效应使植物的体温升高，从而促进植物的蒸腾和物质运输等生理过程，促进干物质的积累，而且外界环境的温度愈低，红外线的热效应愈大。

 知识窗

红外线测温原理

波长在 $0.75\sim100\mu m$ 的光谱是红外光区，它是一种具有热效应的光谱，能不断地向外辐射电磁能，温度越高，辐射能量越强。利用由光学系统、光电探测器、信号放

大器及信号处理、显示输出等部分组成的红外测温仪，可以通过被测物体和反馈源的辐射线经调制器调制后输入到红外检测器，信号放大器对两信号的差值进行放大并控制反馈源的温度，然后使反馈源的光谱辐射亮度和物体的光谱辐射亮度一样，从而显示器中显示被测物的温度。

二、光照度与植物生长发育的关系

(一) 影响光合作用

绿色植物的光合作用是在光照条件下进行的，在一定的光照度范围内，植物的光合速率随光照度上升而增加，当光照度上升到某一数值后，光合速率不再继续提高，这时的光照度称为光饱和点。如果光照度继续提高，反而会使光合速率下降，这是因为太阳辐射的热效应使叶面过热的缘故，这种情况一般出现在夏季高温的中午前后。

不同作物的光饱和点不同。一般来说，喜阳作物的光饱和点比较高，如水稻、小麦、柑橘、桃树、棉花、玉米、谷子、花生、高粱、大豆、甘薯、向日葵以及荒漠和高山的作物；C_4作物的光饱和点高于C_3作物。光饱和点高的作物对光能的利用率比较高。各种作物的单叶光饱和点见表1-3。作物群体的光饱和点高于单株、单叶的光饱和点，封行后的群体甚至不存在光饱和点，因为光照度增加，群体的上层叶片虽已饱和，但下层叶片光合速率仍随光照度的增加而提高，所以群体的总的光合速率不断上升。

表1-3 几种作物的单叶光饱和点及补偿点

作物	指标	
	光饱和点 (lx)	光补偿点 (lx)
小麦	24 000～30 000	200～400
棉花	50 000～80 000	750 左右
水稻	40 000～50 000	600～700
烟草	28 000～40 000	500～1 000
玉米	3 000～60 000	1 500～4 000

光补偿点是指光照度降低到一定程度时，光合速率与呼吸强度达到平衡的光照度。在光补偿点以上，植物的光合作用超过呼吸作用，可以积累有机物质。在光补偿点以下，植物的呼吸作用超过光合作用，天长日久，植株逐渐枯黄以致死亡。植物的光补偿点越低，对弱光的利用能力就越强。

不同作物的光补偿点不同（表1-3），一般来说，耐阴作物的光补偿点比较低，如茶树、生姜、韭菜、苋菜、番茄、白菜、甜菜等。作物群体的光补偿点也较单株、单叶为高，因为群体内叶片多，相互遮阳，当光照度弱时，上层叶片还能进行光合作用，但下层叶片则相反。群体中光补偿点为上层叶片光合速率和下层叶片呼吸强度消耗达到平衡时的光照度。

（二）影响作物的发育进程

一般强光有利于生殖生长，如黄瓜雌花数的增加，小麦分化更多的小花，等等。弱光有利于营养生长，但当光照不足时，植株将黄化，茎秆柔软而缺乏韧性，容易倒伏，对于棉花来说，蕾铃易脱落。

◆ **想一想**：为什么黑色地膜覆盖后杂草不生长呢？

（三）影响作物的品质

喜光作物在光照不足时，营养物质含量将减少。如禾本科（水稻等）和豆科作物的籽粒中的蛋白质含量将减少；糖用甜菜的含糖量将减少；马铃薯块茎中淀粉含量将减少；牧草的营养成分、品质将降低。相反，光照太强，对烟草、茶叶等喜阴作物来说，品质将降低。

三、光照时间与植物生长发育的关系

（一）光周期现象和类型

昼夜交替及昼夜长短对植物开花结实有很大的影响，有些植物需要长夜短昼才能开花，另外一些则相反。植物这种通过感受昼夜交替及长短变化而控制开花结果的现象，称为植物的光周期现象。

根据植物对光周期的反应或要求，把植物分成以下三种类型：

1. 短日照植物 指只有在日照长度小于某一时数才能开花的植物，延长日照时数就不能开花结实，如水稻、玉米、大豆、高粱、粟、烟草、甘薯和棉花等原产热带和亚热带的植物。

2. 长日照植物 指只有在日照长度大于某一时数才能开花的植物，缩短日照时数就不能开花结实，如大麦、燕麦、豌豆、油菜、胡萝卜、洋葱、蒜和菠菜等原产高纬度的植物。

3. 中间性植物 这类植物在长、短不同的日照下都能正常开花结实，如番茄、四季豆、黄瓜、菜豆及一些早熟的棉花品种。

将植物分成长日照或短日照等类型，其光照时间界限是不易截然划分的，大多数植物的界限一般可定为 $12\sim14\text{h}$，即要求光照时间大于这一界限才能开花的为长日照植物，小于这一界限的为短日照植物。

这里所述的标准彼此有较大的重叠，如在 $12\sim14\text{ h}$ 的光照下，不少长日照植物与短日照植物都能开花，不过当光照时间延长或缩短时，二者的发育有的加快，有的却延缓，它们质的差别就显现出来了。

有的植物其光周期特性与温度似有很大关系。在高温下是典型的短日照植物，但在低温（接近 $0℃$）下对光照时数呈中间性反应，如日本牵牛花。

◆ **想一想**：如何让正常花期为 9 月的菊花延迟到 11 月开花？

有些植物只要一段时间光周期诱导之后改变日照长度仍可以继续开花，但有的植物要求多次光周期诱导，如菊花，在短光照下诱导开花之后，假如用长日照取代短日照，正在发育的花芽也将脱落；有些植物的发育在短（长）日照诱导后，要求长（短）日照，这种植物称为短—长（或长—短）日照植物，这些都反应植物的光周期特性的复杂性。

光照时间与植物发育的关系，其解释尚不一致，除这里说到的光周期学说外，还有光照阶段学说、光敏素学说等。

（二）光照时间与作物引种

在引种工作中除了考虑当地温度、水分应满足引入品种的要求外，还应考虑日照条件是否符合要求。

1. 纬度相同地区间引种 因光照时间相近，引种成功的可能性较大。但相同纬度的两地，虽同一时期光照时间相近，但通常两地温度不同，易造成两地的发育期出现日期不尽相同，这一点是要注意的。

2. 短日照作物引种 南方品种北引，由于北方生长季内日照时间长，将使作物生育期延长，严重的甚至不能抽穗和开花结实。为了使其能及时成熟，宜引用较早熟的品种，或感光性较弱的品种；反之，北方品种南引，由于南方春、夏生长季内日照时间较短，使作物加速发育，生育期缩短，如果生育期缩短，过多地影响了营养体生长，将降低作物产量。为了使南引的作物保持高产，宜选用迟熟与感光性弱的品种，或调整播种期。

同理，在双季种植制度下的短日照植物，由于晚季比早季光照时间短而品种感光性强。所以，早、晚之间的换种，将出现与不同纬度之间的引种类似的问题，即早季品种在晚季种植将加快发育，反之则延迟发育。例如在南方双季稻种植区，晚季品种不能种于早季，因其延迟成熟，而早季品种感光性弱可种晚季。因此，双季稻区早稻可用晚稻栽培，而晚稻则不能用作早稻栽培。

3. 长日照作物引种 北方品种南引，由于日照时间短，将延迟发育与成熟；南方品种北引，则相反。从生产上讲，长日照作物引种比短日照作物困难较少，因为如果不考虑地势的影响，我国南方一般比北方温度高，长日照作物北种南引，温度高将加快发育，光照短使之延迟发育，光温对发育的影响有"互相补偿"的作用，南种北引类似。反之，短日照作物的南种北引，光、温对发育速度的影响有"互相叠加"的作用，所以增加了南北引种的困难。

4. 以收获营养体为目的的引种（如短日照植物麻类、烟草等） 当它们从原产地热带、亚热带地区引种到温带种植时，要提前播种，利用夏季的长日照条件，抑制其转向生殖生长，以获得高产。

四、作物的光能利用率及其提高途径

（一）作物的光能利用率

光能利用率是植物光合作用产物中所贮存的能量占其得到的太阳能量的百分率。一般是用单位时间内在单位土地面积上植物增加的干重换算成热量，去除以同一时间内该面积上所得到的太阳辐射能总量来表示，即：

$$Ep = \frac{h \cdot M}{\sum (S' + D)} \times 100\%$$

式中：Ep——光能利用率；

M——单位面积上植物产量干重，g/m^2；

h——单位干物质燃烧时产生的热量，不同植物的 h 值是不同的，一般计算时采用 $17.8kJ/g$；

$\sum(S'+D)$——生长季内太阳辐射日总量之和。

到达作物层的太阳辐射，一部分被作物反射到空间，一部分漏射或透射到地面，其余部分被作物（主要是叶片）所吸收。但是，在被作物吸收的这部分辐射中，大部分转化为热量释放出来，而只有一小部分用于光合作用，制造糖类，所以作物的光能利用率是很低的。

从目前的生产水平看，假设水稻产量为 7 500kg/hm²，以经济产量计算，光能利用率为 0.5%；以生物学产量计算，光能利用率为 2.0%。长江流域每公顷产量 22 500kg 以上的试验田中，全年的光能利用率为 5%，北方每公顷产量 15 000kg 的地块为 4%。

（二）影响光能利用率的主要因素

作物自身的光合效能低和总的光合量低是限制光能利用率提高的主要原因，具体表现在以下几个方面：

1. 光能转化率 投射到大田的光合有效辐射值有较大的浪费，即田间漏光、农耗时期光能损失、田间叶片的反射以及衰老的叶片不参与光合作用等损失约占 36%。而光合作用中消耗于呼吸作用的物质及其他损失，占光合作用的 20%～30%。

2. 温度 高温下（35.0℃以上），光合速率降低，甚至停止，这主要是由于高温使叶片气孔关闭。冬、春气温低，使植物体生长矮小，没有足够的叶面积，使植物光合产量不高。另外，自然界还有一些高低温灾害，使植物生长状况变坏。

3. 水分 水分不足，蒸腾减小，气孔关闭，使植物光合作用下降。

4. 二氧化碳 农田内二氧化碳不足，光合作用下降。据观测，水稻田二氧化碳浓度经常比大气常量低 10%～20%，光合作用也相应下降 10%～20%。

（三）提高光能利用率的途径

1. 充分利用生长季节，优化耕作制度和栽培措施 作物在苗期往往较稀，有大量的太阳光漏射到地面上而浪费了，而苗期往往占作物整个生育期的 1/3 左右，为了充分发挥这一阶段的光能潜力，间作套种是解决这个问题的有效措施。它延长了生长季节，较充分地利用了各种小气候条件，从而提高了光能与土地利用率。一方面，间作套种还把单作的间隙用光变为套作的延续交替用光，延长群体的光合时间，同时加大总体光合面积。另一方面，间作套种的边际优势的作用是很大的。在同一种植密度下，由于增加边行与多层受光，因而增加了直接照光面，把单作时光照分布的上强下弱形势变成边行光照强、光照比较均匀的形势，改善了农田通风透光条件。

栽培管理上还常采用育苗移栽（如水稻）以充分利用季节与光能。在寒冷季节，采用温室和其他措施，延长作物生长期，以充分利用自然生长季节所不能利用的大量太阳辐射能。

2. 选育合理的株型、叶型、高产和抗倒伏品种 一般斜立叶较利于群体中光能的合理分布与利用，并且斜立叶向外反射光较少，向下漏光较多，使下面有更多叶片见光。株型紧凑的群体互相遮阳较少，耐弱光抗倒伏，形成较大的叶面积，光合利用率高。

3. 创造适宜的叶面积，提高单位面积的光合生产率 采取合理的水肥措施，创造适宜的叶面积，改善群体的通风透光条件；采用中耕、镇压与施用化学激素等，以调整株型，改善群体受光条件；用化学药剂整枝以调整株型叶色；精量播种，机械间苗以减少郁蔽。通过这些措施，改善作物生长的环境条件以充分供应光合作用所需的光量子、二氧化碳、水分，以及保证适宜的温度环境，提高光能利用率。

 知识窗

植物新型光源 LED 灯

随着科学技术的进步以及农业与生物产业的快速发展，植物对有效光的利用已经突破单纯依靠太阳光的限制，人工光源代替或补充自然光源的不足已经成为促进农业科学发展的重要手段。

随着光电技术的发展，LED（Light Emitting Diode，发光二极管）这种新型人工光源的出现，为在农业生产中为植物补充光照开辟了新的途径，尤其对封闭可调控的设施农业环境，更是一种理想的人工光源。

LED 是一种能够将电能转化为可见光的固态的半导体器件，可以直接把电转化为光。LED 能够发出植物生长所需要的单色光（如波峰为 450nm 的蓝光或波峰为 660nm 的红光等），红蓝光 LED 组合后，能形成与植物光合作用和形态建成基本吻合的光谱吸收峰值，光能利用率可达 80%～90%，节能效果显著，并能通过控制系统随植物需求来变化光谱成分比例。

在转基因植物的栽培实验，要求在隔离空间进行。采用人工光源的封闭设施，通过环境调节，在农田中只能一年栽培一次的物种，一年可以进行多次栽培，实现农作物周年连续生产的高效农业体系。

在植物组织培养中，由于光的需求量低，使用的培养容器很小，利用 LED 体积小的特点，能很好地控制光照度和均匀度。同时，培养期利用 LED 单色光的特点可调节植物的形态形成使其达到理想的效果。

在种苗及农产品的贮藏中，光的需求量很小，选择适当波长的 LED 灯对于储藏保鲜也有非常重要作用。

思 考 与 练 习

1. 昼夜的长短和四季的变化是怎样形成的？你所在地区在夏至日和冬至日的昼夜各有多长时间？

2. 什么是赤纬、太阳高度角、太阳方位角？

3. 什么是可照时数、实照时数、日照百分率？农业生产上光照时间由几部分组成？

4. 解释：辐射、太阳辐射、太阳辐照度、太阳常数和光照度。

5. 为什么地平面上接受的太阳辐照度远远小于太阳常数？

6. 写出到达地面的太阳辐照度与太阳高度角的关系式，并说明其物理意义。

7. 大气对太阳辐射是如何减弱的？减弱的程度取决于哪些条件？

8. 为什么晴朗的天空呈现蓝色？空气混浊时天空呈现乳白色？初升的太阳是火红的？

9. 太阳辐射、地面辐射和大气辐射有哪些异同？

10. 试述到达地面的太阳辐射的日变化和年变化过程，并说明产生日、年变化的原因。

11. 为什么晴天的夜间比阴天的夜间冷些？

12. 写出地面辐射差额方程式，其中各分量对它有何影响？地面辐射差额和地面有效辐射有什么区别和联系？

13. 光谱成分对植物的生长发育有什么影响？

14. 什么是光饱和点、光补偿点？

15. 光照度对植物生长发育有什么影响？

16. 什么是植物的光周期现象？与作物引种有何关系？

17. 什么是光能利用率？如何提高作物光能利用率？

18. 短日照花卉长寿花一般在 1～2 月开花，若把花期提前到国庆节，对光照应采取何种措施？

第二章　温　度

学 习 导 航

➡ **基本概念**

地面热量平衡、土壤热容量、土壤导热率、日较差、年较差、日射型、辐射型、对流、乱流、平流、绝热变化、干绝热直减率、湿绝热直减率、气温直减率、逆温现象、辐射逆温、平流逆温、三基点温度、农业界限温度、积温、活动温度、活动积温、有效温度、有效积温。

➡ **基本内容**

1. 地面热量平衡与土壤热特性。
2. 土壤温度的周期性变化。
3. 土壤温度在垂直方向的变化。
4. 空气的增降温方式。
5. 气温的周期性变化。
6. 对流层内气温在垂直方向上的变化。
7. 土温对农业生产的影响。
8. 气温对农业生产的影响。
9. 农业界限温度的意义。
10. 积温的概念、种类及应用。

➡ **重点与难点**

1. 土壤热特性、土温的日变化年变化及垂直变化规律。
2. 气温升降的主要方式、气温的绝热变化规律。
3. 气温的日变化、年变化、垂直变化规律。
4. 三基点温度及气温变化对农业生产的影响。
5. 各个农业界限温度的指示意义。
6. 与积温相关的计算方法及积温的应用。

太阳辐射是地球表面增温的主要热源。地球表面吸收太阳辐射能以后，不仅引起本身增温，同时将热量传递给下层土壤和低层大气，导致土壤温度和空气温度发生变化，农谚"有阳则暖，无阳则寒"，温度的变化不仅影响着大气中许多物理过程的发生和发展，还直接影响着植物的生长发育。

第一节　土壤温度

一、影响土壤温度的因子

土壤温度的变化主要决定于地面热量平衡和土壤热特性。

（一）地面热量平衡

地面温度变化主要是由地面热量收支不平衡引起的。地面热量的收入与支出之差，称为地面热量平衡，又称为地面热量差额（Q_s），它是由四个方面因素决定的：一是以辐射的方式进行的热量交换，即辐射差额（R）；二是地面与下层土壤的热量交换（B）；三是地面与近地气层之间的热量交换（P）；四是通过水分蒸发或凝结进行的热量交换（LE）。

白天，地面吸收的太阳辐射能超过地面有效辐射，地面辐射差额（R）为正值，地面获得热量，温度高于近地气层和下层土壤的温度，于是地面将热量传给空气（P）及下层土壤（B），土壤水分蒸发也要耗去一部分热量（LE）（图 2-1a）。

夜间，地面辐射差额（R）为负值，地面失去热量，温度低于近地气层和下层土壤的温度，于是近地气层和下层土壤将热量传递给地面。同时，

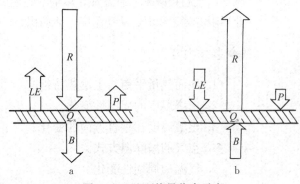

图 2-1　地面热量收支示意
a. 白天　b. 夜间

水汽的凝结也要放出热量（LE）给地面层（图 2-1b）。在图 2-1 中箭头指向地面的是收入项，表示地面得到热量。箭头由地面指向空气或下层土壤的是支出项，表示地面失去热量。即对地面而言，白天 R 为正值，P、B、LE 项为正值，夜间 R 为负值，P、B、LE 项为负值。根据能量守恒定律，地面热量收支状况可用下式表示：

$$R = P + Q_s + B + LE$$

即

$$Q_s = R - P - B - LE$$

Q_s 为正值时，地面得热大于失热，地面温度上升；$Q_s = 0$ 时地面热量收支相等，地面温度保持不变；Q_s 为负值时，地面得热小于失热，则地面温度下降。地面温度的高低决定于热量收支各项变化的情况。

（二）土壤热特性

不同性质的土壤吸收或放出相同的热量，其温度变化并不相同，主要原因是土壤热特性

不同。土壤的热特性主要有土壤热容量（容积热容量）和土壤热导率等。

1. 土壤热容量（C）　是表示土壤容热能力大小的物理量。它是指单位容积土壤温度升高（或降低）1℃所需吸收（或放出）的热量单位是 J/(m³·℃)。

当不同的土壤吸收或放出相同热量时，热容量大的土壤，升温或降温缓慢，即温度变化小。反之，热容量小的土壤温度变化大。

土壤是由固体和不定量的水及空气组成，所以土壤热容量的大小取决于土壤各组成成分热容量的大小。由表 2-1 可以看出，各种固体成分的热容量差别不大，变化在 (2.06～2.43)×10⁶J/(m³·℃)，水的热容量最大，空气的热容量最小。所以土壤热容量的大小，主要决定于土壤空隙中的水分与空气的含量。一般来说，土壤热容量随着土壤水分的增加而增大，随着土壤空气的增加而减小。潮湿紧密的土壤热容量大，所以昼夜升温或降温缓慢。相反，干燥疏松的土壤，空气多水分少，土壤热容量小，所以昼夜升温或降温剧烈。

表 2-1　土壤各组成成分的热特性

热　特　性	容积热容量（C）	导热率（λ）
	[J/ (m³·℃)]	[J/ (m·s·℃)]
土壤固体	(2.06～2.43)×10⁶	0.8～2.8
空气	0.001 3×10⁶	0.021
水	4.19×10⁶	0.59

2. 土壤导热率（λ）　当物体不同部位之间存在温差时，就会产生热量的传递，热量总是从高温部位传向低温部位。土壤导热率，就是表示土壤传热能力大小的物理量。它是指土层厚度为 1cm 两端温度相差 1℃，在 1cm² 面积上，每秒钟所通过的热量。其单位是 J/(cm·s·℃)。

在其他条件相同时，导热率大的土壤地面升温和降温缓慢，即温度变化小。而导热率小的土壤，升温和降温快，地面温度变化大。由表 2-1 可以看出土壤固体成分的导热率相差不大，空气与水的导热率相差很大，空气的导热率比水的导热率小得多。因此，土壤导热率的大小和土壤热容量一样，也随土壤孔隙中的水分和空气含量而变化。即土壤水分越多其导热率越大，土壤空气越多，导热率越小。当土壤潮湿时，导热率大，因此，地面受热时，热量易下传，温度上升缓慢。夜间地面冷却时，深层热量易上传，降温缓慢。因而，潮湿土壤的表面昼夜温度变化较小。相反土壤干燥时孔隙度大，空气多，导热率小，因此，白天地面受热不易下传，夜间地面冷却深层热量不易上传。因而干燥土壤表面昼夜温度变化大。在农业生产中常采用松土、镇压、灌溉等措施改变土壤热容量和导热率，从而调节土壤温度。

二、土壤温度变化

（一）土壤温度随时间的变化

由于地球的自转和公转，使到达地面的太阳辐射具有周期性的日变化和年变化，所以土壤温度也具有周期性的日变化和年变化。温度的这种周期性变化特征可以用较差和位相来描述。较差是指一定周期内，最高温度与最低温度之差。位相则是指最高温度和最低温度出现的时间。

1. 土壤温度日变化 土壤温度一昼夜间随时间的连续变化，称为土壤温度日变化。

观测表明，一天中土壤表面温度有一个最高值和最低值，最高温度出现在 13 时左右。最低温度出现在接近日出的时候。这两个时刻，地面热量收支达到平衡，热量积累分别达到最大值和最小值。

一天中，土壤最高温和最低温之差，称为土壤温度日较差或土壤温度日变幅。大量的观测表明：土壤表面的日较差为最大，随着深度的增加日较差逐渐减小。大约消失在 1m 处，该深度以下称为日恒温层。同时，随着深度的增加，最高温度和最低温度出现时间逐渐落后，每加深 10cm 落后 2.5~3.5h（图 2-2）。产生这种现象的原因是由于热量在向土壤深层传递过程中，各层土壤均需消耗热量；同时热量传递还需要时间的缘故。

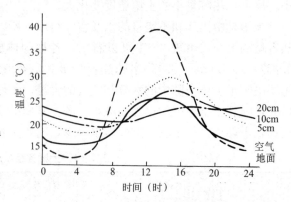

图 2-2 气温、地温和浅层土壤温度的日变化

土壤温度日较差的大小主要决定于地面热量平衡和土壤热特性。同时还受季节、纬度、地形、土壤颜色、天气状况、自然覆盖（植被和雪的覆盖）等因子影响。如：土壤温度日较差随纬度增高而减小，凹地大于平地，深色土大于浅色土，晴天大于阴天，没覆盖的大于有覆盖的，等等。总之所有影响地面热量平衡和土壤热特性的因子都能影响土壤温度日较差。实际上，土壤温度日较差的大小是由上述因子综合影响的结果。

2. 土壤温度年变化 一年中土壤温度的周期性变化称为土壤温度的年变化。在中高纬度地区，土壤表面温度年变化特征是：最热月出现在 7 月，最冷月出现在 1 月。热带地区由于太阳辐射的年变化小，受云和降水的影响大，所以土壤温度的年变化比较复杂。

一年中土壤最热月平均温度和最冷月平均温度之差称为土壤温度年较差或土壤温度年变幅。土壤温度年较差也是以土壤表面的为最大，随土壤深度增加而减小，至一定深度，年较差为零，称为年恒温层。低纬度地区在 5~10m 深处；中纬度地区在 20~25m；高纬度地区在 25m 深处。同时，在中纬度地区一年当中最热月和最冷月出现时间也随深度增加而落后，每加深 1m 落后 20~30d，到一定深度时，土壤最热月和最冷月出现时间几乎与地面相反，出现冬暖夏凉的气候特征（图 2-3）。

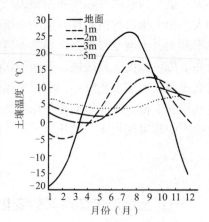

图 2-3 土壤温度年变化

这些特点在农业生产上有重要意义。如：北方冬季可在地窖里贮藏薯类及蔬菜，防止冻害。在炎热季节，肉类和禽蛋可下窖延长贮藏时间。

土壤温度年较差的大小受纬度、地表状况和天气等因子影响。土壤温度年较差随纬度增高而增大（表 2-2），与土壤温度日较差相反。这是由于太阳辐射的年变化随纬度增加而增大的缘故。其他因子对年较差的影响与日较差大体相同。

表 2 - 2　不同纬度的土壤温度年较差

地　方	广州	长沙	汉口	郑州	北京	沈阳	哈尔滨
纬　度（N）	23°08′	28°12′	30°38′	34°43′	39°48′	41°46′	45°41′
年较差（℃）	13.5	29.1	30.2	31.1	34.9	40.3	46.4

（二）土壤温度的垂直分布

由于土壤中各层热量昼夜不断地进行交换，使得土壤温度的垂直分布有一定的特点，观测表明：土壤温度的垂直分布可分为三种类型，即日射型、辐射型和过渡型（混合型）（图 2 - 4、图 2 - 5）。

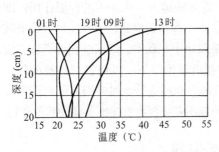

图 2 - 4　一天中土壤温度的垂直分布

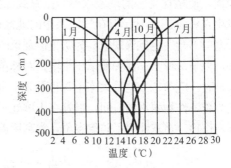

图 2 - 5　一年中土壤温度的垂直分布

1. 日射型　土壤温度以土壤表面温度为最高，随深度增加而降低的类型。一般出现在白天和夏季，是由于土壤表面首先增温引起的。可用一天中 13 时和一年中 7 月的土壤温度垂直分布为代表。

2. 辐射型　土壤温度以土壤表面温度为最低，随深度增加而升高的类型。是由于土壤表面首先冷却引起的。一般出现在夜间和冬季。可用一天中 01 时和一年中 1 月的土壤温度垂直分布为代表。

3. 过渡型（混合型）　土壤上下层温度的垂直分布分别具有日射型和辐射型特征。一般出现于昼与夜（或冬与夏）间的过渡时期。分别以 09 时、19 时和 4 月、10 月的土壤温度垂直分布为代表。

（三）土壤的冻结与解冻

1. 土壤的冻结与解冻　当土壤温度降低到 0℃ 以下时，土壤中水分与潮湿土粒发生凝固或结冰，使土壤变得非常坚硬，称为土壤冻结。由于土壤水分中含有各种盐类，其冰点比纯水低，所以只有当土壤温度降到 0℃ 以下时才冻结。土壤冻结与天气、地势、土壤结构、自然覆盖及土壤温度等因素有关。如：有积雪和植被覆盖的土壤冻结较浅；湿度大的土壤冻结浅而晚。从地理分布来看，冻土深度由北向南减小，我国东北冻土深度将近 3m，西北地区 1m 以上，华北平原约 1m 以内，长江以南和西南部分地区不超过 5cm。春季由于太阳辐射增强和土壤深处的热量向上传递使冻土融解，称为土壤解冻。解冻时，是由上而下和由下而上两个方向同时进行的，但在多雪的冬季，土壤冻结不很深，解冻常是靠土壤深层上传的热量，从下而上进行的。在土壤刚开始解冻时，由于冻土还未化透，上面化冻的水分不能下渗而造成地面泥泞的现象通常称为返浆。

2. 土壤冻结与解冻对农业生产的影响 土壤冻结与解冻对土壤的物理特性影响很大。由于土壤冻结时，冰晶体膨胀，能使土块破裂，空隙增大，解冻后，土壤变得比较疏松，有利于土壤中空气流通和水分渗透性的提高。在地下水位不深的地区，冻结能使下层水汽向上扩散，增加耕作层的水分贮存量，这对干旱地区的农业生产有很大的意义。土壤的冻结与解冻对作物也有很大影响。在春季气温较高时，作物地上部分蒸腾加强，耗水量增加，而在冻土中的根部还不能从土壤中得到水分，因而造成作物生理干旱，引起作物枯萎或死亡。在土壤解冻过程中，随着早春温度的波动，至使土壤时化时冻冻融交替，往往造成表层土壤连同植株一起被抬出地面，使植株受害的现象（称为掀耸或冻拔）。极易将浅根作物的根拉断。这种掀耸现象也可发生在秋季冻结时，但在气候寒冷的地区严重，积雪多的地方，由于雪的保温作用，即使气候严寒也不会发生掀耸现象，为防止该现象的发生可采取一些预防措施。如：播种分蘖节较深的品种；种子深覆土；播种前镇压土壤；对林苗，可以采取培土、踩实、增高畦面等措施。农产品在窖藏时，应参考当地最大冻土深度资料，把窖安排在该深度以下，以免农产品被冻坏。在北方，为越冬作物灌水的时间，最好在土壤处于"日化夜冻"时期进行，过晚则易因地面形成冰壳而损伤作物。在东北为了防御春旱，常利用返浆水播种春小麦或顶凌打垄准备播种其他作物。

第二节　空气温度

一、空气的升温和降温

空气的升温和降温主要取决于地面和低层空气的热交换、空气和空气间的热交换及空气在运动过程中所发生的绝热变化。

（一）通过热传递和热交换使空气升温和降温的主要方式

1. 分子传导 分子传导是依靠分子热运动将热量从一个分子传递给另一个分子。它是土壤中热量交换的主要方式。由于空气是热的不良导体所以地面与空气或空气与空气之间靠分子传导方式传递的热量很少。

2. 辐射 地面辐射被大气吸收，使空气增热。而大气辐射使本身冷却。辐射是地面与大气之间热量交换的主要方式。

3. 对流 空气大规模、有规律地升降运动称为对流（图2-6）。对流是地面和低层大气的热量向高层传递的重要方式。

4. 乱流 小规模、无规律性的气流或涡流运动称为乱流（图2-7）。乱流使空气在各个方向得到充分混合，伴随着热量交换，是地面和空气间热量交换的重要方式之一。

5. 平流 空气大规模、有规律的在水平方向上的运动。当冷空气流经较暖的区域时，可使当地温度下降。反之，当暖空气流经冷的区域时，可使该区域的温度升高。平流是水平方向上热量传递的主要方式。

6. 潜热交换　地面水分蒸发（升华）时，要吸收地面一部分热量，当这部分水汽在空气中凝结（凝华）时，又把热量释放出来给大气。大气便间接地从地面获得了热量。反之当空气中的水汽在地面凝结（凝华）时，地面获得了热量。这种热量交换方式不仅在地面与空气间进行，空气与空气之间也可以进行。

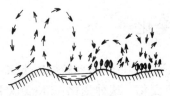

图 2-6　空气对流运动

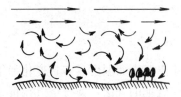

图 2-7　空气乱流运动

（二）空气的绝热变化

空气块在垂直运动过程中与外界环境不发生热量交换而引起的温度变化称为绝热变化。空气块在上升过程中，因外界气压减小，体积膨胀，对外做功使其内能消耗，温度降低。这种空气块因绝热上升而使温度下降的现象称为绝热冷却。反之空气块在下降过程中，因外界气压增大，体积被压缩，外界对空气块做功，增加空气块的内能，因而温度升高。这种因空气块绝热下沉而使温度升高的现象称为绝热增温。

由于空气中水汽含量不同，空气在作垂直运动时，其温度变化情况是不同的。

1. 干绝热直减率　一团未饱和的空气，在绝热上升或绝热下沉过程中的温度变化，称为干绝热变化。它每上升（或下降）100m，温度降低（或升高）1℃，这个温度变化率称为干绝热直减率。常用 γ_d 表示。即：$\gamma_d = 1℃/100m$（图 2-8a）。

2. 湿绝热直减率　一团饱和的湿空气，在绝热上升或绝热下沉过程中的温度变化，称为湿绝热变化。其温度随高度的变化率称为湿绝热直减率。常用 γ_m 表示。其平均值约为 $0.5℃/100m$（图 2-8b）。γ_m 一般小于 γ_d，这是因为在湿绝热过程中，气块上升冷却引起水汽凝结，凝结时释放出热量，对气块降温有补偿作用，缓和了上升降温的程度；气块下沉增温时，气块中携带的云滴蒸发，维持了气块的饱和状态，由于蒸发耗热，下沉时的增温也比干绝热增温少。

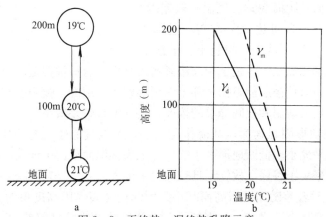

图 2-8　干绝热、湿绝热升降示意

a. 干绝热直减率　b. 湿绝热直减率

未饱和湿空气块在绝热上升初期，温度按干绝热直减率下降，到某一高度后，因冷却而使其中水汽达到饱和，成为饱和的湿空气，再继续上升，其温度按湿绝热直减率下降。饱和湿空气下沉时，由于绝热增温，使空气由饱和变为不饱和状态，这时温度又按干绝热直减率升高。

二、空气温度的变化

由于土壤表面温度具有日变化和年变化，这种变化一方面向下传向较深的土层，同时也向上传向近地的气层，使得空气温度也发生日变化和年变化。这种变化在 50m 以下近地气层里表现最为显著。此外，在空气水平运动的影响下，空气温度还会产生非周期性变化。

（一）气温的日变化

空气温度的日变化和土壤的日变化一样，在一天中有一个最高值和一个最低值。最高温度出现在 14～15 时（冬季在 13～14 时），最低温度出现在接近日出时。由于纬度不同日出时间不同，所以，最低气温出现的时间随纬度的不同而有差异。

一天中，最高气温与最低气温之差称为气温日较差。气温日较差小于土壤温度日较差（图 2-2），并随距离地面高度的增加而减小，最高气温和最低气温出现时间也不断落后。在 1 500m 以上，气温日较差为 1～2℃或更小些。气温日较差是表示一个地区天气和气候状况的特征值，它的大小受天气、下垫面性质、地形、纬度和季节等因素的影响。其中以天气和下垫面性质影响最为显著。

1. 天气状况　晴天气温日较差大于阴天（图 2-9），因为天气晴朗时，空气透明度大，太阳辐照度大，地面显著增温，致空气增温显著。夜间地面强烈有效辐射冷却，使空气降温显著。所以天气晴朗时气温日较差大，阴天日较差小。

2. 下垫面性质　下垫面的热特性和对太阳辐射吸收能力的不同，气温日较差也不同。陆地上气温日较差大于海洋，而且距海越远，气温日较差越大。如：沙漠地区气温日较差可达 20℃左右，但海洋上气温日较差只有 1～2℃。沙土、深色土、干松土壤

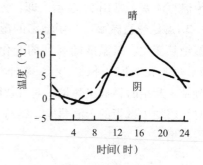

图 2-9　阴天和晴天的气温日变化

的气温日较差，分别比黏土、浅色土和潮湿紧密土壤大。有植被覆盖的地方气温日较差小于裸地。在农田中，白天植被层能阻挡一部分太阳辐射到达地面，夜间植被层又阻挡了地面的长波辐射，削弱了白天增温和夜间降温的幅度，使气温日较差减小。

3. 地形　凸出地形因风速大，乱流作用较强，贴地气层空气与高层空气有自由交换，所以气温日较差比平地小。低凹地形由于空气与地面接触面积比平地大，通风不良，且夜间冷空气沿山坡下滑聚集于谷底，故气温日较差比平地大。

4. 纬度　气温日较差随纬度增高而减小。因纬度越高太阳高度角的日变化越小，到达地面的太阳辐射日变化也随之减小。据统计：低纬度地区气温日较差 10～12℃，中纬度地区平均 8～9℃，高纬度地区平均 3～4℃。

5. 季节　一般夏季气温日较差大于冬季。而一年中气温日较差最大值在春季。夏季白天虽然太阳高度角大，日照时间长，最高气温很高，但由于中高纬度地区昼长夜短，地面冷却时间不长，致使最低气温不低。故夏季气温日较差不如春季大。如：北京 7 月气温日较差为 10.2℃，4 月则为 13.9℃。

（二）气温的年变化

气温的年变化与土壤温度的年变化十分相似。在北半球中高纬度地区，一年中最热月和最冷月分别出现在 7 月和 1 月；在海洋上和海岸地区较大陆地区落后一个月左右，分别出现在 8 月和 2 月。一年中最热月平均气温和最冷月平均气温之差，称为气温年较差。影响气温年较差的因子有：

1. 纬度　气温年较差随纬度的增高而增大（图 2-10）。因为随纬度增高，太阳辐射的年变化增大，所以，纬度越高气温年较差越大。如我国华南地区气温年较差为 10～20℃，长江流域为 20～30℃，华北和东北南部为 30～40℃；东北北部在 40℃以上。

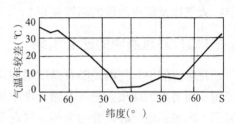

图 2-10　纬度与气温年较差的关系

2. 距海远近　水的热特性决定了海洋具有升温和降温缓和的特点。所以，海上气温年较差小，距海越近的地方受海洋调剂，气温年较差越小，越向大陆中心气温年较差越大（表 2-3）。

表 2-3　距海远近与气温年较差

纬　度	39°N		40°N	
距海远近	远	近	远	近
地　点	保　定	大　连	大　同	秦皇岛
年　较　差	32.6	29.4	37.5	30.6

（三）气温的非周期性变化

气温除具有周期性的日变化、年变化以外，在空气大规模的冷暖平流运动影响下，还会产生非周期性变化。这种变化的幅度和时间没有一定的周期，视气流的冷暖性质和运动状况而不同。在中高纬度地区，由于冷暖空气交替频繁，气温的非周期性变化比较明显。例如 3 月以后，我国江南正是春暖花开时期，常有冷空气南下而突然转冷的现象，出现"倒春寒"天气。秋季由于暖空气来临，也会出现突然回暖的现象，形成"秋老虎"天气。气温的非周期性变化，可以加强或减弱甚至改变气温的周期性变化。实际上，一个地方气温的变化是周期性和非周期性变化共同作用的结果，但从总的趋势看，周期性变化是主要的。

掌握气温的非周期性变化，对农业生产有重要意义。例如：早春气温开始回升后，常有冷空气侵袭而突然降温，但降温后又会有几天的稳定回升，如能抓住这种"冷尾暖头"的时机，及时播种，便可使种子在气温稳定回升期间顺利出苗，避免烂种、烂秧等损失。

三、气温的垂直变化

（一）气温直减率

气温随高度增加而降低是对流层气温垂直分布的基本特征。一方面，因为地面是低层大气的主要热源，所以，距地面愈远，温度就愈低；另一方面，水汽和固体杂质的分布在低层比高层多，而它们吸收地面辐射的能力很强。因此，对流层中气温随高度的增加而降低。在对流层中，气温垂直变化的特征用气温直减率（又称为气温垂直梯度）表示。

气温直减率是指高度每变化 100m，气温的变化数值。常用 γ 表示。据观测可知，对流层内气温直减率平均为 0.65℃/100m。但是，这个数值并不是固定不变的，而是随纬度、季节、天气以及距离地面的高度而定。

（二）对流层中的逆温现象

在对流层中，气温是随着高度增加而递减的，但在一定条件下，有时也会出现气温随高度增加而增高的现象。把气温随高度增加而增高的现象，称为逆温。出现逆温的气层称为逆温层。出现逆温层时，冷而重的空气在下，暖而轻的空气在上，不易形成对流运动，使气层处于稳定状态，阻碍了空气垂直运动向上发展，因而在逆温层下部常聚集大量的尘埃、烟灰、水汽凝结物等。

逆温按其形成原因，可分为辐射逆温、平流逆温、下沉逆温、锋面逆温等类型。这里主要介绍常见的辐射逆温和平流逆温。

1. 辐射逆温　由于下垫面强烈辐射冷却而形成的逆温。辐射逆温形成前气温随高度增高而降低（图 2-11a）；在晴朗无风或微风的夜晚，下垫面由于有效辐射而强烈降温，接近下垫面的空气也随之降温，离下垫面越远空气降温越小，形成逆温（图 2-11b）；随着下垫面的继续降温，逆温层逐渐向上扩展增厚，到黎明左右达到最厚（图 2-11c）；日出后，太阳辐射使下垫面很快增温，逆温便自上而下消失（图 2-10d）；最后恢复正常（图 2-11e）。辐射逆温在大陆上常年可见，在中高纬度地区以秋冬季节出现最多，厚度可达 200～300m，甚至更厚。

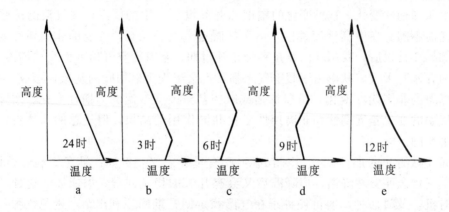

图 2-11　辐射逆温生消过程

2. 平流逆温　当暖空气平流到冷的下垫面上而形成的逆温，称为平流逆温。例如：中纬度沿海地区由于海陆温差较大，当海上暖空气流到冷的陆地面上时，就会出现较强的平流逆温。平流逆温在一天中都可能出现，有时可持续几昼夜。

逆温现象在农业生产上应用很广。如：在有霜冻的夜晚，往往有逆温存在。熏烟防霜冻时，烟雾会被逆温层阻挡而弥漫在贴地气层，防霜冻效果很好。在清晨逆温较强时防治病虫害（喷雾），可使药液停留在贴地气层，均匀地洒落在植株上，有效地防治病虫害。在寒冷季节晾晒一些农副产品，常将晾晒的东西置于一定高度上（温度高于 0℃ 的高度），以免地面温度过低而受冻，一般 2m 高度处的气温比地面可高 3～5℃。在果树栽培中，也可利用逆温现象，使嫁接部位恰好处于气温较高的范围之内，避开了低温层，使果树在冻害严重的年份能够安全越冬。

第三节　温度与农业生产

农谚有"六月不热，五谷不结；六月盖了被，田里不生米"，可见温度对作物生长发育的重要性。温度是影响作物生长发育的重要条件之一，一方面它直接影响作物的生长、分布界限和产量；另一方面，温度影响作物的发育速度，从而影响作物生育期的长短与各发育期出现的早晚。此外，温度还影响作物病虫害的发生、发展和许多农事活动的进行。一般来说在分析温度与生物的关系时，主要是气温，而对于播种到出苗，对作物根系与块根、块茎及蛰伏在土壤中的动物等常用土温进行分析。

一、土温对农业生产的影响

1. 影响作物根系对水分和养分的吸收　当土壤温度较低时，增加了土壤溶液黏度，降低了细胞的透性，减少作物对水分的吸收。如：有人测定两个月苗龄的棉花，在 10℃ 下的吸水量仅为 20℃ 下的 20%。通过低温对作物吸水的影响又间接影响了气孔的阻力，从而限制了光合作用。另外，低温会明显减少作物对多数矿物质营养的吸收作用。如氮、磷、钾等（图 2-12）。当土温过低时根系活动会完全停止。相反，当土温过高时，则使根系木质化，降低了吸收的表面积，并抑制根细胞内酶的活动，破坏根系的正常代谢过程。

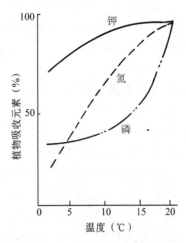

图 2-12　土温对元素吸收的影响

2. 影响作物块根、块茎的形成　土温影响马铃薯的产量。马铃薯苗期土温高生长旺盛，但并不增产，中期如高于 29.8℃ 不能形成块茎，以 15.6～22.9℃ 最适于块茎形成。土温低块茎个数多而小，土温适宜时个数少但薯块大。土温过高则个数少块茎也小，减产严重。

3. 影响种子发芽、出苗　不同的作物种子发芽所要求的土壤温度不同。如：小麦、油菜种子发芽所要求的最低温度为 1～2℃，玉米、大豆为 8～10℃，水稻则为 10～12℃。当其他条件适宜时，在一定温度范围内，土温越高，则种子发芽速度越快，土温过高或过低对种子发芽不利，甚至停滞、死亡。种子发芽所需要的最低土温是确定作物适宜播种期的依据之一。目前作物播种时要求的最低温度指标，一般以5cm土温为标准。

4. 影响耕作和肥效　温度过高土壤水分蒸发快，黏重土壤易板结难于耕作，北方冬季要抢在土壤封冻前耕翻耙耢，早春也要等化冻到一定深度才能耕翻播种。另外，早春温度低时土壤中的有机磷释放缓慢，有效磷含量很低。夏季高温促使土壤的迟效磷转化为速效磷，作物一般不会缺磷。因此，在华北平原将磷肥集中施在小麦上，下茬玉米不施，土壤中释放的速效磷也够了。

5. 影响昆虫的发生、发展　很多昆虫的生命过程的某些阶段是在土壤中度过的，因此，土温对昆虫特别是地下害虫的发生发展有很大影响。从而间

◆ **查一查**：哪些措施可以改变土壤温度为农业生产服务？

接地影响着作物的生长发育。如：沟金针虫，当10cm土温达到6℃左右时，开始上升活动；当10cm土温达到17℃左右时活动最盛并危害种子和幼苗，高于21℃时又向土壤深层活动。

6. 影响微生物的活性　土壤温度对微生物活性的影响极其明显。大多数土壤微生物的活动要求有15~45℃的温度条件。超出这个范围（过低或过高），微生物的活动就会受到抑制。

7. 影响土壤有机质的转化　土壤温度对土壤的腐殖化过程、矿质化过程以及植物的养分供应等都有很大意义。土壤有机质的转化也受土壤温度的影响，南方高温地区，有机质分解快；北方低温地区，则分解慢，土壤中的养料和碳的周转期远比南方要长。

二、气温对农业生产的影响

（一）基点温度

1. 三种温度　温度影响作物的生长发育状态，作物对温度的要求表现为生命温度（生存温度）、生长温度和发育温度三种温度。维持植物生命活动的范围为-10~50℃，生长阶段的温度范围比较宽，为5~40℃，发育阶段对温度的要求最严格，能适应的温度范围最窄，一般为10~35℃。

2. 基点温度　对于作物每一生育阶段来说都有三个基点温度，即最适温度、最低温度和最高温度。在最适温度范围内，植物生命活动最强，生长发育速度也最快。在达到最低温度和最高温度时，植物生长发育停止，但仍能维持生命。如果温度继续升高或降低，作物就会发生不同程度的危害直到死亡。因此，在三基点温度之外，作物还有受害温度和致死温度指标（图2-13）。在生产上，以作物生长的三基点温度最为常用。但由于不同作物原产地不同，其生物学特性有差异，所以它们的三基点温度是不同的。几种作物生长的三基点温度如表2-4所示。

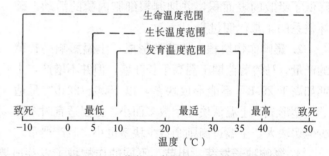

图2-13　作物生命活动基本温度示意

同一作物的不同生育期由于组织器官和生理过程的差别，其三基点温度是不同的（表2-5）。

表2-4　几种作物生长的三基点温度（℃）

作物种类	最低温度	最适温度	最高温度
小　麦	3～4.5	20～22	30～32
玉　米	8～10	30～32	40～44
水　稻	10～12	30～32	36～38
烟　草	13～14	28	35
豌　豆	1～2	30	35

此外，作物发育时期的不同生理过程三基点温度也是不同的。以光合作用和呼吸作用的三基点温度做比较，光合作用的最低温度为0～5℃，最适温度为20～25℃，最高温度为40～50℃，而呼吸作用分别为-10℃、36～40℃与50℃。从表2-4和表2-5中可以看出三基点温度有这样的规律：

① 不同作物或相同作物不同生育时期对三基点温度的要求不同。

② 农作物生长发育的最适温度较接近最高温度，而较远离最低温度。

③ 最高温度多在30～40℃，在作物实际生育期中并不常见。

④ 在作物生育期中最低温度远比最高温度容易出现。所以对最低温度的研究相对来说较为重要。在农业灾害性天气中，低温的危害也比高温的危害多。

表2-5　几种作物主要生育期的三基点温度（℃）

作物名称	生育期	最低温度	最适温度	最高温度
水　稻	种子发芽期	10～12	25～30	40
	苗期	12～15	26～32	40～42
	分蘖期	15～16	25～32	40～42
	抽穗成熟期	16～20	25～30	40
小　麦	出苗期	1～2	15～22	30～32
	分蘖期	2～4	13～18	18
	拔节期	10	12～16	24～25
	抽穗开花期	9～11	18～20	32
	灌浆期	12～14	18～22	26～28
	成熟期	15	20～25	30
棉　花	发芽期	10～12	25～30	36
	出苗期	15	18～22	
	现蕾期	19	25	
	开花期	15	25	35
	吐絮期	16	25～30	2
玉　米	幼苗期	10～12	28～35	35
	抽穗开花期	18	24～25	28
	成熟期	16		25
甘　薯	幼苗期	16	28～30	35
	茎叶生长期	15	18～20	
	块根膨大期	20	22～23	

(续)

作物名称	生育期	最低温度	最适温度	最高温度
甘蔗	发芽期	13	30~32	40
	幼苗期		15	
	分蘖期	>20	>30	
	伸长期	12~13	20~30	
油菜	幼苗期	10	12	
	开花期	5~10	14~18	25
	成熟期	6	18~20	25

3. 受害、致死温度 作物遇低温导致的受害或致死，称为冷害或冻害。在 0℃ 以上的低温危害称为冷害或寒害，在 0℃ 以下的危害则为冻害。作物因温度过高而造成的危害称为热害。

知识窗

高温对作物生长发育的影响

近年来，不少地方常会出现 35℃ 以上的持续高温，有些水稻品种出现大量空秕粒，在排除了种子质量、栽培技术等原因后，得出的结论是高温乃罪魁祸首。高温会损伤水稻的雄性生殖器官，对受精过程产生不利影像，空壳率会大量增加。灌浆期遇到 35℃ 以上高温会使子粒内磷酸化酶和淀粉的活性减弱，影响到干物质的积累，而且造成米粒质地疏松、腹白扩大、粒重降低、米质变差，最终造成高温催熟现象。玉米在抽雄期间遇连续高温干旱，会造成雄雌花发育不同步，雌花发育受阻，吐丝迟，花粉利用率低，高温空气干燥，还会使花粉、柱头失水快，生活力差，授粉率低，影响结实率。

（二）气温日变化对作物的影响

气温日变化对作物的生长发育、有机物质积累、产量和品质有着重要意义。自然界的植物已经适应于这种规律性的昼夜变温环境，即它们要求昼间温度高，夜间温度低。作物对这种温度日变化的反应，称为温周期现象。

气温日变化对作物的生长有明显的促进作用。试验表明，番茄的生长与结实在昼夜变温下（白天 26.5℃，夜间 7~19℃），要比恒温下（26.5℃）好得多（图2-14）。气温日变化对作物有机物质的积累有重要意义。当昼夜的温度不超过作物所能忍受的最高温度和最低温度的

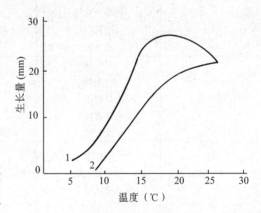

图 2-14 番茄生长量恒温和变温比较

情况下，气温日较差大有利于作物有机物质的积累。因为白天温度高，作物光合作用增强，有利于制造较多的有机物质，夜间温度低，作物呼吸作用减弱，从而减少有机物质的消耗。使净光合产物增多对产量形成和产品质量都有好的影响。现已发现在一定温度范围内，气温日较差较大的地区，作物产量高品质好。例如：在青藏高原种植的白菜、萝卜等比内地大得多。小麦千粒重也特别高可达 40~50g。在青海柴达木盆地香日德农场 1978 年春小麦创单产每 667m^2 面积上 1 013.05kg 的纪录。新疆的哈密瓜、吐鲁番葡萄的香甜等都与这些地区的气温日较差大有直接关系。

虽然作物良好生长需要一定的白天高温和夜间低温配合，但并非气温日较差越大越好。夜间温度和白天温度都必须在不超过植物所能忍受的范围之内。如对番茄进行变温处理（图 2-14 曲线 1），采取白天恒温 26.5℃，夜间温度 17℃，番茄日生长量为 28mm。若白天恒温 26.5℃，夜间温度为 10℃时，每日生长量只有 7mm。因为对番茄来说，10℃的夜间温度过低，已对番茄有损伤作用了。所以，昼温 26.5℃配合夜温 17℃是获得番茄最大生长量的最适的昼夜温差条件。

气温的年较差也影响着作物的生长发育，而且必要的高温对某些喜热作物是不可缺少的，如某些水稻品种在湖北长得很好，而在积温相近且四季如春的云南却因缺少夏季必要的高温而不能成熟。

三、农业界限温度

具有普遍意义、标志某些重要物候现象或农事活动的开始、终止或转折点的温度称为农业界限温度。农业上科学常采用的界限温度（用日平均温度表示）有：0℃、5℃、10℃、15℃、20℃。它们的农业意义是：

0℃——土壤冻结和解冻。田间耕作开始或停止的界限温度。春季稳定通过 0℃时，土壤开始解冻，早春作物（春小麦、青稞等）开始播种。秋季 0℃稳定终止时，冬小麦开始越冬，土壤开始冻结，青稞停止生长。常用日平均气温 0℃以上的持续时期表示农耕期。因此，0℃以上日数可用来评定地区农事季节的总长度。这期间的积温反映可供农业利用的总热量。

5℃——多数树木开始生长，小麦积极生长及早春作物播种的界限温度（冬小麦采用 3℃）。春季稳定通过 5℃时，喜凉作物（如春油菜、马铃薯）开始播种，小麦开始进入分蘖期，树木开始萌动。秋季 5℃稳定终止的日期正是小麦开始进入抗寒锻炼期。常用日平均气温 5℃以上的持续时期表示作物的生长期。

10℃——大多数作物开始进入活跃生长的界限温度。是一般喜温作物生长的起始温度，也是喜凉作物积极生长的温度，多年生作物开始以较快的速度积累干物质。常用日平均气温 10℃以上的持续时期表示作物的生长活跃期。

15℃——可作为对喜温作物如水稻、玉米、棉花、烟草等是否有利的指标。是喜温作物积极生长、热带作物组织分化的界限温度。同时，棉花、花生等进入播种期，可以采摘茶叶。秋季 15℃稳定终止日期与冬小麦最晚播种期相当，水稻此时已停止灌浆，热带作物将停止生长。常用日平均气温 15℃以上的持续时期表示喜温作物的积极生长期。

20℃——热带和春作物的积极生长的界限温度。是水稻安全抽穗、开花的指标，也是热

带作物橡胶正常生长、产胶的界限温度。

农业界限温度常以三基点温度为依据，但常具有一定的概括性。例如：确定 10℃ 为喜温作物的播种与生长的农业界限温度，若针对具体作物或品种而言，可能与农业界限温度有 1~2℃ 的出入，只是比较接近，彼此共同使用同一指标。即农业界限温度是对同类指标的近似概括。农业界限温度的出现日期、持续日数和持续时期中积温的多少，对一个地方的作物布局、耕作制度、品种搭配和季节安排等都有十分重要的意义。

四、积　温

1. 积温的概念　在作物生活所需要的其他因子都得到基本满足时，作物为完成某个生育期或全生育期，还需要一定的温度累积。这一温度累积，称为积温。积温反映了作物在某生育期或全生育期内对热量的总要求。一般根据该时期内逐日的日平均气温加以计算。

2. 积温的种类　常用的积温有活动积温和有效积温两种。这两种积温的计算都是以生物学下限温度为起点温度。所谓生物学下限温度又称为生物学零度。用 B 表示。它是指不同的作物在不同发育阶段中，有效生长的下限温度。即只有当温度达到这个生物学下限温度以上时，作物才开始生长发育。一般来说，作物的生物学下限温度，就是作物三基点温度的最低温度。

（1）**活动积温**　高于生物学下限温度的日平均气温值，称为活动温度。作物（或昆虫）某一生育期或全生育期内活动温度的总和称为活动积温。表达式为：

$$Y = \sum_{i=1}^{n} t_{i>B}$$

式中：Y——活动积温；

　　　B——生物学下限温度；

　　　$t_{i>B}$——高于生物学下限温度的日平均气温。

例如某品种早稻，从播种到出苗，这一发育期的生物学下限温度是 11℃，播种后 6d 出苗，这 6d 的日平均气温分别为：21.2℃、19.5℃、17.4℃、13.6℃、10.9℃、15.5℃。这 6d 中，10.9℃ 低于生物学下限温度 11℃，不能计算在内，其余 5d 温度都高于生物学下限温度，成为活动温度。这 5d 的活动温度总和是 87.2℃ 就是这一品种从播种到出苗的活动积温。

（2）**有效积温**　活动温度与生物学下限温度之差称为有效温度。作物（或昆虫）的某一生育期或全生育期内有效温度的总和称为有效积温。表达式为：

$$A = \sum_{i=1}^{n} (t_{i>B} - B)$$

式中：A——有效积温；

　　　$(t_{i>B} - B)$——有效温度。

在上例中，把 5d 的活动温度各减去生物学下限温度 11℃，然后求和，就得到这一品种从播种到出苗的有效积温。即：

$(21.2-11)+(19.5-11)+(17.4-11)+(13.6-11)+(15.5-11)=32.2(℃)$

活动积温和有效积温的不同点在于活动积温包含了低于生物学下限的那部分无效积温，温度越低无效积温所占的比例就越大。活动积温的计算比较方便，有效积温则排除了低于生物学下限的无效积温，所以，有效积温较为稳定，更能确切地反映作物对热量的要求。在实际工作中，如农业气候分析和农业气候区划时，多采用活动积温。研究作物对热量的要求，预报作物生育期及病虫害，多采用有效积温。

各种作物所需积温是不同的，而且还因不同类型和品种而异（表2-6和表2-7），由于大多数作物在10℃以上才能活跃生长，所以大于10℃的活动积温是鉴定某一地区对某一作物的热量供应能否满足的重要指标。

表2-6　几种作物（不同类型）所需>10℃的活动积温（℃）

作　物	类　型		
	早熟型	中熟型	晚熟型
水　稻	2 400~2 500	2 800~3 200	
棉　花	2 600~2 900	3 400~3 600	4 000
冬 小 麦		1 600~2 400	
玉　米	2 100~2 400	2 500~2 700	>3 000
高　粱	2 200~2 400	2 500~2 700	>2 800
谷　子	1 700~1 800	2 200~2 400	2 400~2 600
大　豆		2 500	2 900
马 铃 薯	1 000	1 400	1 800

表2-7　几种作物主要生育期生物学下限温度（B）和有效积温（A）

作物名称	生　育　期	B(℃)	A(℃)
水　稻	播种~出苗	10~12	30~40
	出苗~拔节	10~12	600~700
	抽穗~黄熟	10~15	150~300
冬小麦	播种~出苗	3	70~100
	出苗~分蘖	3	130~200
	拔节~抽穗	7	150~200
	抽穗~黄熟	13	200~300
春小麦	播种~出苗	3	20~100
	出苗~分蘖	3~5	150~200
	分蘖~拔节	5~7	80~120
	拔节~抽穗	7	150~200
	抽穗~黄熟	13	250~300
玉　米	播种~出苗	10~12	80~130
	出苗~现蕾	10~13	300~400
	开花~裂铃	15~18	400~600

知识窗

需 冷 量

对于有些落叶果树，在进入休眠后往往需要一定时段的有效低温积累才能正常发芽和开花。如果不能满足低温需求，即使给予正常的发育条件，也不能很好地发芽，表现为枯芽、开花不整齐、坐果率低等现象，这种解除自然休眠所需的有效低温时数称为需冷量。

3. 积温的应用 积温在农业生产中应用较为广泛，其用途主要有以下几个方面：

（1）可以用来鉴定一个地区的热量资源 积温的多少可以表示各地热量资源状况，而作物的积温是反映作物生长发育对热量的要求。将某地区的积温数值和作物的积温数值进行对照，可以鉴定和评价该地区热量条件对农业生产的利弊。因此，积温也是农业气候区划的重要指标之一。

（2）可作为引种（包括新品种推广）和改制的一个依据 要对从外地引种或向外推广的作物品种所需要的积温进行鉴定，然后再与引种或推广地区的积温资料对比分析，看其能否满足要求。对感光性强的品种还要考虑日照的长短。一个地区耕作制度改变，也要以相应的积温指标为依据，并结合当地热量状况来确定。

（3）可作为作物（生物）生育期预测的一个依据 因为某一作物由一个生育期到另一个生育期所需的有效积温是比较稳定的，因此，在预测作物未来生育期的开始日期时可按下式计算。

$$D=D_1+\frac{A}{t-B}$$

式中：D——预报的生育期；

D_1——前一生育期的开始日期；

t——D_1 至 D 期间的平均气温；

A——生育期间（D_1-D）所需有效积温；

B——生育期间的生物学下限温度。

◆ **查一查**：积温如何影响昆虫的发育周期？

4. 积温的稳定性 积温在一定程度上基本反映了作物发育速度与热量条件的关系，所以，在农业生产上得到了广泛的应用。但积温学说还尚有不完善之处。如同一品种作物完成同一生育阶段所需的积温，在不同地区、不同年份、不同播种期常有差异。说明积温的稳定性不够理想。究其原因，一方面是影响作物生育的因子不仅仅是日平均气温，还有其他因子（如太阳辐射、光周期、温度日较差、土壤温度等），它们与生育速度的关系，各自遵循特定的规律。另一方面，积温学说认为：作物发育速度与积温的关系是直线关系，即温度越高发育越快，事实上超过最适温度后，温度越高发育反而减慢，当达到最高温度时停止生长发育。

在实际工作中，为了避免使用积温所出现的各种问题，人们尝试使用一些补救和订正方法。如计算积温时，考虑剔除高于生物学上限温度的日平均气温，进一步确定各作物品种及各发育期的生物学下限和上限温度，在计算积温时逐段分别计算；将作物对光周期和温周期的反应给予考虑等。

知识链接

温　度　胁　迫

　　植物的生长发育需要一定的温度条件，当环境温度超出了它们的适应范围，就对植物形成胁迫；温度胁迫持续一段时间，就可能对植物造成不同程度的损害。温度胁迫包括高温胁迫、低温胁迫和剧烈变温胁迫。

　　1. 高温胁迫　当环境温度达到植物生长的最高温度以上即对植物形成高温胁迫。高温胁迫可以引起一些植物开花和结实的异常。在自然界，高温往往与其他环境因素特别是强光照和低湿度相结合对植物产生胁迫作用。植物幼苗因土面温度过高，近地面的幼茎组织被灼伤而表现立枯症状；这种病害在温度变化大的黑土、沙质土和干旱情况下发生较重。高温危害植物的机制主要是提高某些酶的活性，钝化另外一些酶的活性，从而导致植物异常的生化反应和细胞的死亡。高温还可引起蛋白质聚合和变性，细胞质膜的破坏、窒息和某些毒性物质的释放。

　　2. 低温胁迫　当环境温度持续低于植物生长的最低温度时即对植物形成低温胁迫，主要是冷害和冻害。冷害也称为寒害，是指0℃以上的低温所致的病害。喜温植物如水稻、玉米、菜豆以及热带、亚热带的果树如柑橘、菠萝、香蕉以及盆栽和保护地栽培的植物等较易受冷害。当气温低于10℃时，就会出现冷害，其最常见的症状是变色、坏死和表面斑点等，木本植物上则出现芽枯、顶枯。早稻秧苗期遇低温寒流侵袭易发生青枯死苗。晚稻幼穗分化至扬花期遇到较长时间的低温，也会因花粉粒发育异常而影响结实。冻害是0℃以下的低温所致的病害。冻害的症状主要是幼茎或幼叶出现水渍状、暗褐色的病斑，之后组织死亡；严重时整株植物变黑、干枯、死亡。早霜常使未木质化的植物器官受害，而晚霜常使嫩芽、新叶甚至新稍冻死。此外，土温过低往往导致幼苗根系生长不良，容易遭受根际病原物的侵染。水温过低也可以引起植物的异常，如会引起坏死斑症状。

　　低温危害植物的机制和高温有所不同。低温对植物的伤害主要是由于细胞内或间隙冰的形成，细胞内形成的冰晶破坏质膜，引起细胞的伤害或死亡。细胞间隙的水因含有较少的溶质而比细胞内更容易结冰。细胞内水的结冰点与细胞含水量有关，溶质多，冰点高，一般为－10～－5℃；某些植物病原细菌和腐生细菌具有催化冰核形成的能力，可以使细胞水的冰点提高，使植物更容易受到霜冷的危害。

　　3. 剧烈变温胁迫　剧烈变温胁迫是指在较短的时间内外界环境温度变化幅度太大，超出了植物正常生长所能忍受的程度。剧烈变温对植物的影响往往比单纯的高温和低温的影响更大。例如，昼夜温差过大可以使苹果、梨等木本植物的枝干发生灼伤或冻裂，这种症状多见于树干的向阳面；在温室和露地温度差异很大的情况下，温室培养的植物幼苗移栽到露地后容易出现枯死，如龟背竹、喜林芋、橡皮树和香龙血树等盆栽观赏植物可因快速升温引起新生叶片变黑、腐烂。

思 考 与 练 习

1. 地面热量平衡和土壤热特性是怎样影响土壤温度变化的?

2. 对于沙性土壤和潮湿黏重的土壤,春季农事活动哪一种可以提前几天? 为什么?

3. 在正常天气情况下一个地方的最低温度为什么出现在接近日出的时候? 最高温度出现在中午以后,而不是在太阳辐射最强的正午?

4. 土壤深层温度的年变化和土壤表面的温度年变化有什么不同? 在农业生产上有什么意义?

5. 土壤温度的垂直分布有哪几种类型? 有何特点?

6. 什么是温度的日较差和年较差? 影响气温日较差和年较差的因子有哪些?

7. 土壤温度和空气温度的日变化特点有何不同?

8. 为什么对流层内气温随着高度的升高而降低?

9. 为什么在清晨逆温较强时,喷施农药防治病虫害效果更好?

10. 已知大兴安岭高 1 700 m,从西坡上来的气流为 17.2℃,上坡以后,因绝热冷却在山腰 500 m 处有云和降水出现,求气流越过山顶以后,下沉到地面的气温是多少?

11. 土温对植物有什么影响?

12. 气温日变化对作物有什么影响? 根据作物的三基点温度说明,气温日较差越大对作物生长发育越有利是否正确?

13. 什么是农业界限温度、活动温度、有效温度、活动积温和有效积温?

14. 某个水稻品种从播种到出苗的生物学下限温度为 12.0℃,播种 8d 后出苗,这 8d 的日平均气温分别为:12.5℃、11.5℃、12.5℃、13.6℃、14.6℃、15.0℃、15.6℃、14.0℃。求该品种从播种到出苗的活动积温和有效积温。

15. 湖南衡阳观测越冬二化螟幼虫,已知 3 月 11 日化蛹,蛹的有效积温是 126.9℃,发育的起点温度是 10.8℃,3 月 11 日到 4 月中旬的平均气温是 16.3℃,问越冬二化螟什么时候可以开始羽化成虫?

第三章　水　　分

学习导航

➡️**基本概念**

　　空气湿度、水汽压、饱和水汽压、绝对湿度、相对湿度、露点温度、水面蒸发速率、蒸散、植物蒸腾、蒸腾系数、农田蒸散、凝结核、露、霜、雾凇、雨凇、雾、云、降水、降水量、降水强度、降水变率、降水保证率、雨、雪、霰、雹、地形雨、对流雨、气旋雨、台风雨、作物水分临界期、水分有效利用率。

➡️**基本内容**

　　1. 空气湿度的表示方法及其变化规律。
　　2. 水面蒸发、土壤蒸发的影响因子及规律。
　　3. 植物蒸腾与农田蒸散的基本知识。
　　4. 水汽凝结的条件、水汽凝结物的种类。
　　5. 降水的条件、降水的表示方法及降水的种类。
　　6. 空气湿度及降水对农业生产的影响。
　　7. 作物需水的一般规律及提高水分有效利用率的途径。

➡️**重点与难点**

　　1. 空气湿度的表示方法及其变化规律。
　　2. 土壤蒸发各阶段的特点及应采取的农业措施。
　　3. 降水的条件、降水的表示方法及降水的种类。
　　4. 空气湿度及降水对农业生产的影响。
　　5. 作物需水的一般规律及提高水分有效利用率的途径。

水分对农业生产具有重要的意义。一方面它是作物进行光合作用合成糖类的原料之一，是作物体内输送养分的载体；另一方面又是作物生长发育的一个重要环境因子，水分的各种形态及水分的利用对农业生产有重要的意义。

大气的水分来自地球表面的江、河、湖、海、潮湿土壤、植被和其他含有水分的地物表面的蒸发和蒸腾。大气中水分存在形式有气、液、固三态，通常情况下，以气态形式存在于大气中。虽然在大气的构成中，水分含量虽微却是大气物理过程中最富于变化的部分。在一定条件下发生凝结或凝华带来云、雾等天气现象，并以雨、雪等降水形式返回地面，同时伴随着能量的转化与输送。

第一节　空气湿度

一、空气湿度的概念及表示方法

空气湿度是表示空气中所含水汽量和空气潮湿程度的物理量，常用水汽压、绝对湿度、相对湿度、饱和差和露点等来表示。

1. 水汽压与饱和水汽压

（1）水汽压（e）　空气中水汽所产生的压强称为水汽压。水汽压是大气压的一个组成部分。通常情况下，空气中水汽含量多，水汽压大；反之，水汽压小。水汽压的单位与大气压单位相同，用百帕（hPa）表示。

（2）饱和水汽压（E）　在温度一定的情况下，单位体积空气中所容纳的水汽量是有一定的限度的，若水汽含量达到了这个限度，空气就呈饱和状态，此时的空气称为饱和空气。饱和空气中的水汽压，称为饱和水汽压（E），未达到此限度的空气，称为未饱和空气。超过这个限度的空气称为过饱和空气。一般情况下，超出部分水汽发生凝结。在温度一定时所对应的饱和水汽压是确定的。

实验和理论都证明：在温度改变时，饱和水汽压也随着改变。温度越高饱和水汽压越大，温度越低饱和水汽压越小。表3-1为饱和水汽压与温度的关系。

表3-1　饱和水汽压与温度的关系

温度（℃）	-30	-20	-10	0	10	20	30
饱和水汽压（hPa）	0.5	1.2	2.9	6.1	12.3	23.4	42.2

饱和水汽压还与蒸发面的状态、表面形状、液体浓度等因子有关。在同一温度下，水面上的饱和水汽压大于冰面上的饱和水汽压；凸面饱和水汽压大于凹面饱和水汽压；纯水饱和水汽压大，且溶液浓度越高，饱和水汽压越小。

2. 绝对湿度（a）　单位容积空气中所含水汽的质量称为绝对湿度，它实际上就是空气中水汽密度，单位为 g/cm^3 或 g/m^3。空气中水汽含量愈多绝对湿度就愈大，绝对湿度能直接表示空气中水汽的绝对含量。

当绝对湿度以 g/m^3 表示时，水汽压用 hPa 为单位时，两者在数值上相差很小，当温度为 16.4℃时，二者相等。所以，在实际工作中，常把水汽压看作绝对湿度。

3. 相对湿度（u）　空气中实际水汽压与同温度下饱和水汽压的百分比称为相对湿度，即：

$$u=\frac{e}{E}\times100\%$$

相对湿度表示空气中水汽的饱和程度。当 $e=E$ 时，$u=100\%$，表明空气达到饱和；当 $e<E$ 时，$u<100\%$，空气未饱和；当 $e>E$ 时，$u>100\%$ 而无凝结现象时，空气处于过饱和状态。在空气中水汽含量一定时，即 e 不变，则随着气温的升高，E 变大，相对湿度变小。反之，如气温下降，E 变小，则相对湿度变大。当气温下降到一定值时，使 $e=E$，$u=100\%$，则空气达到饱和状态；气温继续下降，使 $E<e$，这时 $u>100\%$，通常有凝结现象发生，否则空气呈过饱和状态。

4. 饱和差（d）　某一温度下，饱和水汽压和实际水汽压之差。饱和差值随温度升高而增大；反之，则减小。

$$d=E-e$$

5. 露点温度（t_d）　当空气中水汽含量和气压不变时，气温降低到空气达到饱和时的温度称为露点温度，简称露点，单位℃。它形式上是温度，实质上是表示空气湿度的一个物理量。

对于温度相同而水汽压不同的两块空气来说，水汽压较大的空气温度稍降就能达到饱和，因而露点温度较高；水汽压较小的空气温度下降较大幅度才能达到饱和，因而露点温度较低。因此，气压一定时，露点温度高低反映了空气中实际含水量的多少。实际上，空气经常处于不饱状态，露点温度比气温低，只有空气饱和时，露点温度才与气温相等。

二、空气湿度变化

（一）绝对湿度的变化

1. 绝对湿度的日变化　空气中水汽来源于地面蒸发、蒸腾，温度较高则蒸发量大，空气中的水汽含量多，则绝对湿度大，随温度的升高则蒸发加强，空气中水汽增多，水汽压增大；反之，绝对湿度小且变化小。这种变化主要发生在温度变化比较缓和的下垫面上，主要是海岸地区、海洋、寒冷季节的大陆和暖季潮湿地区。绝对湿度最大值出现在午后 14~15 时，最小值出现在日出前（图 3-1a）；绝对湿度另一种变化是双峰型的，多出现在增降温比较剧烈的下垫面上，对流或乱流较强的内陆暖季和沙漠地区，一天中出现两个较高值和两个较低值，两个较高值分别出现在 8~9 时和 21~22 时。两个较低值分别出现在日出前和 15~16 时（图3-1b）。

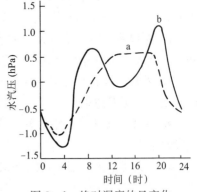

图 3-1　绝对湿度的日变化

a. 单峰型　b. 双峰型

2. 绝对湿度的年变化　绝对湿度年变化与气温的年变化一致，在陆地上，最大值出现在 7 月，最小值出现在 1 月；在海洋及近海地区，最大值在 8 月，最小值在 2 月。

（二）相对湿度的变化

1. 相对湿度的日变化　相对湿度的变化一般和气温的日变化相反。在温度升高时，水汽压随着蒸发、蒸腾的增强而增大，而饱和水汽压随温度升高的速度要比水汽压更快，结果相对湿度反而减小；温度降低则相反。因此，相对湿度的最大值出现在气温最低的清晨；最低值出现在14~15时（图3-2）。但在近海地区，因受海陆的影响日变化与气温一致。

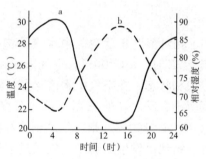

图3-2　相对湿度的日变化
a. 相对湿度　b. 气温

2. 相对湿度的年变化　相对湿度的年变化一般也与气温的年变化相反，冬季最大，夏季最小，这是受温度和水汽压影响的结果。由于受季风性气候的影响，这种变化常受到破坏，夏季盛行来自海洋的暖湿空气，冬季盛行来自内陆的干冷空气，使相对湿度的年变化与温度年变化相似。

第二节　蒸发与蒸散

水由液态或固态变为气态的过程称为蒸发（或升华）。在农业气象中所说的蒸散，主要指水面蒸发、土壤蒸发和植物蒸腾。

一、水面蒸发

水面蒸发的快慢用蒸发速率来描述。蒸发速率是指单位时间内单位面积上因蒸发而消耗的水量，单位是g/（cm^2·s）。在实际测量时，常用日蒸发量表示，即一日内因蒸发而消耗的水层厚度，单位是mm/d。

水面蒸发受温度、饱和差、风速和气压等气象因子的影响。

1. 温度　水温或气温愈高，蒸发速率愈快。这是因为，液面温度高，液体分子运动快，逸出水面的可能性增大，因而进入空气的水汽分子也多，气温越高，逸出水面的水分子被汽化的快。

2. 饱和差　饱和差愈大，表明空气能容纳的水汽含量多，因而蒸发速率快；反之，饱和程度增大，蒸发速率减慢；饱和差为零时，蒸发速率为零。

3. 风速　风能增大空气的乱流交换，带走蒸发面上的潮湿空气，加大了饱和差，所以风速愈大，蒸发愈强。

4. 气压　气压高，空气密度大，水分子脱离蒸发面的阻力大，蒸发速率小；反之，则蒸发速率大。

综合上述，蒸发速率可用下式表示：

$$V = k \frac{E-e}{P}$$

式中：V——蒸发速率；

$E-e$——饱和差；

P——气压；

k——决定于风速的函数。

此外，蒸发速率还与蒸发面的性质、形状及浓度有关。在同一温度下，水面蒸发速率＞过冷却水面（0℃以下的液态水）的蒸发速率＞大于冰面的蒸发速率；凸面蒸发速率大于凹面蒸发速率，纯水蒸发速率大于溶液蒸发速率。

二、土壤蒸发

土壤蒸发是指土壤水分汽化并向大气扩散的过程。土壤蒸发比水面蒸发复杂，它不但受气象因子（温度、湿度、风等）的影响，而且与土壤质地、结构、颜色、含水量、植被状况等因子有关。土壤就其含水量不同，即由湿变干，土壤蒸发可分为三个阶段：

1. 第一阶段为稳高阶段 此阶段土壤水分达到最大田间持水量，蒸发面处于土壤表面，土壤水分沿土壤毛细管不断上升到土表，然后蒸发到空气中，蒸发速率与水面蒸发速率相似，且主要受气象因子影响。

2. 第二阶段为速降阶段 经过第一阶段蒸发，土壤水分含量较少，土壤表面形成干涸层，土壤毛细管未达到土壤表面，蒸发面降到干涸层以下，土壤水分主要存在于土壤毛细管中，此阶段蒸发受气象因子的影响较小。

3. 第三阶段为稳低阶段 这个阶段土壤非常干燥，毛管水作用趋于停止。土壤内的水分首先经过汽化，然后以气态水的形式在土壤空隙扩散到大气中，蒸发速率等于水汽向外扩散速率，这一阶段受气象因子的影响不明显。

土壤结构对土壤蒸发有很大影响，与疏松土壤相比，紧密的土壤毛管丰富，毛管水上升的高度高，使较深层土壤水分也能上升到土壤表面而蒸发，所以土粒紧密的土壤有利于第一阶段的蒸发，且蒸发速率大；但在土壤表层比较干燥时，由于疏松土壤孔隙较大，有利于水汽扩散，所以疏松的土壤处于第三阶段时蒸发速率大。

在生产中要想抑制土壤蒸发，根据土壤水分蒸发所处阶段不同，可采取不同保水措施。在稳高阶段，采用中耕以切断土壤毛细管，阻止深层水分损失；在速降阶段和稳低阶段可采用中耕松土与镇压结合，使表土形成细碎的干土层，减少土壤孔隙，防止土壤水汽向大气扩散。

此外，所有影响土壤水分和热状况的因素，如地形、斜坡方位、土质和色泽、植被等都能影响土壤蒸发。

三、植物蒸腾

植物体通过其表面（主要是叶片）将体内的水分以气态形式扩散到体外的过程，称为植物蒸腾，植物蒸腾不单纯是物理过程，确切地说是一个生物物理过程。植物一生从土壤中吸收大量水分，但只有很少一部分用于制造有机物质，水分通过植物的蒸腾起输送养分和维持体温的作用。植物蒸腾是通过叶片气孔来实现的。蒸腾作用所消耗的水分，通常用蒸腾系数来表示。蒸腾系数是指植物制造单位干物质所蒸腾的水量，即：

$$K = \frac{W}{Y}$$

式中：K——蒸腾系数；

　　　W——单位面积土地上植物消耗于蒸腾作用的总水量，单位克（g）；

　　　Y——单位面积土地上获得的干物质质量，单位克（g）。

不同的植物蒸腾系数是不同的，同一植物在不同气候条件下，蒸腾系数也有差异。如表3-2和表3-3所示。

表 3-2 几种主要作物的蒸腾系数

作物	蒸腾系数	作物	蒸腾系数	作物	蒸腾系数
小麦	450～600	向日葵	500～600	梨（日本）	401
水稻	500～800	蔬菜	500～800	葡萄	182
棉花	300～600	阔叶树	400～600	桃（大久保）	369
玉米	250～300	橄榄	114	温州蜜柑	292
亚麻	400～500	苹果（秋）	415		

表 3-3 蒸腾系数与气候条件的关系

作物	干旱气候	湿润气候
小麦	349	237
大麦	374	302
黍子	219	151

四、农田蒸散

在农田中，土壤蒸发与作物蒸腾是同时发生的，因此，不能将两者截然分开。作物蒸腾与土壤蒸发的综合过程，称为农田总蒸发，又称为农田蒸散。蒸散与单纯的土壤蒸发和作物蒸腾不同，它不仅局限于土面的水分，还有植株根层的水分，其蒸发面不仅局限于土壤表面还包括叶面。水分的蒸发不仅限于白天，而且昼夜皆可进行。蒸散量实际是农田总耗水量。

为了研究方便，1948 年美国的桑斯韦特和英国的彭曼先后提出了蒸发蒸腾势的概念。其定义为：在一个开阔的地表上，在无平流热的干扰下，其上有生长旺盛且完全覆盖地面的短草，在充分供水时的农田总蒸发称为蒸发蒸腾势，又称为可能蒸散。在相同条件下，可能蒸散不超过自由水面蒸发。在农田水分供应不足时，农田实际耗水量又小于可能蒸散量，因此，可能蒸散量又称为农田最大耗水量。

$$ET \leqslant ET_m \leqslant ET_0 \leqslant E_w$$

式中：ET——实际蒸散；

ET_m——最大蒸散；

ET_0——可能蒸散；

E_w——自由水面蒸发。

影响农田蒸散的因子有三个：一是气象因子，包括辐射差额、温度、湿度和风等；二是植物因子，包括植被覆盖度、植物种类、生长发育状况以及气孔的张闭等；三是土壤因子，包括土壤通气、土壤含水量及水分在根系分布层流动的速度等。

第三节　水汽凝结

凝结与蒸发是相反的物理过程，即由水汽变为液态或固态的过程称为凝结（或凝华）。

一、水汽凝结条件

大气中的水汽需在一定条件下才能发生凝结。凝结条件有两个：一是大气中的水汽必须达到饱和或过饱和状态；二是大气中必须有凝结核，两者缺一不可。

（一）空气中水汽达饱和或过饱和状态

大气中水汽达到饱和或过饱和状（$e \geqslant E$）时，才会有多余的水汽凝结成液态（露点温度在0℃以上）或固态冰晶（露点温度在0℃以下）。要使空气达到饱和或过饱和状态的途径有两种：一是增加空气中的水汽含量；二是含有一定量水汽的空气冷却，使饱和水汽压减小到小于当时实际水汽压。自然界中，第一种情况较为罕见，因为在一定温度条件下，使大气中水汽大量增加的可能性较小，绝大部分凝结现象发生在降温过程，即温度降到露点或露点以下是使空气达饱和或过饱和的主要途径。常见的降温方式一般有4种：①接触冷却，暖空气与较冷的下垫面接触引起空气温度下降；②辐射冷却，发生在晴朗微风的夜间或清晨；③混合冷却，两种温度不同且都是较湿空气相混合；④绝热冷却，空气上升发生绝热冷却。

（二）凝结核

大气中水汽凝结除需满足（$e \geqslant E$）外，还必须有液态或固体微粒作为水汽凝结的核心，这些水汽凝结的核心称为凝结核。

实验发现，在纯净的空气中，温度虽然降低到露点以下，相对湿度超过100%仍不能发生凝结，当相对湿度达到420%的过饱和状态才有凝结现象。而在不纯净的空气中，只要稍达到过饱和，相对湿度在100%～200%就会有凝结现象发生，以上事实证明了自然界水汽凝结时要有凝结核。

凝结核能促进凝结的主要原因，是凝结核吸附水汽分子的能力比水汽分子之间的相互结合力强；同时，凝结核的存在使水滴半径增大，曲率半径减小，使饱和水汽压减小，容易发生凝结。在实际大气中，经常有相当数量的凝结核。如含盐的微粒、硫化物、氮化物的微粒及土壤颗粒，它们吸水后，形成盐或酸，使饱和水汽压减小，因此凝结效果好，有时相对湿度只有80%即能形成水滴，这类凝结核称为吸湿性凝结核；另外，还有非吸湿性凝结核，它不能溶于水，但能被水浸润。如悬浮在空气中的尘粒、花粉粒等，它们的表面能吸附水汽而形成水滴，但凝结效果较差。

 知识窗

人 工 降 雨

人工降雨就是通过人为的地面作业或高空作业等一系列措施，使大气中的水滴变大而降到地面上的过程。

人工降雨地面作业是利用高炮、火箭从地面上发射炮弹在云中爆炸，把炮弹中的碘化银燃成烟剂，形成肉眼都难以分辨的、极多的碘化银粒子（起凝结核的作用）。1g碘化银可以形成几十万亿个微粒，这些微粒会随气流运动进入云中，在冷云中产生几万亿到上百万亿个冰晶。

空中作业是用飞机云中播撒催化剂（盐粉、干冰或碘化银等），使云滴或冰晶增大，云中产生凝结或凝华的冰水，再借助水滴的自然碰并过程，就能使降雨产生。

二、水汽凝结物

（一）地面和地面物体表面上的凝结物

1. 露和霜　当地面或地面物体表面经辐射冷却，使贴地气层温度下降到露点以下时，空气中的水汽就会在地面或地面物体表面上发生凝结，若露点高于 0℃，凝结成水滴称为露；露点温度在 0℃ 以下，凝结成疏松的白色冰晶称为霜。

形成露和霜的有利条件是晴朗、微风的夜晚，导热率小的疏松土壤表面，辐射表面大的粗糙地面、夜间冷却较为强烈，易于形成露和霜，低洼的地方和植物的枝叶表面上夜间温度低而湿度大，所以，露霜较重。

2. 雾凇与雨凇

（1）**雾凇**　是一种白色松脆、似雪易散落的晶体结构的水汽凝结物。它常凝结于地面物体，如：树枝、电线、电杆等的迎风面上。雾凇又称为树挂，当微风把雾滴吹到较冷物体的迎风面上时，就形成了雾凇。因此，它在一天之中任何时候都可以形成。

雾凇是一种有害的天气现象，当雾凇积聚过多时，可致电线、树枝折断，对交通、通信、输电等造成障碍。但雾凇融化后，对北方越冬作物有利。

（2）**雨凇**　过冷却雨滴降到 0℃ 以下的地面或物体上直接冻结而成的毛玻璃状或光滑透明的冰层，称为雨凇。雨凇外表光滑或略有突起，雨凇多发生在严冬或早春季节。

雨凇是我国北方的灾害天气。它不仅常常导致电线折断，影响铁路和公路交通运输，而且对农业和畜牧业威胁很大，还会压死越冬作物，破坏牧草，牲畜因缺草而大批死亡。

（二）近地层大气中的凝结物

1. 雾　当近地层的温度降到露点以下，空气中的水汽凝结成小水滴或小冰晶，弥漫在空气中，使人们肉眼能见到的距离不到 1km 的现象，称为雾。按其成因可将雾分为 3 种：

（1）**辐射雾**　由于地面辐射冷却，使近地层的空气变冷。当近地层空气冷却到露点或露点以下时，水汽就会凝结成雾，辐射雾出现的水平范围一般不大，厚度也较薄。只有数十米至数百米，辐射雾通常发生在无云或少云以及微风的夜间或清晨，日出后渐渐消散或抬升为云。大陆上的春天或秋天在潮湿的草地上或低洼的地方，常有辐射雾出现。

（2）**平流雾**　当暖湿空气移到较冷的下垫面上冷却降温而形成的雾称为平流雾。如冬季低纬度的暖湿空气向高纬度移动时，或暖季大陆上的暖空气向冷洋面移动时，都能形成平流雾。平流雾的范围广而深厚，一天中任何时间都可以出现。

（3）**平流辐射雾**　平流和辐射因子共同作用而形成的雾称为平流辐射雾或混合雾。

雾在农业生产中的意义是多方面的，它削弱了太阳辐射、减少了日照时数、抑制了白天温度的增高、减少了蒸散、限制了根系吸收作用。有雾时空气湿度过大，妨碍作物授粉结实，给病原孢子提供水分。使植物组织软弱，有利于病害感染；沿海地区，海雾还可使植物遭受盐害。但雾也有有利的方面，在寒冷季节里夜间可减少地面有效辐射，减轻或免除低温冻害；雾对茶、麻等生长有利。

对雾害的防御可针对不同成因采用不同的方法。如在潮湿地区，由于地面水汽充分最易形成雾，若加强排水，降低地下水位，就可减少雾的形成。在容易产生平流雾的地区，营造防护林，可减少平流雾的形成。据测定防护林可减轻雾量1/5，防雾距离可高达树高的16倍左右，防护林不仅可以冲稀雾的浓度还可减弱风速，调节空气湿度，防雾效果比较显著。

2. 云　云是自由大气中的水汽凝结或凝华而形成的水滴、过冷却水滴、冰晶或它们混合形成的悬浮体。云和雾没有本质区别，只是云在高空而雾在近地气层。云的外形及演变、延伸范围及高度、形成及消失等条件都比雾复杂得多。

（1）云的形成　形成云的基本条件有3个：一是有充足的水汽；二是有足够的凝结核；三是使空气中的水汽发生凝结的冷却条件。

形成云的主要原因是空气的垂直上升运动，空气在上升运动中把低层大气的水汽和凝结核带到高层，当温度降到露点以下时，空气处于过饱和状态而发生水汽凝结，形成云。反之，空气的下沉运动，将导致云滴蒸发而使云消散。

（2）云的分类　天空中的云，不仅高度不同、颜色各异、形状多样，而且瞬息即变。云的演变能表明和预示现在与未来的天气状况，所以识别云的类型对天气预报具有重要意义。为了便于辨认，通常按云的高度和形状进行分类。我国出版的《中国云图》将云分成低云、中云、高云三族，各族云按形态特征、结构等分为11属，每一属又分为若干种（表3-4）。

表3-4　云的分类及形状特征

族类	高度	云属	国际简写	构造	颜色	形状	特征
低云	2.5km以下	层云	St	冰晶水滴	浅灰深	低而均匀的云层，像雾幕状	可降毛毛雨或小冰粒降落，无雨幡、雪幡
		层积云	Sc	冰晶水滴雪花	灰、部分黯黑	薄片、团块或滚轴状云条组成的云层或分散，个体相当大，常成群、成行、成波状	云块柔和，或灰白色，部分阴暗，个体间常露青天，转浓并合，常有雨
		雨层云	Ns	冰晶水滴	深灰	低而暗，漫无定形的降水云层，云低混乱，有时很均匀	云底常有黑色碎雨，常伴有雨幡，常降连续性雨雪
		碎雨云	Fn	冰晶水滴	灰、灰白	出现于As、Ns或Cb之下的破碎的低云	低而移动快，形状多变
		积云	Cu	水滴	顶白底灰	云体向上发展，孤立分散，底平色暗，边界分明，顶凸成弧形可重叠像菜花	有时有降水
		积雨云	Cb	顶部冰晶底部水滴	顶灰白底黯黑	浓厚像山、塔、花椰菜形，向上发展旺盛，上部有纤维结构，常扩展成砧状	强烈的阵性降雨或雪，常有雷暴，间有雹，云底可有雨幡、雪幡
中云	2.5~5km	高积云	Ac	过冷水滴	白灰	薄层状、扁球状，排列成群、成行、成波状	影可有无，个体边缘薄而半透明，常有彩虹，浓时有阵雨
		高层云	As	冰晶水滴	灰白浅蓝	条纹或纤维结构的云幕，云底无显著起伏	光辉昏暗，可下阵雨

（续）

族类	高度	云属	国际简写	构造	颜 色	形 状	特 征
高 云	5 km 以 上	卷云	Ci	冰晶	白	纤维状、絮状、钩状丝缕状、羽毛状	分离散处，无影，常带有柔丝光泽，久晴出现，预兆天气变化
		卷层云	Cs	冰晶	白，乳白	薄如绢丝般的云幕有纤维结构，隐约可辨，似乱丝	日月轮廓分明，常有晕，预兆天气有风雨
		卷积云	Cc	冰晶	白	鳞片状、薄球状、排列成群、成行、成波状	一般无影，常有丝缕组织，久晴转阴征兆

第四节 降 水

降水是指以雨、雪、霰、雹等形式从云中降落到地面的液态或固态水，广义的降水是地面从大气中获得各种形态的水分，包括云中降水和地面凝结物。

一、降水的条件

降水产生于云层中，但有云未必有降水。云滴要成为雨滴下降到地面，雨滴半径最小达 $100\mu m$。通常云滴的直径在 $5\sim50\mu m$。小的云滴由于下降速度太小而似悬浮于空中或因中途蒸发而落不到地面。因此要使云滴产生降水，云滴就必须增大到其受重力下降的速度超过上升气流的速度；并在下降过程中不被全部蒸发，才能成为降水。云滴增大有两种不同的过程：一是凝结增大，水汽在云滴上继续凝结而增大；二是碰并增大，云内部云滴的碰撞合并而增大。这两种过程是同时进行的。但云滴增长的初始阶段以凝结增长为主，云滴增大后以碰并增长为主。因此，要形成较大降水，除空气中水汽量丰富外，还必须有较强的持久的空气上升运动，且持续时间要长。

二、降水的表示方法

1. 降水量 它是表示降水多少的特征量，在一定时段内从大气中降落地面未经蒸发、渗透和径流而在水平面上积聚的水层的厚度。单位为 mm。

◆ **查一查**：你所在地区年降水量有多少？一年中哪个月降水量最多？

2. 降水强度 反映降水急缓的特征量，单位时间内的降水量称为降水强度。单位为 mm/d 或 mm/h。按降水强度的大小可将降水分为若干等级，如表 3-5 所示。

3. 降水变率 反映某地降水量是否稳定的特征量。有绝对变率、平均绝对变率、相对变率和平均相对降水变率。

（1）**绝对变率** 又称为降水距平。某地实际降水量（x_i）与多年同期平均降水量（$\bar{x}$）之差（d_i）。

$$d_i = x_i - \bar{x}$$

绝对变率值可正可负，为正值时，表示比正常年份降水量多，负值表示比正常年份少。

表 3 - 5　降水等级的划分标准

	降水强度等级	降水量（mm/d）
降水	小　雨	0.1～10.0
	中　雨	10.1～25.0
	大　雨	25.1～50.0
	暴　雨	50.1～100.0
	大暴雨	100.1～200.0
	特大暴雨	>200.0
降雪	小　雪	<2.5
	中　雪	2.5～5.0
	大　雪	>5.0

（2）平均绝对变率　绝对变率绝对值的总平均，用 $\bar{d}$ 表示。

$$\bar{d} = \frac{1}{n}\sum_{i=1}^{n}|d_i|$$

（3）相对变率　绝对变率与多年平均降水量的百分比，用 u_i 表示。

$$u_i = \frac{d_i}{\bar{x}} \times 100\%$$

（4）平均相对变率　相对变率绝对值的平均值，称为平均相对变率，用 $\bar{u}$ 表示。计算公式为：

$$\bar{u} = \frac{1}{n}\sum_{i=1}^{n}\frac{|d_i|}{\bar{x}} \times 100\%$$

绝对变率和相对变率用以表示某地不同年（季或月）的降水变动情况。利用平均绝对变率和平均相对变率可以计算出某地区年（季或月）际间变动的平均幅度，反映降水历年（季或月）变动的平均情况。对于不同地区来说，由于各地平均值不同，影响了绝对变率数值的可比性。这时用相对变率来比较，消除了平均值的影响。

4. 降水保证率　表示某一界限降水量可靠程度的大小。某一界限降水量在某一段时间内出现的次数与该段时间内降水总次数的百分比，称为该界限降水量的降水频率。降水量高于或低于某一界限降水量的频率之和称为高于或低于该界限降水量的降水保证率。

三、降水种类

（一）按降水性质分

1. 连续性降水　降水时间长、范围较大、降水强度变化小，常降自雨层云中。

2. 阵性降水　降水持续时间短、强度大、且分布不均匀，通常降自积雨云中。

3. 毛毛状降水　是极小液体降水，落在水面上没波纹，落到干地上看不出湿斑，降水强度很小，通常降自层云或层积云。

（二）按降水强度分

按降水强度可分为小雨、中雨、大雨、暴雨、大暴雨、特大暴雨、小雪、中雪、大雪等（表3-5）。

（三）按降水的物态形式分

按降水的物态形式可分为雨、雪、霰、雹等。

1. 雨 从云中降落到地面的液态水，其直径一般为 0.5～7mm。

2. 雪 从云中降落到地面的各种类型冰晶的混合物。当云层温度很低时，云中有冰晶和过冷却水同时存在，水汽、水滴表面向冰晶表面移动，在冰晶的角上凝华，形成六角形雪花。低层气温较低时，雪花降至地面仍保持其形态。如果云下面气温高于 0℃，则可能出现雨夹雪或湿雪。

3. 霰 白色或淡黄色不透明而疏松的小冰球，其直径 1～5mm，形成于冰晶、雪花、过冷却水并存的云中。是由下降的雪花与云中冰晶，过冷却水滴碰撞迅速冻结形成的。霰降落地面上一般会反弹，而破碎，常见于降雪之前或与雪同时降落。直径小于 1mm 的称为米雪。

4. 雹 又称为冰雹，是从发展旺盛的积雨云中产生的。坚硬的球状、锥状或形状不规则的固态降水。雹核一般不透明，外面包有透明和不透明相间的冰层。雹块大小不一，其直径由几毫米到几十毫米，最大雹块直径可达十几厘米。

（四）按降水的成因分

地形雨

对流雨

1. 地形雨 暖湿气流在移动过程中遇到地形的阻塞而抬升，经绝热冷却而形成的降水，称为地形雨。因此，山的迎风坡常成为多雨的中心，如喜马拉雅山南坡的乞拉朋齐，年降水量可达 12 666 mm，为世界著名的多雨区。

2. 对流雨 暖季白天，地面剧烈受热引起强烈对流，若此时空气湿度较大，就会形成积雨云而产生降水。因常伴有雷电现象，又称为热雷雨。常见于夏季的午后或傍晚。

3. 气旋雨 气旋又称为低压，在低压区，由空气从四周流向中心，使低压区中产生空气辐合上升运动，上升气流绝热冷却，水汽凝结形成降水，称为气旋雨。

4. 台风雨 形成于热带洋面上极为猛烈的热带气旋称为台风，因台风形成的降水称为台风雨。

气旋雨和台风雨是我国春、秋季和夏季主要的两种降水。

第五节　水分与农业生产

一、空气湿度与作物

空气湿度能直接制约植物体内水分平衡。当空气湿度较低时，农田蒸散速率较大。这时，如土壤水分不足，植物根系吸收的水分就难以补偿蒸腾的消耗，从而破坏了植物体内的水分平衡，植物的正常生长就受到阻碍。

当相对湿度小于 60%，土壤蒸发和作物蒸腾作用显著增强。此时，若长期无雨或缺乏灌溉，就会发生干旱，影响作物的生长发育和产量。在作物开花期，日平均相对湿度小于 60% 就影响开花授粉，结实率低，引起落花、落果现象；在灌浆期，空气过于干燥，就会影响灌浆，使籽粒不饱满、产量下降；但到了成熟期，空气干燥则可以使作物早熟提高产品质量；在收获期空气干燥，有利于收割、翻晒、贮藏和加工等。

当相对湿度大于90％时，空气过湿，作物茎叶嫩弱易倒伏。在开花期，空气湿度过大时，对开花授粉也不利。病虫害的发生发展与空气湿度有密切关系，如水稻的稻瘟病、小麦的赤霉病、橡胶树的白粉病、稻麦的黏虫病等，都是在空气湿度较大的情况下发生和产生危害的。空气湿度过大，对农业机械的使用也不利。

不同作物的不同生育期，对空气湿度的要求是不同的。对作物来说，从出苗到成熟，对空气湿度的要求是前低、中高、后低的规律。

在作物生长季节，通常以日平均相对湿度在70％～80％时为宜，高于90％或低于60％都不利，高于95％或低于40％更为有害。

二、降水与作物

降水是作物水分供应与土壤水分的主要来源，适时、适量的降水有利于作物的正常生长发育，对作物的产量形成有重要作用，农谚有"春得一犁雨，秋收万担粮；清明前后一场雨，豌豆麦子中了举"，降水对作物生长的影响，因降水量的多少、降水的时期和降水强度不同而不同。

1. 降水量与作物　在无灌溉条件的旱作农田，降水是决定产量高低的主要因子之一，降水量与产量成正相关，降水愈多产量愈高；在湿润区，降水量低于常年平均降水量则作物出现高产。

2. 降水强度与作物　降水强度与降水的有效性关系很大，当降水强度比较大时，往往造成土壤来不及吸收，使许多雨水流失，成为无效降水，而在一些地方形成渍涝；降水强度过小，连阴雨过多，雨日多，阳光不足导致作物倒伏与病害，光合产物不足而秕粒；一般中等强度的降水对作物有利。

3. 降水时期与作物　降水对作物产量的影响，不仅取决于整个生育期的降水量，还取决于不同发育时期降水量的分配。农谚有"伏里无雨，谷里无米；伏里雨多，谷里米多；立秋下雨万物收，处暑下雨万物丢。"由于作物不同生育期对水分的需要和敏感性不同，作物一生中对水分最敏感的时期，也就是由于水分过多或过少对作物产量影响最大的时期称为作物水分临界期，不同作物水分临界期不同，如表3-6所示。

表3-6　几种作物水分临界期

作　物	临　界　期	作　物	临　界　期
冬小麦	孕穗到抽穗	大豆花生	开　花
春小麦	孕穗到抽穗	马铃薯	开花到块茎形成
水　稻	孕穗到开花	向日葵	花盘形成到开花
玉　米	"大喇叭"口到乳熟期	甜　菜	抽穗到共始终
高粱、谷子	孕穗到灌浆	番　茄	结实到果实成熟
棉　花	开花到成铃	瓜　类	开花到成熟

有时会出现这样的情况，即在某作物水分临界期内降水量较适宜，其保证率较大，此时期并不是当地影响产量的关键期；而在另一个时期，一方面作物对水分也相当敏感，另一方面正好遇上当地降水条件经常出现不适宜，这一时期是当地水分条件影响产量的关键期，称为作物对水分的农业气候临界期，简称关键期。关键期是综合考虑了作物本身的生物学特性与当地气候条件两个因素。一个地区某种作物水分的关键期与临界期可能一致，也可能不一致。

三、作物需水的一般规律

在作物的一生中，从种子发芽、出苗到茎、叶旺盛生长、开花结实，经过一系列的生理需水和生态需水过程，消耗掉大量水分。所谓生理需水，就是经过作物根系吸收、体内运转、叶面蒸腾的水分数量。生态需水则是指株间蒸腾量和田间渗透量，因未参与作物的生理活动，只是作为作物需水的生态条件而已。灌溉量是以每 667m² 地上作物蒸腾量、株间蒸发量和田间渗透量来计算的。

不同类型的作物或同作物不同品种及同品种的不同生育期，需水状况不同。生育期长、叶面积大、生长快、根系发达的作物需水多；蒸腾作用强的作物需水多；植株高大、分蘖能力强的作物需水多；植物体内蛋白质、脂肪含量多的作物需水多，在作物生育过程中，苗期因叶面积小、根系少、生长量和生长势弱的作物需水少；中期生长发育旺盛、叶面积大、根系活动能力强的作物需水多；后期因生命活力渐弱，则需水量少。表 3 - 7 为北京地区小麦各生育期耗水量。

表 3 - 7　北京地区小麦各生育期耗水量

生　育　期	占全生育期耗水量的百分率（%）	每 667m² 平均日耗水量（m³）	日　数（d）
播种至出苗	2.0	0.99	7
出苗至分蘖	4.5	1.29	12
分蘖至越冬始期	9.4	0.53	61
越　冬　期	5.4	0.22	87
返青至拔节	12.1	1.23	34
拔节至抽穗	30.3	3.74	28
抽穗至开花	3.8	4.41	3
开花至收获	32.5	3.51	32

四、水分利用率及其提高途径

（一）水分有效利用率

单位面积土地上收获的干物质质量与该面积上蒸散量之比，称为水分有效利用率。水分有效利用率高，表示蒸散一定的水量所收获的干物质多，则用水经济。反之，则用水浪费。

（二）提高水分利用率的途径

提高水分有效利用率，对干旱、半干旱和季节性干旱地区具有重大意义。在农业生产上常用的农业技术措施如科学灌溉、合理种植方式、风障、覆盖、染色、适当的作物及品种配置等，都对提高水分有效利用率有益。

1. 种植方式（密度、行距与行向等） 在水分充足时适当密植和缩小行距有利于提高水分利用率。而土壤水分不足时，窄行距水分利用比较经济，宽行距因有较大的乱流使农田蒸散量加大。干旱情况下，密植农田因蒸散量大，水分利用率较低。

2. 灌溉 灌溉的时间、水量和方式，对于提高水分利用率很重要。在作物水分临界期或关键期，灌水适量收益最高，例如玉米在吐丝到雌穗发育期间，若缺水 4～8d，减产40%，此时灌溉增产效果显著。灌溉次数及灌水量应根据气候特点、土壤水分含量和作物需求做出灌水量及灌水次数预报，做到不失时宜和不过其量。良好的灌溉方式既保证灌水均匀又节约用水，既有效地调节土壤水分状况又保持土壤良好的物理性状和提高土壤肥力。常用的灌溉方式有：畦灌、沟灌、淹灌、喷灌和滴灌等。

3. 作物种类的选择 不论干湿，C_3 植物比 C_4 植物的蒸腾耗水量大。如高粱的水分有效利用率为大豆的 3 倍。因此，针对不同的气候选用适宜的作物种类可以提高水分利用率。

4. 风障法 在一般情况下，风障不改变作物水分的有效利用率，而在有大风时，风障可减少乱流交换，减少风障内水分消耗，可明显提高水分利用率。另外，在大风和平流显著情况下，设置风障可以使气孔阻抗减小，使光合速率增加，水分利用率明显提高。

5. 覆盖法 在作物层上方利用各种材料进行覆盖，可以显著减少农田的水分蒸散，减少水分损失。

6. 染色法 染色法的作用在于改变植物表面的光学性质，增大反射率，减少辐射差额，从而减少水分消耗。

此外，还有间接节水措施，如合理密植、合理行向、合理施肥、搞好农田基本建设等，都能提高水分的有效利用率。

 知识窗

保 水 剂

近年来，在一些干旱、半干旱地区的农业、林业中广泛采用了一种吸水能力特别强的高分子材料。在有水分时它可吸水，缺少水分时可释水，能反复进行，无毒无害，人们把它比喻为"微型水库"。这就是保水剂，一种高吸水性树脂。

土壤保水剂在土壤中形成"小水库"，可将溶于水中的化肥、农药等农作物生长所需要的营养物质固定其中，在一定程度上减少了可溶性养分的淋溶损失。干旱时，吸足水的保水剂使周围的土壤保持潮湿，以供植物根系水分，使在沙漠地区、极端干旱气候、年降水量达 200mm 时，也可种草、植树。

　　旱作农业是指无灌溉条件的半干旱和半湿润偏旱地区，主要依靠天然降水从事农业生产的一种雨养农业。在相当长一段时期里，我们的农业研究重点是水浇地，而相对忽视对旱地农业增产技术的改进。这是因为灌溉的增产效果比较明显。但是，随着水资源的开发利用，灌溉面积的继续扩大已经接近极限。现在，我们必须重视旱地增产技术的改进。各地的生产实践表明，我国北方旱作农业有巨大增产潜力。

　　节水农业是提高用水有效性的农业，是水、土、作物资源综合开发利用的系统工程。衡量节水农业的标准是作物的产量及其品质，用水的利用率及其生产率。节水农业包括节水灌溉农业和旱地农业。节水灌溉农业是指合理开发利用水资源，用工程技术、农业技术及管理技术达到提高农业用水效益的目的。旱地农业是指降水偏少而灌溉条件有限而从事的农业生产。节水农业是随着近年来节水观念的加强和具体实践而逐渐形成的，它包括三个方面的内容：一是农学范畴的节水，如调整农业结构、作物结构，改进作物布局，改善耕作制度（调整熟制、发展间套作等），改进耕作技术（整地、覆盖等），培育耐旱品种等；二是农业管理范畴的节水，包括管理措施、管理体制与机构，水价与水费政策，配水的控制与调节，节水措施的推广应用等；三是灌溉范畴的节水，包括灌溉工程的节水措施和节水灌溉技术，如喷灌、滴灌等。

思 考 与 练 习

1. 空气湿度的表示方法有哪些？
2. 露点温度如何反映空气的潮湿程度？
3. 相对湿度和温度的关系如何，为什么？
4. 影响土壤蒸发的因子有哪些，如何保存土壤水分？
5. 农田蒸散有几部分组成？与田间持水量有何关系？
6. 大气中的水汽在什么条件下发生凝结？如何满足其凝结条件？
7. 雾凇和霜有何异同？
8. 雾是如何形成的，根据其成因分为几种？
9. 云的分类依据是什么？
10. 降水是如何形成的，降水的种类是如何划分的？
11. 降水的表示方法有哪些？
12. 湿度对农业生产有何影响？
13. 水分临界期和关键期是一回事吗？
14. 降水对农业生产有何影响？
15. 如何提高水分利用效率？

第四章 气压和风

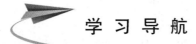

学 习 导 航

➡ **基本概念**

气压、气压场、等压线、等压面、低压、高压、低压槽、高压脊、鞍形场、水平气压梯度力、风、水平地转偏向力、摩擦风、大气环流、三圈环流、季风、地方风、海陆风、山谷风、焚风、峡管风。

➡ **基本内容**

1. 气压在时间和空间上的变化规律。
2. 气压场的表示方法和基本类型。
3. 风的成因及其变化规律。
4. 风对农业生产的影响。
5. 大气环流、三圈环流的基本知识。
6. 季风的形成及其变化规律。
7. 地方风的种类及其变化规律。

➡ **重点与难点**

1. 气压场的表示方法和基本类型。
2. 风的成因及其变化规律。
3. 三圈环流的基本知识。
4. 季风的形成及其变化规律。
5. 地方风的种类及其变化规律。

一切天气变化如云、雾、雨、雪的形成，雷、电、冰雹的产生，旱、涝、寒、暖的分布，都是由空气的运动引起的。空气运动与一定的气压分布相联系，气压的分布决定了风的分布，空气运动反过来影响气压的变化。气压在时间和空间上的变化决定了天气变化的趋势，因此，气压的变化是分析和预报天气的重要依据。

风不仅对于大气中的水分、热量和二氧化碳的传递有着重要作用，它还直接影响天气变化和气候的形成，直接和间接地影响着农业生产。

我国劳动人民，很早就已总结出利用风预测天气变化的方法，并明确指出了风对农业生产的影响。如民间流传的谚语"东北风，雨太公""不刮东风不下雨，不刮西风不晴天""豌豆开花，最怕风刮"等。

第一节　气　压

大气由于受地球引力作用，具有一定的重量，全部地球大气的重量约为 5.27×10^{15} t，地面上每平方米大约承受 10t 的大气柱重量，因而大气就对地面和地面物体施加其压力。另一方面，由于空气分子的无规则运动，也会对地面产生撞击力。大气的重力及其分子撞击力的综合作用就产生了大气压强，简称为气压。气压的大小等于观测点处单位面积上所承受的大气柱的重量，单位为百帕（hPa）。国际上规定，在纬度为 $45°$ 的海平面上，气温为 0℃时，在单位面积（m^2）上，所承受 1 013.3hPa 的大气压力称为标准大气压，记为 atm，因此，1atm＝1 013.3hPa。

一、气压的变化

气压的大小取决于空气柱的重量，而空气柱的重量则取决于空气柱的长短和密度。空气柱的长短和观测点的高度有关，密度则和空气柱的温度及水汽含量有关。温度存在着周期性的变化，所以气压在时间上也存在着周期变化。

（一）气压随时间的变化

因为同一个地方的空气密度决定于气温，气温升高，空气密度减小，则气压降低；气温下降，空气密度增大，则气压升高。因此，一天中，夜间气压高于白天，上午气压高于下午；一年中，冬季气压高于夏季。但是这种有规律的变化有时会受到破坏，当暖空气来临时，会引起气压减小；当冷空气来临时，会使气压增大，这就是气压在时间上的非周期性变化，这与天气系统的活动有关。

（二）气压随高度的变化

气压随高度升高而减小。这是因为高度越高，大气柱越短，空气密度越小，空气重量减小。

◆ **想一想**：大气压会随高度变化而变化，那么青藏高原的大气压比内陆盆地的大气压相比哪个大气压低？登山运动员随着登山高度的增加，气压计的读数如何变化？

当大气柱平均气温为 0.0℃，地面气压为 1 000.0hPa 时，地面气压随海拔高度的升高而降低的速度见表 4-1。由表 4-1 可知，气压随高度降低的快慢程度是不等的。在低空，由于空气密度大，因此，随高度增加气压很快降低，而高空的递减速度较缓慢。

表 4-1　气压与海拔高度的关系

H(km)	0.0	1.5	3.0	5.5	12.0	16.0	20.0	31.0
P(hPa)	1 000.0	850.0	700.0	500.0	200.0	100.0	50.0	10.0

二、气压的水平分布

（一）气压场及表示方法

1. 气压场　气压在空间上的分布称为气压场。

2. 等压线和等压线图　由于地球表面的性质不均匀，各地增降温快慢不一致，空气密度和水汽含量不同；另一方面各地的海拔高度不同，所测到的气压值无法进行比较，必须把各地的气压值订正到同一海拔高度上（常订正到海平面上），这样，气压值就可以进行比较了。将各地气象台站测到的气压值订正后填在同一张地图上，将气压值相等的各处按一定规则连成曲线即等压线，由一系列等压线构成的天气图称为等压线图。由等压线图可清楚地看出水平方向上气压的分布状况（图 4-1）。由图 4-1 可以看出，等压线分布是多种多样的，有闭合的，有不闭合的；等压线数值有的由中心向四周减小，有的则相反。等压线的疏密和弯曲程度也不一样。

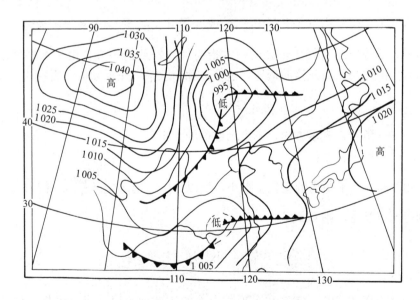

图 4-1　海平面等压线基本型式示意（单位：hPa）

（二）气压场的基本类型

1. 低压　由一系列闭合等压线构成的，中心气压低，四周气压高。等压面的形状类似于凹陷的盆地。

2. 高压　由一系列闭合等压线构成的，中心气压高，四周气压低。等压面的形状类似于凸起的山丘。

3. 低压槽　从低压向外延伸出的狭长区域，或一组未闭合的等压线向气压较高的一方突出的部分，称为低压槽，简称为槽。槽线中的气压低于两侧。在空间形如山谷。槽中各等压线曲率最大处的连线称为槽线。在北半球，槽总是由高纬度指向低纬度，若槽的形状从南向北，称为倒槽，若槽的形状从西伸向东或从东伸向西，则称为横槽。

4. 高压脊　从高压向外延伸出的狭长区域，或一组未闭合的等压线向气压较低的一方突出的部分，称为高压脊，简称为脊。脊中的气压高于两侧。在空间形如山脊。脊中各等压线曲率最大处的连线称为脊线。

5. 鞍形场　由两个高压和两个低压交错相对而形成的中间区域，称为鞍形场。其空间分布形如马鞍（图4-2）。

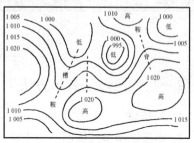

图4-2　气压场的基本形式

上述几种气压场的基本型式，统称为气压系统。不同的气压系统有不同的天气表现，所以气压系统的移动与演变是天气预报的重要依据之一。

（三）水平气压梯度力（G）

由于水平温度分布的不均匀，造成温度高的地方空气受热膨胀上升，而温度低的地方空气冷却收缩下沉。因此，在同一高度上，气压在水平方向上分布不均匀，存在着水平气压差，在水平方向上单位距离（Δn）内气压的改变量（Δp）称为水平气压梯度，用$\frac{\Delta p}{\Delta n}$表示，它的方向是垂直于等压线由气压较高的一方指向气压较低的一方。由于水平气压梯度的存在，空气受到力的作用从高压流向低压，这个力称为水平气压梯度力。表达式为：

$$G=-\frac{1}{\rho}\frac{\Delta p}{\Delta n}$$

式中：－——负号，表示方向，不表示数值的大小；

ρ——空气密度。

因为ρ随时间和水平距离的变化量很小，所以，G主要决定于$\frac{\Delta p}{\Delta n}$，并且成正比，当$\frac{\Delta p}{\Delta n}$增大时，即等压线越密，则$G$越大。

第二节　风及其变化

空气时刻处于运动状态，空气在水平方向上的运动称为风。风是矢量，包括风向和风速。风向是指风的来向，通常用8个或16个方位来表示；风速是风在单位时间内移动的水平距离，单位是m/s，有时也有用风力等级来表示（表4-2）。

表4-2　风力等级表

风力等级	名称	海面和渔船征象	陆上地面物征象	相当风速（m/s）	
				范围	中数
0	无风	静	静，烟直上	0.0～0.2	0.1
1	软风	有微波，寻常渔船略觉摇动	烟能表示风向，树叶有摇动	0.3～1.5	0.9

（续）

风力等级	名称	海面和渔船征象	陆上地面物征象	相当风速（m/s）	
				范围	中数
2	轻风	有小波纹，渔船摇动	人面感觉有风，树叶有微响，旌旗开始飘动	1.6～3.3	2.5
3	微风	有小波，渔船渐觉簸动	树叶及小枝摇动不息，旌旗展开	3.4～5.4	4.4
4	和风	浪顶有些白色泡沫，渔船满帆时，可使船身倾于一侧	能吹起地面灰尘和纸张，树枝摇动	5.5～7.9	6.7
5	清风	浪顶白色泡沫较多，渔船缩帆（即收去帆之一部分）	有叶的小树摇摆，内陆的水面有小波	8.0～10.7	9.4
6	强风	白色泡沫开始被风吹离浪顶，渔船加倍缩帆	大树枝摇动，电线呼呼有声，撑伞困难	10.8～13.8	12.3
7	劲风	白色泡沫离开浪顶被吹成条纹状，渔船停泊港中，在海面下锚	全树摇动，大树枝弯下来，迎风步行感觉不便	13.9～17.1	15.5
8	大风	白色泡沫被吹成明显的条纹状，进港的渔船停留不出	可折毁小树枝，人迎风前行感觉阻力甚大	17.2～20.7	19.0
9	烈风	被风吹起的浪花使水平能见度减小，机帆船航行困难	烟囱及瓦屋屋顶受到损坏，大树枝可折断	20.8～24.4	22.6
10	狂风	被风吹起的浪花使水平能见度明显减小，机帆船航行颇危险	陆上少见，树木可被吹倒，一般建筑物遭破坏	24.5～28.4	26.5
11	暴风	吹起的浪花使能见度显著减小，机帆船遇之极危险	陆上很少，大树可被吹倒，一般建筑物遭严重破坏	28.5～32.6	30.6
12	台风	海浪滔天	陆上绝少，其摧毁力极大	＞32.6	＞30.6

一、风的成因

风是由于水平方向上气压分布不均匀而引起的。当相邻两处气压不同时，即有水平气压梯度存在，空气在水平气压梯度力的作用下，就会沿着垂直于等压线的方向由高压流向低压。所以，水平气压梯度的存在是形成风的直接原因。而水平气压梯度往往是由于温度分布不均匀而造成的，所以水平面上的温度分布不均匀是形成风的根本原因。

从热力学原因来分析风的形成过程。在地面 AB 上，如果大气中各个高度上的温度和气压在水平面上处处相等，则各等压面与地面平行，大气保持静止状态，即静风（图 4-3）。如果 A 处的温度高而 B 处的温度低，A 处的空气便受热膨胀而上升，使其上空的等压面上凸；B 处的空气便冷却收缩而下沉，使冷区上空的等压面下凹（图 4-4）。因此，在 AB 的上空就产生了水平气压梯度，促使空气自 A 的上空流向 B 的上空。空气流动的结果，使得 B 处上空空气质量增加，地面气压升高，而 A 处上空空气质量减少，地面气压降低，于是

在 *A*、*B* 间就形成了与上空方向相反的水平气压梯度，促使空气自 *B* 处流向 *A* 处，即形成风。而各个方向气流综合运动构成了空气环流，由于这种环流是因热力原因引起的，故称为热成环流和热成风。

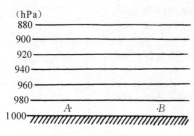

图 4-3　静风时的等压面

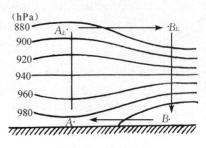

图 4-4　风的成因

　　风是空气在水平方向受力的结果。如果空气在水平方向上仅受水平气压梯度力的作用，那么风应该沿着水平气压梯度力的方向一直吹去，并且风速越来越大。但实际上风的方向已偏离了水平气压梯度力的方向，风速也不是无限增大。这就说明风的形成除受水平气压梯度力外，还有其他的力在起作用。其中主要有水平地转偏向力和摩擦力。

　　1. 水平地转偏向力（*A*）　当风沿着水平气压梯度力的方向吹起后，如果不受其他外力的作用，则风应沿着气压梯度力的方向加速吹去。但由于地球的自转，使得地球上的观察者看起来，风却偏离了它原来的方向：在北半球向右偏转，南半球向左偏转。因此把因地球自转而使风向偏转的效应力，称为水平地转偏向力。

　　如图 4-5 所示，在北半球的 *M* 处，设有一水平气压梯度力沿子午线方向，则风便沿着子午线从北向南吹来，方向为 *AB*，北

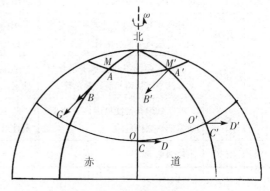

图 4-5　地球自转的偏向作用

风，但是经过一段时间后，随着地球的自转，*M* 转到 *M'* 处的位置，这时子午线的方位已发生了改变，而风因保持惯性仍按原来的方向吹，方向为 *A'B'*，这样在 *M'* 处观测到的风已偏转到子午线的右方，成为东北风。

　　又如在北半球的 *O* 处，设有风自西方吹来（*CD*）和纬线相切（西风），过一段时间后，*O* 处转到 *O'* 处的位置时，风偏转到纬线的右方，变成了西北风（*C'D'*）。

　　水平地转偏向力的性质有：

　　① 水平地转偏向力是一个矢量，其方向始终与风向垂直并指向风向的右方（在北半球），其大小是：

$$A = 2\omega V \sin\varphi$$

　　式中：ω——地球自转角速度，$\omega = 7.292 \times 10^{-5}$ rad/s；

　　　　　V——风速；

φ——纬度。

② 风速相同时，水平地转偏向力随纬度的增大而增大，在赤道上为零，两极最大。

③ 纬度相同时，水平地转偏向力随风速的增大而增大。而水平地转偏向力越大，又使得风向偏转的程度也越大，当风速为零时，水平地转偏向力便不起作用了。可见，它们是相互影响又相互制约的。

水平地转偏向力对风向风速的影响（图 4-6）。在平直等压线构成的气压场中，原来静止的单位质量空气，因受水平气压梯度力（G）的作用，自南向北运动，吹南风，当它开始启动后，就立刻受水平地转偏向力（A）的作用，并使其向右偏转，以后，在水平气压梯度力的不断作用下，其风速越来越大，而水平地转偏向力使其向右偏的程度也越来越大；最后，当水平地转偏向力增大到与水平气压梯度力大小相等方向相反时，空气就沿着与等压线平行的方向自西向东作等速直线运动，吹西风。

水平气压梯度力与水平地转偏向力达到平衡时的风，称为地转风。在自由大气中由于摩擦力很小，可忽略不计，所以在自由大气中的风就是地转风。

2. 摩擦力（R） 在摩擦层中，运动着的空气与下垫面之间、空气与空气之间，都有摩擦力的存在。摩擦力的方向与空气运动的方向相反，其大小与空气运动的速度成正比。其表达式为：

$$R=-kV$$

式中：k——摩擦系数；

V——运动速度；

——负号，表示 R 的方向与 V 的方向相反。

可见，R 与 V 成正比；k 与接触面的粗糙程度、相对运动速度有关。

摩擦力使风速减小，风向也改变（图 4-7），在摩擦层平直的等压线构成的气压场中，作用于空气的力有水平气压梯度力（G）、水平地转偏向力（A）和摩擦力（R）。它们的大小取决于水平气压梯度力的大小，它们的方向分别是：水平气压梯度力垂直于等压线并由高压指向低压，水平地转偏向力垂直于风向并指向风向的方向，摩擦力与风向相反。当这三个力达到平衡时的风称为摩擦风。因为与水平气压梯度力相平衡的力为摩擦力和水平地转偏向力的合力所代替，所以，摩擦风便斜插等压线由高压指向低压等速吹去。摩擦力越大，摩擦风的风速越小，而风向与等压线的夹角也越大。据统计，该夹角在海洋上为 $15°\sim20°$，在陆地上为 $30°\sim45°$。因此，摩擦风的风向与水平气压场存在这样的关系：在北半球，背风而立，高压在右后方，低压在左前方。南半球则相反。

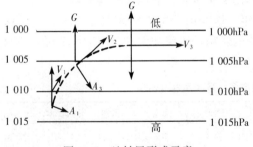

图 4-6　地转风形成示意

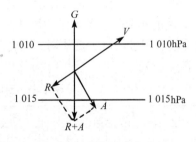

图 4-7　摩擦风形成示意

在闭合的等压线构成的气压场中，可以得到相同的结论，在北半球的摩擦层里，高压中的空气是按顺时针方向由中心向四周流动的；低压中的气流是按逆时针由四周向中心流动的（图4-8）。

3. 惯性离心力（C）　惯性离心力是指当空气做曲线运动时所受到的与空气运动方向相垂直，并且由曲率中心指向外缘的力（图4-9）。表达式为：

$$C = \frac{v^2}{r}$$

式中：v——空气运动的线速度；

r——运动曲线的曲率半径。

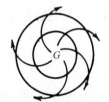　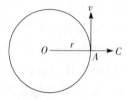

图4-8　摩擦层里高压（G）和低压（D）中的气流　　　　图4-9　惯性离心力

C与v^2成正比，与r成反比。当r较大（即曲率较小）时，则C极小。因为C的方向垂直于空气运动方向，因此，C只改变空气运动方向，不改变其速度。

从上述四种力的表达式看出，当$G=0$时，则$V=0$，即空气处于静止状态或尚未运动状态，此时，$A=C=R=0$. 可见，空气运动的原动力是G，其他三种力只是在空气运动中才起作用。在不同情况下，四种力的作用大小截然不同，如赤道上的风不受A的作用，近似直线运动的风不受C的作用；1.5km以上自由大气层的风基本不受R的影响，因此，形成的风向和风速也各异。

二、摩擦风的变化

1. 风的日变化　一天中，午后的风速最大，清晨的风速小。这种变化与乱流交换的日变化有关。白天乱流交换强，高层大气具有较大动量的空气随乱流传输到下层，使下层风速增大，午后乱流最强，风速最大；夜间乱流交换弱，低层大气得不到高层大气的动量，因而风速比白天小，清晨乱流最弱，风速最小。必须指出，当有较强的天气系统过境时，上述日变化规律可能被扰乱或掩盖。

风的日变化规律，晴天比阴天显著，夏季比冬季显著，陆地比海洋显著。

2. 风的年变化　冬半年的风速大于夏半年。这是由于冬半年南北温差大、气压梯度较大的缘故。不过，对于夏季遇到的台风等系统的影响，风速增大的非周期性情况，应另当别论（表4-3）。

表4-3　我国部分城市冬、夏季风速（m/s）

时　间	广州	台北	福州	杭州	上海	南京	天津	北京	哈尔滨
1月（冬）	2.2	3.4	2.7	2.3	3.2	2.7	3.1	2.9	3.6
7月（夏）	1.9	2.5	3.2	2.2	3.2	2.6	2.5	1.8	3.4

3. 风随空间的变化　随着海拔高度的升高，风速增大。这是因为地面摩擦力对风的影响随海拔高度的升高而减弱的缘故。据观测，在离地 300m 高处，全年平均风速比离地 27m 处大 4 倍。

同理可知，海洋上空的风速大于陆地上空；沿海的风速大于山区。它们都是由于摩擦力影响不同造成的结果。

4. 风的阵性　风向不定，风速忽大忽小的现象，称为风的阵性。风的阵性与空气的乱流运动有关。一般来说，风的阵性山区比平原地区明显，低空比高空明显，白天比夜间明显，午后最显著。

三、风与农业生产

1. 风对植物光合作用的影响　通风可使作物冠层附近 CO_2 浓度保持在接近正常的水平上，防止或减轻作物周围的 CO_2 亏损。研究认为，风力在 2 级以下时会导致 CO_2 浓度减少到不利于作物光合作用的后果。

◆ **想一想**：你知道"风摆麦浪，丰收之兆"是什么意思吗？

为什么密植的棉花田去除下部老叶可以提高产量？

风可引起茎叶振动，造成群体内闪光，可使光合有效辐射以闪光的形式合理地分布到更广的叶面上而发挥更大的作用。这就意味着改善了群体下部光的质量。

2. 风对蒸腾与叶温的影响　通常风速增加能加快叶面蒸腾，从而吸收潜热，叶温降低。但如叶温大大高于气温（如气孔开度中等的高辐射条件下），风速的增加会降低蒸腾。

据研究，在大的叶片（直径 10cm）与高的能量吸收（1 000W/m²）情况下，风对叶温影响很大，而叶片小（直径 1cm）与低的能量吸收（400W/m²）情况下，风对叶温影响很小。

风的最大效应在 0～1m/s 的小风速范围内，作物群体多数时间风速小于 1m/s，常在 0～1m/s，所以风对叶温影响不大。阴天，叶温、气温相近，风对叶温也没什么影响。

3. 风对植物花粉、种子及病虫害传播的影响　风是异花授粉植物的天然传粉媒介，植物体的授粉效率以及空气中花粉孢子被传送的方向与距离，主要取决于风速的大小与风向。风还可以帮助植物散播芬芳气味，招引昆虫为虫媒花传播花粉。

豆科植物的微小种子、长有伞状毛（如菊科植物）或"翅"（如许多树种）的大种子、纸状果实或种子以及某些植物的繁殖体等可以通过风来传播。

风还会传播病原体，使病害蔓延。观察发现，多种昆虫如白粉蝶、黏虫及稻纵卷叶螟成虫的迁飞、降落与气流运行及温、湿度状况有密切的关系。水稻白叶枯病、小麦条锈病的流行，都是菌源随气流传播的结果。

4. 风对植物生长及产量的影响　适宜的风力使空气乱流加强，由于乱流对热量和水汽的输送，使作物层内各层次之间的温、湿度得到不断的调节，从而避免了某些层次出现过高或过低的温度、过大的湿度，利于作物生长发育。

风速增大，光合作用积累的有机物质减少。据研究，当风速达 10m/s 时，光合作用积累的有机物质为无风时的 1/3。花器官受风的强烈振动也会降低结实率。单向风使植物迎风方向的生长受抑制。长期大风可引起植物矮化，大风还会造成倒伏、折枝、落花、落果等，

对作物造成危害。

知识窗

追随气流迁飞的黏虫

黏虫俗称五色虫、夜盗虫，是全球性危害比较重的一种"暴食性"害虫。在我国除西部新疆、西藏高原外，其他各省都有分布。主要危害稻、麦、玉米、粟、高粱、糜子、甘蔗、芦苇等禾本科作物及杂草，危害严重时，能把作物茎、叶全部吃光，穗子咬断，造成严重减产甚至颗粒无收。

黏虫在我国东部地区的越冬分界线为 33°N，大致相当于 1 月 0℃ 等温线，恰与秦岭—淮河一线相吻合。在此越冬线以南各地，因冬季气温较高，主要以幼虫或蛹的形态在稻桩、田埂、草垛及路边、河岸等处禾本科杂草中取食或越冬；在越冬线以北地区，因冬季严寒冰冻，很少有虫态越冬。

黏虫成虫迁飞，昼伏夜行，在自然条件下，每天活动习性有两个高峰的节律：第一个高峰在晚上 8～9 时；另一个高峰在黎明前 2～5 时；在阴天或饥饿状态下，白天也有飞出取食的现象。黏虫成虫在气流协助下迁飞能力很强，时速可达 20～40km，持续飞行 7～8h。其迁飞与低层大气环流的季节性变化有密切关系，它在季风气流协助下飞翔，春季从越冬线以南往北飞；3～4 月西南气流开始活跃，由南向北飞越南岭，进入江淮至黄河流域，随着西南气流不断增强；6 月前后飞往长城内外；8 月上旬立秋后西南气流衰退，随着冬季偏北风渐强，黏虫开始返航；9 月上中旬飞返长江以南。它们每到一个地方，便选择茂密的禾本科作物，繁衍一至几个后代，在潮湿隐蔽的棵间产卵、孵化，然后，经过化蛹、羽化后，再次起飞迁入他乡。

人们掌握了黏虫的生活习性、发生消长和迁飞规律及其与气象条件的关系，便可及早做好准备，根据虫情做出预测预报，采取农业措施、物理诱杀和化学药剂等综合防治的方法，抓住有利关键时机，一举歼灭之。

第三节　大气环流和地方性风

地球上各种规模的大气运动的综合表现，称为大气环流，是由各种相互联系的气流——水平气流与垂直气流、地面气流与高空气流以及大范围天气系统所构成的。大气环流促使热量和水汽在不同的地区之间，特别是高低纬度之间和海陆之间的交换和运输。

一、三圈环流

若地球表面是平滑均匀且地球静止不动的，那么空气在运动过程中就不受水平地转偏向力和摩擦力的作用，这时因赤道地区的地面吸收太阳辐射较多，极地地区的地面吸收太阳辐

三圈环流

射较少，赤道地区的气温高于极地，赤道上的空气受热膨胀上升，在其高空积累而形成高压；极地地区的空气下沉收缩，而在高空形成低压，于是高空空气由赤道流向极地；在地面上，极地地区由于空气遇冷堆积形成高压，赤道地区由于空气外流而形成低压，所以近地面气流方向与高空相反，空气由极地流向赤道。南北半球各形成一个闭合环流，这种简单的径向环流称为单圈环流。

事实上，由于地球在不停地自转，同时地球表面并非是平滑均匀的，所以单圈环流是不存在的。由于地球的自转，空气在流动时，受水平地转偏向力的作用所形成的环流为三圈环流（图 4 - 10）。

赤道上，受热上升的空气，从高空流向高纬度，当流到纬度 10°N 左右时，由于水平地转偏向力的作

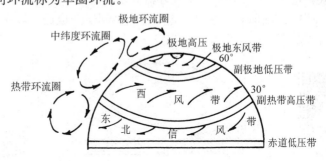

图 4 - 10　三圈环流示意

用逐渐偏离原来的径线方向而转为自西向东的方向到纬度 30°N 处，气流变成沿纬圈方向了；空气在纬度 30°N 附近堆积起来，形成一个高压带，称为副热带高气压带。赤道处因空气流出形成一个低气压带。在下层，空气自副热带高压分别流向赤道和高纬度，下层流向赤道的气流与高空由赤道流向副热带的气流形成了热带环流圈。

极地寒冷，空气密度大，地面气压高，形成极地高气压带，在下层，空气从极地高压区流出，当空气流到 60°N 附近时，遇到从副热带高压流来的暖空气，暖空气被冷空气抬升，从高空分别向极地和副热带流去，流向极地的气流与下层自极地流向纬度 60°N 的气流形成了极地环流圈；而自高空流向副热带处的气流与地面由纬度 30°N 的副热带高压向高纬度流出的气流，形成了中纬度环流圈。

热带环流圈、极地环流圈和中纬度环流圈，这三个环流圈称为三圈环流。

观测事实证明，三圈环流在理论上是基本正确的。在水平方向上，北半球，在对流层上部，赤道上空是一个暖高压带，极地是冷低压，从赤道到两极地，基本上均吹偏西气流；在地面上，北半球从南到北有四个气压带：赤道低压带、副热带高压带、副极地低压带和极地高压带。这些气压带之间有三个风带：东北信风带、盛行西风带和极地东风带。

二、季　　风

季风是指以一年为周期，随季节的改变而改变风向的风，它是一种大气环流。通常指的是冬季风和夏季风。

季风是由于陆地和海洋的热力学特性差异形成的。冬季大陆冷却快而剧烈，海洋冷却慢且降温小，因此在大陆上因温度下降将使气压（P）升高，海洋上气压较低，即 $P_{大陆} > P_{海洋}$，风从大陆吹向海洋。夏季则相反，$P_{大陆} < P_{海洋}$，风从海洋吹向大陆。

我国位于欧亚大陆的东南部，背靠欧亚大陆，面临西太平洋，因此，季风很明显，夏季常吹东南风或西南风；冬季常吹偏北风，北方多数为西北风，南方多数为东北风。

由于各地地理条件不同，地形复杂，常形成各种与季风风向不同的风。

三、地方风

地方风是与地方特点有关的局部地区的风，可因地形的动力作用或地表受热的不同而形成。它是一种小范围的空气环流。常见的有以下 4 种。

1. 海陆风　是指由于海陆受热不同所造成的，以一天为周期随昼夜交替而改变风向的风（图 4 - 11）。

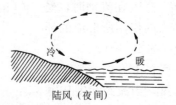

图 4 - 11　海陆风

白天，由于陆地受热剧烈，空气上升，地面形成低压；海上温度较低，空气密度较大，空气下沉，海面上形成高压，因此风由海域吹向陆地，称为海风。

夜间，由于陆地降温剧烈，而形成地面高压；海上降温缓慢，形成低压，因此风由陆地吹向海域，称为陆风。

海陆风风向变换的时间，各地有所不同，一般是在上午 10～11 时开始吹海风，到下午 13～14 时海风达最强，20 时前后转为吹陆风。若这种规律遭到破坏，预兆天气将发生变化。

海风的风速和伸入大陆的距离都比陆风大；一般海风风速可达 5～6m/s，伸入大陆为50～60km；而陆风风速只有 1～2m/s，伸入海上为 10～20km。

2. 山谷风　是指在山区，山坡和周围空气受热不同所造成的，以 1d 为周期，随昼夜交替而改变风向的风（图4-12）。白天，山坡上（图4-12中 A 处）的空气增热比周围（图4-12 中 B 处）空气快，$t_A > t_B$，B 处空气下沉，山坡上空气膨胀，沿山坡上升，形成谷风。夜间，山坡上空气冷却快，$t_A < t_B$，B 处空气上升，山坡上空气冷却下沉，形成山风。山谷风风向的变换时间，谷风上午 8～9 时开始，午后风速达最大；山风在入夜后开始，日出前风速达最大。

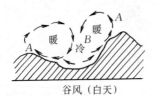
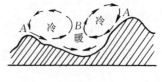

图 4 - 12　山谷风

一般来说，谷风大于山风；晴天的山谷风比阴天明显；夏季的山谷风比冬季明显。

3. 焚风　是由于空气下沉运动，使空气温度升高、湿度降低而形成的又干又热的风。产生的原因有两种：一种是当湿空气越过高山后，在背风坡作下沉运动，形成焚风；另一种是在高压区中，空气下沉运动形成焚风。

焚风的形成如图4-13所示，假设山高3 000m，气流过山之前气温$t=20.0℃$，相对湿度$r=70\%$，气流刚上升时，气温按$\gamma_d=-10℃/km$的速率降低；如果达到0.5km高处，空气中水汽达到饱和，此时$t=15.0℃$，$r=100\%$；

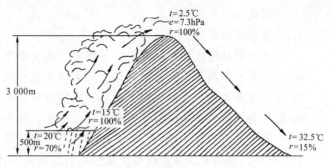

图4-13　焚风形成示意

然后，空气继续上升，气温按$\gamma_m=-5℃/km$的速率降低，同时不断有水汽凝结成云并产生降水，气流到达山顶时，$t=2.5℃$，水汽压$e=7.3hPa$，r仍为100%；在背风坡气流下沉的整个过程中，气温按$\gamma_d=-10℃/km$的速率升高，气流到达地面时气温将升高到$32.5℃$，r降低为15%，成为一种炎热而干燥的风。

焚风在山地任何时间、任何季节都有可能出现。初春可促使积雪融化，有利于灌溉；夏末可加速谷物和果实成熟。但强大的焚风会引起作物的高温害或干旱害，使作物烧伤、枯萎以至死亡，有时甚至引起森林火灾。

山脉形成焚风的条件是，山岭必须高大，以便气流在迎风坡上升时能成云致雨。

4. 峡管风　当空气由开阔地区进入狭窄地时，谷口截面积小，但空气质量又不可能在这里产生堆积，于是气流就必须加速前进，因此形成了强风，这种风称为峡

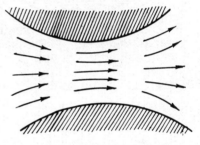

图4-14　峡管风示意

管风（图4-14）。在我国台湾海峡、松辽平原等地，两侧都有山岭，地形似喇叭管，当空气直灌窄口时，经常出现大风，就是这个原因。

知识窗

大气污染防治不可能独善其身

雾霾等空气污染成因复杂，既有城市建设破坏农田、湖泊、树林，影响大气环流与环境自净功能的因素，又有工业污染、取暖燃煤、工地扬尘、焚烧秸秆和汽车尾气的作用。不同原因产生的污染物汇聚在一起，既加重了污染，也可能随风扩散到周边地区。大气污染防治不可能独善其身，只有周边地区通力合作、共同应对，"联防联控"，才能有效控制污染，保障人类的身体健康。

思 考 与 练 习

1. 气压是如何随时间和高度变化的？为什么？

2. 什么是等压线？气压场的基本类型有哪些？各有什么特征？

3. 什么是水平气压梯度？

4. 风是如何形成的？

5. 作用于运动空气的力有哪些？各作用力的主要作用是什么？

6. 什么是水平地转偏向力？它是怎样影响风向和风速的？

7. 什么是摩擦风？摩擦风和气压系统之间有什么关系？

8. 为什么低层大气风速的最大值出现在午后，最小值出现在清晨？

9. 三圈环流是怎样形成的？北半球形成了哪些风带和气压带？

10. 季风、海陆风、山谷风和焚风形成的原因及其特点是什么？

11. 风对植物的影响有哪些？

第二篇

农业天气

天气是一个地方短时间内的大气状态。农业天气是与农业生产有密切关系的天气。天气变化有周期性天气变化和非周期性天气变化，周期性天气变化和地球的自转公转有关，非周期性天气变化和天气系统的生成、强弱和移动有关。

农业生产是在自然条件下进行的，农作物从种到收的全过程都直接受天气的影响。若"风调雨顺"，农作物所需要的光、温、水、气等均能得到满足，则有利于增产增收；若遇灾害性天气，如低温、霜冻、旱涝、干热风等，农作物生长发育就会受到抑制甚至死亡，造成减产、歉收甚至绝收。因此，研究天气与农业生产的关系，就可以为农业生产提供农业气象预报，充分利用有利的农业天气，避开灾害性天气的影响，是农业生产获得高产优质的重要条件之一。

第五章　天气系统

学习导航

基本概念

天气系统、气团、气团源地、气团变性、冷气团、暖气团、锋、锋面、暖锋、冷锋、缓行冷锋、急行冷锋、准静止锋、锢囚锋、气旋、锋面气旋、高空冷涡、反气旋、天气预报。

基本内容

1. 气团的形成、变性与分类。
2. 影响我国的主要气团及天气特点。
3. 锋的分类及各种锋面天气特点。
4. 主要影响我国的气旋、反气旋及其天气特点。
5. 天气预报的种类及天气预报的方法。

重点与难点

1. 影响我国的主要气团及天气特点。
2. 锋的分类及各种锋面天气特点。
3. 主要影响我国的气旋、反气旋及其天气特点。
4. 天气预报中的常用语及天气符号的含义。

天气的非周期性变化是相当复杂的，但也有规律可循。它主要决定于大气的运动状态，也就是大气环流及其操控的天气系统的活动情况。天气系统的活动主要是指气团的更替、锋面的过境、气旋与反气旋的发生、发展和移动。某一天气系统代表着一定的天气过程，并具有一系列的天气特征。所以，当某一天气系统经过某地时，可以预见到和它相应的天气特征将会出现。

天气系统是表示天气变化及其分布的独立系统。活动在大气里的天气系统种类很多。如气团、锋、气旋、反气旋、高压脊、低压槽等。这些天气系统都与一定的天气相联系。它们的活动和强度变化（如气团更替，锋面过境，气旋和反气旋的加强、减弱、移动等）是天气非周期性变化（如今天晴，明天阴，今年雨水多，明年雨水少等）的重要原因。这种天气的非周期性变化，对工农业生产和人们生活影响很大，所以它是天气学研究的主要对象。

第一节　气团和锋

一、气　团

气团是指在水平方向上物理性质比较均匀，在垂直方向上变化比较一致的大块空气。它的水平范围可达几百到几千千米，垂直范围可达几千米到十几千米。气团的物理性质主要是指对天气有控制性影响的温度、湿度和稳定度三个要素。气团不稳定表示易于空气垂直上升运动的发展，气团稳定表示不利于空气垂直上升运动的发展。同一气团的物理性质在水平方向上变化很小。如在 1 000km 范围内，温度只相差 5～7℃，但从这一气团过渡到另一气团，在 50～100km 范围，温度就相差 10～15℃。

（一）气团的形成和变性

气团是在性质比较均匀的下垫面上形成的，如：广阔的海洋、巨大的沙漠、冰雪覆盖的大陆等。形成气团的下垫面必须有利于空气较长时间停滞和缓行的环境条件。这样，通过辐射、对流、蒸发和凝结等过程，使空气与下垫面之间发生充分的水分交换和热量交换。使空气湿度、温度的垂直分布与下垫面趋于平衡，就形成了具有源地特性的气团。显然，不同性质的下垫面可形成不同的气团，形成气团的下垫面所处的地理位置，称为气团源地。例如：在寒冷干燥的西伯利亚和蒙古大陆地区，可形成干冷的气团；而在温暖潮湿的副热带洋面上，则可形成暖湿气团。可见在海洋上和在陆地上形成的气团，它们的物理性质是不同的。

气团在大气环流作用下会离开源地移向其他地区，在它移动过程中，受新的下垫面影响，又不断与新的下垫面进行充分的水分交换和热量交换，从而改变了气团原有的物理性质，这种过程称为气团变性。改变了原有物理性质的气团称为变性气团。

（二）气团的分类

气团的分类主要有热力分类和地理分类两种：

1. 热力分类　根据气团移动时与所经下垫面之间的温度对比或气团之间的温度对比，将气团分为冷气团和暖气团。即平时所说的冷空气和暖空气。

当气团温度高于它所流经地区下垫面温度时，称为暖气团。暖气团移到较冷的下垫面时，底层空气先变冷，气温直减率减小，气层处于稳定状态。有时可形成上热下冷的逆温状况，不利于对流的发展，因此，暖气团属稳定气团。若暖气团含水汽较多，常可形成低云，出现毛毛雨或小雨雪天气。当暖气团低层空气迅速冷却时，也可造成大范围的平流雾。

当气团温度低于它所流经地区下垫面温度时，称为冷气团。冷气团移到较暖的下垫面时，底层空气先增温，气温直减率增大，使气层上冷下热，趋于不稳定，对流运动容易发展。因此，冷气团属不稳定气团，尤其在夏季若冷气团所含水汽较多，易产生对流云，常出现阵性降雨和雷阵雨天气。

根据气团之间的温度对比来划分，温度高于其相邻气团的称为暖气团。反之，温度低于相邻气团的称为冷气团，通常在北半球，自北向南移动的气团，不仅相对于地面而且相对于南方气团来说，都是冷气团。同样，自南向北移动的气团，不仅相对于地面而且相对于北方的气团来说，都是暖气团。

2. 地理分类　是根据气团源地的地理位置和下垫面的性质来划分的。

根据地理位置将气团分为北极气团（又称为冰洋气团）、极地气团、热带气团和赤道气团四类。根据下垫面性质又将极地气团和热带气团分为极地海洋气团和极地大陆气团（又称为极地西伯利亚气团），热带海洋气团和热带大陆气团。即地理分类总共有四类六种气团。

（三）影响我国的主要气团

我国大部分处于中纬度地区，地表性质复杂，空气具有很强的运动性，缺少形成气团的环流条件，所以活动于我国的气团多为其他地区移来的变性气团。影响我国大范围天气的主要气团有极地大陆气团和热带海洋气团，其次是热带大陆气团和赤道气团。

1. 变性极地大陆气团　它是由发展于西伯利亚寒冷干燥的极地大陆气团，移到我国后变性而成。此气团全年影响我国，以冬季活动最频繁，是冬季影响我国天气势力最强、范围最广、时间最长的一种冷气团。冬季在它控制下，天气寒冷、干燥、晴朗、微风，温度日变化大、清晨常有雾或霜。但随着气团远离源地逐渐变性，天气逐渐回暖。夏季它经常活动于我国长城以北和大西北地区，在它控制下天气晴朗，虽是盛夏，也凉如初秋。有时也南下，到达华南地区，它的南下是形成我国夏季降雨的重要因素。

2. 变性热带海洋气团　它是形成于太平洋洋面上的热带海洋气团登陆后变性而成。此气团也是全年影响我国，以夏半年最为活跃。是夏季影响我国大部分地区（除西藏高原和新疆外）的湿热气团。夏季在它控制下，早晨晴朗，午后对流旺盛，常出现积状云，产生雷阵雨；此气团若长期控制我国，则天气炎热久晴，往往造成大面积干旱。它与变性极地大陆气团交绥是构成我国盛夏区域性降雨的重要原因。秋季，此气团退至东南沿海一带。

春季，变性极地大陆气团和变性热带海洋气团，两种气团在我国分据南北并相互推移造成多变天气。秋季变性极地大陆气团不断加强逐渐南扩，而变性热带海洋气团则向我国东南沿海退缩，两种气团交绥区，常造成秋雨，直至变性极地大陆气团占优势时，我国大部分地区就出现秋高气爽的天气。

此外，热带大陆气团，起源于西亚干热大陆，夏季影响我国西部地区，在其控制下，天气酷热干燥，久旱无雨。赤道气团起源于高温高湿的赤道洋面，夏季影响我国华南、华东和华中地区。带来潮湿闷热多雷雨天气。

从以上情况可以看出，在同一气团内，由于温度、湿度比较一致，一般不会产生大规模的升降运动，所以，天气特征比较一致，不会发生剧烈的天气变化。但是，当两个不同性质的气团在某一地区交绥时，常能引起剧烈的天气变化过程。

二、锋

锋面的形成

两种性质不同的气团相遇时，两者之间形成一个狭窄而倾斜的过渡带。这个过渡带称为锋面。其宽度在近地面为几十千米，在高空可达 200～400km，并向冷空气一侧倾斜，暖空气在锋面上向上爬升，冷空气插入暖空气下部。锋面与地面之间的坡度很小，所以锋面所掩盖的地区很大。锋面与地面的交线称为锋线，锋面和锋线统称为锋。锋的高度从几千米到十几千米（图5-1）。

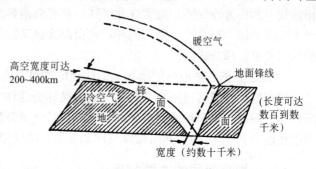
图 5-1　锋及锋面示意

由于锋面是性质不同的两种气团的交界面，所以在锋面两侧，气压、温度、湿度、风等气象要素差异较大。如在锋面附近，水平方向上50～100km距离内，温度可相差 10～15℃。又由于暖空气在锋面上做上升运动，常形成云系和降水，所以锋面过境时能引起天气的激烈变化，这种由锋面活动所产生的天气，称为锋面天气。

（一）锋的分类

根据锋在移动过程中冷、暖气团所占主、次地位，锋的移动方向、移动速度和结构，将锋分为暖锋、冷锋、准静止锋和锢囚锋。不同的锋带来不同的天气。在我国，一年四季都有频繁的锋面活动，其中冷锋最多，准静止锋次之，锢囚锋和暖锋最少。

（二）锋面天气

暖锋

1. 暖锋天气　锋面在移动过程中，暖气团起主导作用，暖气团推动锋面向冷气团一侧移动。这样的锋称为暖锋（图5-2）。暖锋坡度较小，暖空气在推动冷空气的同时，还沿着锋面缓慢爬升到很远的地方，形成了广阔的云系和降水区。离锋线越远，云越薄越高，靠近锋线附近，云底最低，云层最厚。暖锋到来时，气压下降，相继出现卷云、卷层云、高层云和雨层云。产生连续性降水，雨区出现在锋前，其宽度一般为300～400km，夏季暖空气不稳定，锋面上偶尔有积雨云。锋面过境后，风向东南转西南，气压少变，气温升高，雨止天晴。

我国暖锋多出现在气旋内，冬半年在东北地区和江淮流域，夏半年多在黄河流域，长江以南少见。

冷锋

2. 冷锋天气　锋面在移动过程中，冷气团起主导作用，冷气团推动锋面向暖气团一侧移动，这样的锋称为冷锋。根据冷锋移动速度和天气特征可将冷锋分为两种类型：

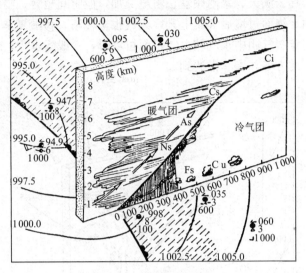

图 5-2 暖锋天气示意

（1）**缓行冷锋** 缓行冷锋坡度较小（比暖锋大）、移动速度慢，当冷空气插在暖空气下面前进时，暖空气被迫在冷空气上面平稳爬升，所以形成的云系和降水分布与暖锋相似，但排列次序相反。即缓行冷锋到来时，气压下降，气温升高，风力增大，相继出现雨层云、高层云、卷层云、卷云（图 5-3），多为连续性降水，雨区出现在锋后，雨区较窄，平均宽度为 150～200km。锋面过境后，气压升高，气温下降，风力减弱，降水停止。夏季当锋前暖气团不稳定时，在冷锋附近产生积雨云，出现雷雨天气。夏季在我国北方，冬季在我国南方，所见冷锋多属此类。

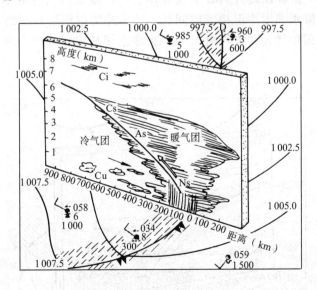

图 5-3 缓行冷锋天气示意

（2）**急行冷锋** 急行冷锋坡度大，移动速度快，锋前暖空气被急剧抬升，出现剧烈的天气变化，夏半年因暖气团水汽充足，在锋线附近产生旺盛的积雨云（图 5-4），锋面过境时，往往狂风骤起、乌云满天、暴雨倾盆、雷电交加，但时间短暂，雨区很窄，一般只在地面锋后的数十千米内。锋面过境后气压上升，天气很快转晴。我国夏季自西北向东南推进的冷锋多属此类。冬半年暖气团中水汽较少，锋面过境时，一般降水少，锋后常出现大风、降温和风沙天气，我国北方冬、春季常遇到。

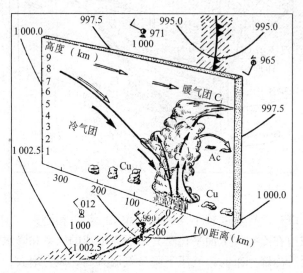

图 5-4　急行冷锋天气示意

3. 准静止锋　锋面很少移动或在原地来回摆动。这种锋称为准静止锋（图 5-5）。准静止锋多数是冷锋南下冷气团逐渐变性，势力减弱而形成的。它与缓行冷锋相似，但因准静止锋坡度较小，沿锋面爬升的暖空气可伸展到距地锋线更远的地方，所以云区和雨区比缓行冷锋宽，降水强度小但持续时间长，经常绵绵细雨连日不断。可维持 $10\sim15d$。在春、夏季也可出现积状云和雷阵雨天气。准静止锋是我国南方形成连阴雨天气的重要天气系统之一。

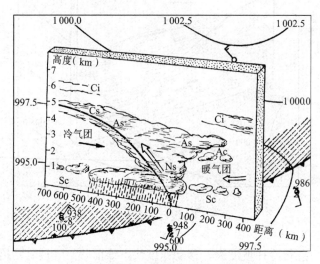

图 5-5　准静止锋天气示意

我国的准静止锋主要有华南静止锋、江淮流域梅雨锋和昆明静止锋。前两种是由于冷暖气团势均力敌，相持形成的。造成华南和长江流域持续长时间和大范围连阴雨天气。昆明静止锋是由于冷空气南下时，受云贵高原山地的阻挡，而在贵阳和昆明之间静止下来，形成的地形静止锋（图5-6），使锋面以东的贵州高原在冬季出现阴雨天气。

4. 锢囚锋天气 冷锋和暖锋或者两个冷锋因移动方向或速度不同合并而成的锋，称为锢囚锋（图5-7）。它的天气保留了原来冷锋和暖锋的一些特征。但因锢囚后，暖空气被抬升到很高的高度，因此，云层增厚、降水增强、雨区扩大，风力界于冷锋和暖锋之间。锢囚锋主要出现在东北和华北地区的冬、春季。

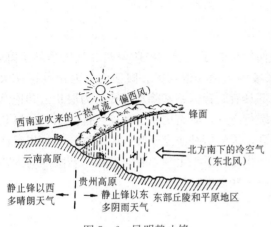

图5-6 昆明静止锋

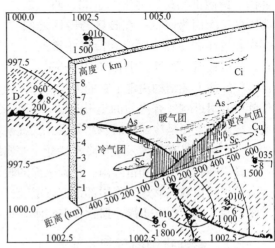

图5-7 锢囚锋天气示意

第二节 气旋和反气旋

一、气 旋

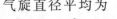

气旋

气旋是中心气压比四周低的水平空气涡旋（图5-8）。气旋直径平均为1 000km，大的可达3 000km，小的只有200km，或更小些。气旋的强度用其中心气压值表示，气旋中心气压值愈低，气旋愈强；反之愈弱。气旋的强度一般为970～1 010hPa，可达887hPa。

在北半球，气旋范围内的空气，做逆时针方向旋转，同时由四周向中心流入（气象上称为辐合）。由于空气向中心辐合，使空气作上升运动，绝热降温，湿度增大，水汽容易凝结形成云雨。因此，气旋内部多为阴雨天气。气旋前部（东部）吹偏南风，后部（西部）吹偏北风。气旋按热力结构，可分为锋面气旋和无锋面气旋两大类。无锋面气旋包括暖性气旋（台风）和冷性气旋（高空冷涡）。

图5-8 气旋内的气流及天气

（一）锋面气旋

气旋内有锋面存在，称为锋面气旋。它形成于温带地区，是该地区冷暖气团频繁活动的结果。锋面气旋一般移动很快，是温带地区造成恶劣天气的主要天气系统之一，发展强烈的锋面气旋一般可出现大风、大雨甚至暴雨及风沙天气。在发展成熟的锋面气旋内部结构，通常东、北、西三面为冷区，南面为暖区，在暖区与冷区之间存在着暖锋和冷锋。暖锋和冷锋相接的一点，气压最低，为气旋中心（图5-9）。

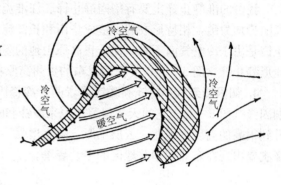

图 5-9　锋面气旋示意

气旋的上述结构决定了它的天气特征。锋面气旋处于发展成熟阶段时，气压强烈下降，气旋中心附近空气有强烈的上升运动，气旋区域内风速普遍增大，暖区内有时出现西南大风，冷区内主要是冷锋后的西北大风。气旋前部具有暖锋云系和降水特征，为层状云和连续性降水。后部具有冷锋云系和降水特征，如属缓行冷锋，则有层状云和连续性降水，如属急行冷锋，则有积状云和雷阵雨。气旋南部的暖区，天气特征决定于暖气团的性质。如果暖区为海洋气团控制，靠近气旋中部地方有层云、层积云并下毛毛雨，有时有雾，若暖区为大陆气团控制，则因空气干燥，通常没有降水，只有一些薄的云层。

（二）影响我国的气旋

1. 影响我国的锋面气旋　北方主要有蒙古气旋、东北低压、黄河气旋；南方有江淮气旋和东海气旋。

（1）蒙古气旋　指在蒙古中部或东部形成的气旋，它是北方气旋的典型。它对我国内蒙古、东北、华北和渤海春、秋两季的天气有很大影响。大风是蒙古气旋的重要天气特征。发展比较强的蒙古气旋，各部分都可以出现大风，降水不大。另外，蒙古气旋活动时总是伴有冷空气的侵袭，所以，降温、风沙、吹雪等天气现象都随之而来。

（2）东北低压　指活动于我国东北的低压。它很少在原地产生，多是其他地区移来的。以春、秋季最多，对我国东北、内蒙古及华北地区的天气都有影响。大风是东北低压的主要天气特征。以低压暖区里出现的西南大风为最强。当东北低压出现西南大风时，常引起气温突升，冷锋过后可出现短时间北或西北大风，气温骤降。另外，来自华北和黄河下游的东北低压，是夏季东北出现暴雨的主要天气系统之一。

（3）黄河气旋　指在河套地区和黄河下游（河南、山东）生成的气旋。冬半年不易产生大量降水，夏半年发展较强，可在内蒙古中部、华北北部和山东中南部形成降水和大风天气。

（4）江淮气旋　指发生在江淮流域和湘赣地区的气旋。它是南方气旋的典型。春、夏两季出现最多，它是造成江淮流域地区暴雨的重要天气系统之一。一般在气旋移动的路径上，都可发生暴雨，且气旋前后均可出现大风。

（5）东海气旋　指东海海域内生成和发展的锋面气旋。对我国东海、东部沿海、台湾及朝鲜、日本的天气影响很大，常造成这些地区的大风和降水天气。

2. 高空冷涡　高空冷涡是指出现在 1 500m 或 3 000m 高度上具有冷中心配合的低压系统，简称冷涡。东北冷涡 5～6 月出现最多，是影响东北、华北的主要天气系统。夏季，常出现连续几天的阵性降雨，有时可能有雹。降雨有明显日变化，多在午后到前半夜，东北、华北有谚语"雷雨三后响"就是指这种天气系统。冬季出现大风降温天气，有时有很大的阵雪。西南冷涡春末夏初最多，当它过境时，常出现雷阵雨和暴雨，是造成长江中下游地区暴雨天气的天气系统之一。

二、反 气 旋

（一）反气旋

反气旋是中心气压比四周高的水平空气涡旋（图 5-10）。反气旋又称为高压。反气旋的范围比气旋的范围大得多，如冬季大陆的反气旋，往往占据整个亚洲大陆面积的 3/4。反气旋直径超过 2 000km，小的可达数百千米。反气旋的强度用其中心气压值表示，中心气压值越高，反气旋强度越强；反之愈弱。反气旋中心气压值一般为1 020～1 030hPa，最强可达 1 083.8hPa。

在北半球，反气旋范围内的空气顺时针方向旋转，由中心向四周流出（气象上称为辐散）。由于空气向外辐散，使上层气流下来补充，形成下沉气流，气流下沉绝热增温，湿度减小，不易成云致雨。因此，反气旋控制的地区一般为晴朗少云、风力静稳天气。反气旋前部（东部）吹偏北风，后部（西部）吹偏南风。

图 5-10　反气旋内的气流和天气

（二）影响我国的反气旋

影响我国的反气旋有蒙古高压和太平洋副热带高压（简称副高）。

1. 蒙古高压　蒙古高压是一种冷性反气旋即冷高压。它是冬半年影响我国的主要天气系统。且活动频繁、势力强大。冷高压南下时，常常带来大量冷空气，所经地区形成降温、大风、降水等天气现象，当其势力强大到一定程度时，就形成剧烈降温的寒潮天气。其中心可深入到华东沿海。蒙古冷高压由干冷气团组成，高压内盛行下沉气流，故多为晴朗少云天气。但其不同部位天气表现不一。在冷高压中心附近，下沉气流强、晴朗微风，夜间或清晨常出现辐射雾，能见度减小。当空气比较潮湿时，往往出现层云、层积云，有时会有降水。高压东部边缘为一冷锋，常有较大风速和较厚的云层，有时伴有降水。

2. 太平洋副热带高压（副高）　副高是指位于我国大陆以东太平洋洋面上的太平洋副热带高压。它是一个强大的暖高压，是夏半年影响我国的主要天气系统。

（1）**副高控制下的天气**　在副高脊线附近，下沉气流强盛，天气晴朗炎热。长江流域 8 月出现的伏旱，就是副高长时间控制所致。副高北侧，冷暖气团交汇，气旋、锋面活动频繁，上升气流强盛，因而多阴雨天气，造成大范围降水，从而构成我国的主要降雨带。副高西北侧，盛行西南暖湿气流，与西风带冷空气相遇，多阴雨天，副高南侧盛行东风，常有台风、热带气旋等天气系统活动，产生雷阵雨和大风。

（2）副高的变化对我国天气的影响　一年中，副高随季节变化有明显的南北移动。每年从冬季到夏季副高由南向北推进势力逐渐增强，从夏季到冬季又由北向南撤退，且势力逐渐减弱。副高的这种变化与我国大陆主要雨带季节的南北位移是基本一致的。我国主要雨带一般在副高脊线以北 5~8 个纬度。从 4 月起，副高开始活跃，5 月下旬到 6 月中旬，当副高脊线稳定在 20°N 以南地区时，华南地区出现雨季（称为前汛期）。到 6 月中旬前后，副高脊线第一次北跳，脊线到 20°N 以北，并相对稳定在 20°N~25°N，此时华南前汛期结束，雨带北移到江淮流域，江淮梅雨季节开始。7 月上、中旬副高脊线第二次明显北跳，脊线超过 25°N，徘徊在 25°N~30°N，此时江淮梅雨结束，雨带北移到黄淮流域，黄淮流域雨季开始。7 月底到 8 月初，副高脊线第三次北跳，副高脊线越过 30°N，东北、华北雨季开始，而江淮流域进入伏旱期。由于副高脊线北移，华南及东南沿海处于副高南侧东风气流控制下，经常受台风等热带天气系统的影响，造成台风雨。9 月上旬副高脊线又跳回到 20°N 以南，雨带随之南撤，副高的影响逐渐减小。

第三节　天气预报

一、天气预报简介

根据已获得天气信息（如气象要素、天气现象、天气系统、雷达天气回波、卫星云图等），对不同区域、不同时段的未来天气进行推断，称为天气预报。

（一）天气预报的种类

1. 按预报时效分　超短期预报（几个小时）、短期预报（3d 以内）、中期预报（3~15d）和长期预报（15d 以上），而一年以上的预报称为超长期预报。

2. 按预报内容分　天气形势预报（即预报各种天气系统的生成、消亡、强度变化、移动等）和气象要素预报（即温度、风、云、降雨等）。

天气预报的范围有全球、全国、省、市、县或更小范围（如飞机场、码头等）。也可以是一个地带（如航空线）。

（二）天气预报的方法

1. 天气图预报方法　是目前国内外大多数气象台站短期预报的主要预报方法。是以天气图以及其他辅助图表为工具，根据天气学原理合理推断未来天气形势和有关气象要素变化。其工作程序包括气象观测、资料传递、填图、天气图分析及做出推断。世界上数以万计的气象台、站将同一时间观测的地面和高空气象资料，集中到各国气象通信中心，由中心汇总后再向国内外发报或通过电传机传送。各地气象台收到国内外各地的气象资料后，用统一规定的各种天气现象符号，迅速填在一张专用地图上，然后画出等压线、等温线，画出高压、低压、冷锋、暖锋及降水区的位置，即成为天气图（含高空、地面天气图）。从图中可以了解目前天气的分布概况，并在弄清它的发生、发展原因的基础上，从先后不同时间、不同高度的天气图分析未来天气系统的移动方向、速度、位置和强度，推断出未来天气的变化，做出不同时间、不同地点的天气预报。目前我国气象台、气象站已不用手工填绘天气图，而是利用天气图传真机接收天气图和预报图。

2. 数值预报方法 是利用电子计算机，求大气动力学方程的数学解，来制作天气预报的。即根据流体力学和热力学原理来描述大气运动，建立起数学方程组，再将已知的起始条件和一定的边界条件输入高速电子计算机，用电子计算机求出各气象要素未来分布值的一种天气预报方法，称为数值预报法。这种方法具有客观定量化的优点。但由于探空资料的精度、密度不足，使数值预报含有一定的误差，但随着各种先进探测设备的问世，电子计算机的不断更新，预报模式的不断改进，预报误差会逐渐减小。因此，数值天气预报的指导地位在世界各国已得到普遍确认。目前，我国应用银河 2 号计算机进行数值天气预报，收到了很好的效果，这标志着我国的天气预报已进入了一个新的发展阶段。

3. 卫星的应用 气象卫星是用人造卫星携带各种新型探测仪器，从高空对地球和大气进行气象观测的一种新型工具。它的最大优点是在高层空间停留时间长（一般为几年）、覆盖面广、运转速度快，可在短时间内提供种类多、范围广、具有连贯性的气象观测资料（如：云图、地面、洋面温度以及大气中气象要素和天气现象分布等）。我国于 1997 年 6 月 10 日和 2000 年 6 月 25 日成功地发射了两颗"风云二号"静止气象卫星（与地球公转同步轨道），能覆盖以我国为中心的 1 亿 km^2 的地球表面，可全天候对地球进行连续的气象监视，获取我国及邻国的白天可见光云图、昼夜红外云图和水汽分布图，进行天气图传真广播；收集转发气象、海洋、水文等观测数据，监视太阳 X 射线和空间粒子辐射数据，每 30min 即可获取一幅全景原始云图信息。此外，我国于 1999 年 5 月 20 日成功发射了"风云一号—C"极轨气象卫星（轨道经过地球两极），运行周期 102min，每天绕地球 14 圈，可获得全球大量的气象观测资料。

目前在天气监视和天气预报业务中已广泛地应用了气象卫星。我国各省（区）市气象台都设有卫星接收站，定时接收卫星发来的云图和其他气象资料，通过对所接收云图及其他气象观测资料的识别、分析及计算机的加工、处理，从而判断出各类天气系统的发生、发展情况，并及时做出天气预报。气象卫星的应用，弥补了人迹罕至地区（如沙漠、高山、海洋等）常规观测资料不足的问题，极大地提高了天气预报的准确性。特别是对台风、暴雨、寒潮等灾害性天气，能够准确确定位置、强度、移动途径，并准确做出预报。另外，气象卫星还应用于监测全球范围重大自然灾害，如：大范围水灾、旱灾、森林火灾、雪灾等。随着气象卫星探测技术的不断发展，将会进一步推动气象科学的前进，大大提高天气预报的准确率。

气 象 卫 星

1960 年 4 月 1 日，美国首先发射了第一颗人造试验气象卫星以来，全世界共发射了一百多颗气象卫星。

气象卫星主要有极轨气象卫星和同步气象卫星两大类。极轨气象卫星。飞行高度为 600～1500km，卫星的轨道平面和太阳始终保持相对固定的交角，这样的卫星每天在固定时间内经过同一地区 2 次，因而每隔 12h 就可获得一份全球的气象资料。同步气象卫星。运行高度约 35 800km，其轨道平面与地球的赤道平面相重合，从地球上看，卫星静止在赤道某个经度的上空。一颗同步卫星的观测范围为 100 个经度跨距，从 50°S～50°N，100 个纬度跨距，因而 5 颗这样的卫星就可形成覆盖全球中、低纬度地区的观测网。

我国自 1988 年 9 月 7 日—2008 年 11 月，已成功发射了 9 颗气象卫星。目前，风云一号 D 星、风云二号 C 星和 D 星在轨稳定业务运行，风云三号 A 星已完成在轨测试，投入运行。我国已成为与美国、欧盟并列的同时拥有静止和极轨气象卫星的国家（或地区）之一。

二、收听收看天气预报

（一）收听气象广播

天气预报广播通常是定时进行的，一般每天数次广播本地的短期天气预报，有时还进行灾害性天气（如寒潮等）和专业气象预报（森林火险预报等）。收听天气预报时，一定要注意预报时效，即这份天气预报在哪个时段有效，同时要注意某项天气现象将发生在哪个地域，并掌握天气预报中的专业术语及其含义。

1. 时间用语 我国气象广播统一用北京时间（表 5-1）。

表 5-1 天气预报时间用语

时间用语	时间范围（时）	时间用语	时间范围（时）
夜间	20～08	白天	08～20
上半夜	20～24	下半夜	0～05
上午	08～12	下午	12～18
早晨	05～08	中午	11～14
傍晚	18～20	半夜	23～02

2. 天空状况用语 天空状况以云量（即把全部天空当作 10 份，有云部分占的份数为云量）的多少来区别：

晴天——指天空中无云，或<10%的中低云量，或<30%的高云量。

少云——天空中有 10%～30%的中低云或 40%～50%的高云。

多云——天空中有 40%～70%的中低云或 60%～80%的高云或者天空有 1/2 以上的云层。

阴天——云层满天或占了绝大部分天空，看不见日、月、星。

3. 风的预报用语 风按风力等级预报。预报风力时可有一级间隔，如：偏北风 4～5 级。

4. 降水预报用语 降水按降水等级预报。各种降水预报允许有 1 级间隔，如："小到中雨"

5. 辅助用语 间——间或之意，如："晴间多云"。转——天气由前者转变为后者，如：

"多云转阴"。

6. 森林火险等级用语 按林业部门需要，根据空气湿度、温度、风力及降水，结合植被状况等综合制定出森林火险等级。一般采用5级制火险等级（表5-2）。

表5-2 森林火险等级用语

火险等级	火险名称	燃烧特性	蔓延性	防火措施
1	不燃烧	不能燃烧	少蔓延	用火安全
2	低级燃烧	不易燃烧	可蔓延	用火较安全
3	中级燃烧	可以燃烧	易蔓延	用火应加强注意
4	高级燃烧	容易燃烧	最易蔓延	控制火源加强巡视
5	特级燃烧	很易燃烧	强烈蔓延	严格控制一切火源，昼夜加强巡视

（二）收看天气预报节目

中央电视台每天定时播放中央气象台录制的卫星云图演变情况和发布主要城市短期天气预报。各地气象台也通过当地电视台发布本地区的短期天气预报。

（1）收看天气预报电视节目时，要了解常用天气符号及含义 同时要学会简单识别卫星云图的特征及对本地区天气状况的影响。电视天气预报常用天气符号见图5-11。

图5-11 电视天气预报常用天气符号

为了说明某些天气现象的分布特征，有时在播出的底图上绘出若干等值线，如：等雨量线、等温线、等压线、大风区等以表示这些天气现象的地域分布情况。

（2）云图特征及识别 在观看卫星云图图像时，白色表示反射率大的云，其余为晴空。在晴空区内，蓝色表示海洋，绿色表示陆地，我们可以从云图特征识别来预报本地天气状况。当本地上空有云带出现时，地面多为阴雨天气；当本地处于密蔽云区，地面多有强降雨；当本地上空无云时，一般为晴好天气。利用卫星还能监视热带风暴的动向。

思 考 与 练 习

1. 什么是气团？如何分类？

2. 我国冬、夏季主要受什么气团影响，天气特点如何？

3. 什么是锋、冷锋、暖锋、准静止锋、锢囚锋？各自的天气特征如何？

4. 气旋和反气旋控制下的天气特征如何？为什么？

5. 当一个锋面气旋自西向东经过某地时，天气是如何变化的？

6. 什么是蒙古高压？它的天气特点及对我国的影响如何？

7. 什么是副高？它的天气特点如何？副高的变化对我国天气有何影响？

第六章 农业灾害性天气

学习导航

➡基本概念

灾害性天气、寒潮、霜冻、辐射霜冻、平流霜冻、混合霜冻、低温冷害、寒露风、倒春寒、干旱、洪涝、梅雨、干热风、冰雹、台风、龙卷风、暴雨、暴雪。

➡基本内容

1. 寒潮的标准、天气特点、对农业生产的危害及防御措施。

2. 霜冻的天气特点、类型、对农业生产的危害、影响因素及防御措施。

3. 低温冷害的类型、对农业生产的危害及防御措施。

4. 干旱的类型及对农业生产的危害及防御措施。

5. 洪涝的类型及对农业生产的危害及防御措施。

6. 梅雨的天气特征、形成原因及对农业生产的影响。

7. 暴雨、暴雪的天气特点及对农业生产的影响。

8. 干热风的标准及对农业生产的危害及防御措施。

9. 冰雹的发生规律及对农业生产的危害及防御措施。

10. 大风的标准、类型及对农业生产的危害及防御措施。

11. 台风、龙卷风和飑线的结构特点、天气特点、活动规律及对农业生产的危害。

➡重点与难点

1. 各类灾害性天气的标准。

2. 各种灾害性天气的防御措施。

农业生产是在自然条件下进行的，在一些特殊的天气条件下，如：寒潮、霜冻、冷害、旱涝、冰雹、大风等，常给农业生产和人民生活带来不同程度的危害。这些给农业生产和人民生活带来危害的天气称为灾害性天气。掌握灾害性天气发生规律和防御措施能够有效减轻灾害性天气产生的后果。

第一节　寒潮和霜冻

一、寒　潮

（一）寒潮的定义

寒潮是在特定的天气形势下，北方强冷空气大规模向南爆发。所经区域伴随出现偏北大风、剧烈降温、雨雪和冰冻等天气现象，这类天气过程称为寒潮。

国家气象局制定的全国性的寒潮标准是：凡冷空气入侵后，气温在 24h 内下降 10℃ 或 10℃ 以上，称为寒潮。如果 24h 内最低气温下降 14℃ 以上，陆上有 3～4 个大行政区出现 7 级以上大风、沿海所有海区出现 7 级以上大风，称为强寒潮。各省（区）气象局为了更好地为农业生产服务，根据省市和地区具体情况，结合农林生产对寒潮标准做了各种补充规定。

（二）寒潮活动

寒潮源地是指冷空气的发源地，寒潮源地有三个：新地岛以东的寒冷洋面和新地岛以西的寒冷洋面，它们都属于冰洋气团；第三个源地是欧亚大陆，它属于极地大陆气团。当冰洋气团或极地大陆气团产生时，在源地形成寒冷空气的积聚堆积，当积聚到一定程度时，在适当的环流条件下，如同潮水一般突然爆发，向南侵袭。

寒潮路径：冷空气从源地由三条路径向南爆发。第一条是新地岛以东的洋面由北向南移动，称为北路。第二条是新地岛以西的洋面由西北向东南移动，称为西北路。第三条是冰岛以南地区经过欧亚大陆由西向东移动，称为西路。从三个方向将北方冷空气汇集到 70°E～90°E，43°N～65°N，我们将这个区域称为关键区。冷空气在这里汇集增强，然后再分三路进入我国各地。

1. 东路　冷空气从关键区经蒙古到我国内蒙古及东北地区，以后主力继续东移，其底层部分冷空气折向西南方向移动，经华北、渤海及黄河下游南下，我们感觉是从东边来的冷空气所以称为东路，实际冷空气还是从北边来。此路寒潮势力较弱，主要影响渤海、黄河下游、东北、华北地区并伴有大风、降雪和低温天气。

2. 中路　冷空气从关键区经我国内蒙古、河套地区南下直达长江中下游和华南地区，冷空气是从西北方向来所以也称为西北路，这条路经冷空气一般较强，活动次数较多，影响范围最广，影响我国大部分地区。以大风、降温为主，并带有风沙，在江南有雨雪天气。

3. 西路　冷空气经我国新疆、青藏高原、华北、内蒙古，最后到达华中、西南等地。冷空气是从西方来所以称为西路，此路寒潮势力较弱。对西北、西南地区影响较大，每年第一次寒潮一般由该条路径的冷空气形成。

经统计，1951—1990 年，我国共出现寒潮 179 次，平均每年 4.6 次。全国性寒潮平均

2.1次，寒潮最多的年份是 1981 年（11 次）。寒潮主要出现在 11 月到次年 4 月，早的出现在 9 月下旬，晚的出现在次年 5 月。以秋末冬初及冬末春初最多，隆冬反而较少。可见寒潮对我国的影响范围大、时间长。

（三）寒潮天气与农业生产

1. 寒潮天气　寒潮是我国冬半年的重要天气。它的实质是一个强大的冷高压，冷高压的前沿为一冷锋，即寒潮冷锋。寒潮冷锋过境时，各种气象要素发生急剧变化。主要天气表现为风向突变，锋后有偏北或西北大风，温度剧烈下降，气压很快升高；有时伴有雨、雪、霜冻。

寒潮带来的天气，视冷空气强弱、路径及季节不同而有差异。一般来说，在我国北方寒潮天气主要特征是偏北大风，剧烈降温，降水较少，有时一些地区伴有风沙和暴风雪。在我国南方，寒潮天气除了剧烈降温外，还有较多的降水。尤其是冷空气到达华南时，常引起大范围持久的阴雨天气。

2. 寒潮天气与农业生产　寒潮天气对农业生产的影响是相当大的。如：1983 年 4 月 25—30 日，受强寒潮侵入引起的雪灾、风灾、冻害，全国共计 66 个市县 $406.7 \times 10^4 hm^2$ 农田受灾，绝收面积为 $23.6 \times 10^4 km^2$，直接经济损失达数十亿元。1987 年 11 月下旬，寒潮暴发，我国自北向南出现大风降温天气，大部地区日平均降温达 $10 \sim 20℃$，并伴有 $5 \sim 6$ 级、部分地区达 $8 \sim 9$ 级偏北大风，还降了雨雪，苏、皖、鄂、鲁等省小麦、油菜遭受冻害。江苏省有 $333.3 \times 10^4 hm^2$ 小麦、油菜等遭受不同程度冻害；安徽省局部地区直播油菜全部冻死；关中、河北、江苏等不少地区大白菜等蔬菜受到严重冻害；广东和广西地区蔬菜及香蕉、菠萝等亚热带作物也遭受不同程度冻害。

冬季寒潮引起的剧烈降温，造成北方越冬作物和果树经常发生大范围冻害，也使江南一带作物遭受严重冻害。同时，冬季强大的寒潮给北方带来暴风雪，常使牧区畜群被大风吹散，草场被大雪掩盖，导致大量牲畜冻饿死亡。春季，寒潮天气常使作物和果树遭受霜冻危害。尤其是晚春时节，当一段温暖时期来临时，作物和果树开始萌芽和生长，此时突然有强大的寒潮侵入，常使幼嫩的作物和果树遭受霜冻危害。春季寒潮引起的大风，常给我国北方带来风沙天气。因为内蒙古、华北一带土壤已经解冻，气温升高地表干燥，一遇大风便尘沙飞扬，吹走肥沃的表土并影响春播。另外，大风带来的风沙淹没农田造成大面积沙荒。秋季，寒潮天气虽然不如冬、春季那样强烈，但它能引起霜冻，使农作物不能正常成熟而减产。夏季，冷空气的活动已达不到寒潮的标准，但对农业生产也产生不同程度的低温危害。同时这些冷空气的活动对我国东部降水有很大影响。

3. 寒潮天气的防御　防御寒潮灾害，必须在寒潮来临前，根据不同情况采取相应的防御措施。如：在牧区采取定居、半定居的放牧方式，在定居点内发展种植业，搭建塑料棚，以便在寒潮天气引起的暴风雪和严寒来临时，保证牲畜有充足的饲草饲料和温暖的保护性畜舍所，达到抗御寒潮目的。在农业区，可采用露天增温、加覆盖物、设风障、搭拱棚等方法保护菜畦、育苗地和葡萄园。对越冬作物除选择优良抗冻品种外，还应加强冬前管理，提高植株抗冻能力。此外还应改善农田生态条件。如：冬小麦越冬期间可采用冬灌、松土、镇压、盖粪（或盖土）等措施，改善农田生态环境，达到防御寒潮的目的。

二、霜　冻

霜冻是指在植物生长季节里，由于土壤表面或植物表面的温度突然下降到0℃或0℃以下，引起植物受害或死亡的短时间低温冻害的天气现象。霜和霜冻是两个不同的概念，霜是水汽凝华而成的白色晶体，而霜冻则是一种生物学现象，霜在温度低于0℃的日子里都可能出现，霜冻则在作物生长的温暖季节里出现。但是由于大多数作物当最低温度低于0℃时受霜冻危害，而这时也往往有霜出现。因此常误解为霜使作物遭受冻害。实际上出现霜冻时可能有霜，也可能无霜。有霜的霜冻称为白霜冻，无霜的霜冻称为黑霜冻。黑霜冻对作物的危害比白霜冻严重，因白霜冻形成时有水汽凝结放热，可使温度下降缓和。

（一）霜冻的危害

在我国霜冻发生的地区很广，危害的作物很多，造成的损失也很大，据统计1950—1980年，30年中，我国除雷州半岛、海南岛和云南省局部地区之外，全国其余地区均有霜冻发生，每年全国受霜冻危害面积约为$3.4 \times 10^7 \mathrm{hm}^2$。就其危害范围面积来看，霜冻在秋季对北方作物的成熟危害最大，发生次数也多；其次，在冬季危害华南地区的农作物、蔬菜、亚热带常绿果树和热带经济作物的生长，造成重大经济损失；再次，在春季危害春播作物和越冬作物的生长。

霜冻就其危害程度来看，首先决定于农作物抗霜冻的能力，不同作物和品种以及同一作物不同发育期抗霜冻的能力不同。

（二）霜冻的类型

1. 霜冻按季节分类　主要有秋霜冻和春霜冻两种。

（1）秋霜冻　秋季发生的霜冻称为秋霜冻，又称为早霜冻。是秋季作物尚未成熟，陆地蔬菜还未收获时产生的霜冻。秋季发生的第一次霜冻称为初霜冻。秋季初霜冻来临越早，对作物的危害越大。纬度越高初霜冻日越早，霜冻强度也越大。

（2）春霜冻　春季发生的霜冻称为春霜冻，又称为晚霜冻。是春播作物苗期、果树花期、越冬作物返青后发生的冻害。春季最后一次霜冻称为终霜冻。春季终霜冻发生的越晚，作物抗寒能力越弱，因此对作物危害就越大。纬度越高终霜冻日越晚、霜冻强度也越弱。

从终霜冻至初霜冻之间持续的天数称为无霜期。无霜期的长短，是反映一个地区热量资源的重要指标。春霜冻和秋霜冻的危害程度在不同地区是不同的，例如，在华北地区春霜冻危害较重，因正

◆ **查一查**：你所在地区的无霜期有多少天？初霜和终霜一般发生在什么时间？

值冬小麦拔节，而东北春作物一般在5月中下旬才播种，所以春霜冻在东北地区危害不大。但秋霜冻来临时，正值东北地区玉米、高粱等作物的成熟季节，危害较大。此外，我国华南地区冬季突然降温对热带和亚热带作物产生危害，称为冬季霜冻。

2. 霜冻按形成原因分类　分为平流霜冻、辐射霜冻、平流辐射霜冻。

（1）平流霜冻　由于强冷平流引起剧烈降温而发生霜冻。其特点是范围广、强度大、持续时间长（一般3～4d）。我国多发生在长江以北的初春和晚秋，危害较大。冬季强寒潮暴

发时也可在华南、西南地区发生。因发生时伴有强风，所以又称为"风霜"。

（2）辐射霜冻　在晴朗无风的夜晚，地面或植物表面强烈辐射散热而引起的霜冻，又称为"静霜"或"晴霜"。它的形成受地形、土壤性质影响明显。常见于洼地及干燥疏松的黑色土壤。发生的范围较小危害也较小。有时连续几个晚上出现辐射霜冻。

（3）平流辐射霜冻　冷平流与辐射冷却共同作用下发生的霜冻，又称为"混合霜冻"。它以平流霜冻为主，辐射霜冻为辅，其特点是范围广、强度大、危害最严重。多发生于初秋和晚春。实际上危害作物的霜冻多属这种类型。

（三）影响霜冻的因素

霜冻的发生及其强度和持续时间受天气条件、地形条件及下垫面状况等因素影响。

1. 天气条件　当冷空气入侵时，晴朗无风或微风，空气湿度小的天气条件最有利于地面或贴地气层的强烈辐射冷却，容易出现较严重的霜冻。

2. 地形条件　洼地、谷地、盆地等闭塞地形，冷空气容易堆积形成最严重的霜冻，故有"风打山梁，霜打洼"之说（图6-1）。此外，霜冻迎风坡比背风坡重，北坡比南坡重，山脚比山坡中段重，缓坡比陡坡重。

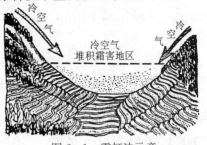

图6-1　霜打洼示意

3. 下垫面性质　由于沙土和干松土壤热容量和导热率小，所以，易发生霜冻。黏土和坚实土壤则相反。在临近湖泊、水库的地方霜冻较轻，并可以推迟早霜冻的来临，提前结束晚霜冻。

（四）霜冻的防御

1. 避霜措施

（1）选择适宜的种植地　选择气候适宜的种植地区和适宜的种植地形。

（2）选择适宜的种植品种　根据当地无霜期长短选用与之熟期相适应的品种。选择适宜的播（栽）期，做到"霜前播种霜后出苗"。育苗移栽作物，移栽时间要以能避开霜冻为准。

（3）化控避霜　用一些化学药剂处理作物或果树，使其推迟开花或萌芽。如：用生长抑制剂处理油菜，能推迟抽薹开花；用2,4-D或马来酰肼喷洒茶树、桑树，能推迟萌芽从而避开霜冻，使遭受霜冻的危险性降低。

（4）其他避霜技术　如：树干涂白、反射阳光、降低体温、推迟萌芽；在地面逆温很强的地区，把葡萄枝条放在高架位上，使花芽远离地面；果树修剪时去掉下部枝条，植株成高大形，从而避开霜冻。

2. 抗霜措施

（1）减慢植株体温下降速度　使日出前不出现能引起霜冻的低温。

① 覆盖法：利用芦苇、草帘、秸秆、泥土、厩肥、草木灰、树叶及塑料薄膜等覆盖作物，可以减小地面有效辐射，达到保温防霜冻的目的。对于果树采用不传热的材料（如稻草）包裹树干，根部堆草或培土10～15cm。也可以起到防霜冻的作用。

② 加热法：霜冻来临前在植株间燃烧草、油、煤等燃料，直接加热近地气层空气。一

般用于小面积的果园和菜园。

③ 烟雾法：利用秸秆、谷壳、杂草、枯枝落叶按一定距离堆放。上风方向分布要密些，当温度下降到霜冻指标1℃时点火熏烟。一直持续到日出后1～2h气温回升时为止。也可用沥青、硝铵、锯末、煤末等按一定比例制成混合物以防霜冻，防霜效果也很好。防霜冻的原理在于：燃烧物产生的烟幕能减小地面有效辐射，并直接放出热量，同时，水汽在烟粒上凝结放热，烟雾法能提高温度1～2℃。

④ 灌溉法：在霜冻来临前1～2d灌水，灌水后土壤热容量和导热率增大，夜间土温下降缓慢，同时由于空气湿度增大，减小了地面有效辐射，促进了水汽凝结放热。灌水后可提高温度2～3℃。也可采用喷水法，利用喷灌设备在霜冻前把温度在10℃左右的水喷洒到作物或果树的叶面上。水温高于植株体温，能释放大量的热量达到防霜冻的目的。喷水时不能间断，霜冻轻时15～30min喷一次，如霜冻较重7～8min喷一次。喷水数量以0.6hm²喷65～125kg为宜。

⑤ 防护法：在平流辐射型霜冻比较重的地区，采取建立防护林带、设置风障等措施都可以起到防霜冻的作用。

(2) 提高作物的抗霜冻能力　选择抗霜冻能力较强的品种；科学栽培管理；北方大田作物多施磷肥，生育后期喷施磷酸二氢钾；在霜冻前1～2d给果树喷施磷、钾肥，在秋季喷施多效唑，抗冻能力大大提高。

第二节　低温冷害

一、低温冷害的危害

低温冷害是指在作物生育期间受到0℃以上（有时在20℃左右）的低温，引起作物生育期延迟或使生殖器官的生理活动受阻造成农业减产的低温灾害。直观上一般不易看出受害的明显症状，故有"哑巴灾"之称。

不同地区的农作物种类不同，对温度的要求不同，同一作物的不同发育时期，对温度的要求也不同。因此，低温冷害具有明显的地域性，有不同的名称。

春季，在长江流域将低温冷害称为春季冷害或倒春寒。倒春寒是指春季在天气回暖过程中，出现间歇性的冷空气侵袭，形成前期气温回升正常偏

◆ **想一想**：倒春寒过后，浇水为什么能缓解低温对植物的危害？

高，后期明显偏低而对作物造成损害的一种灾害性天气。因出现时间上偏晚，危害性更大，这是因为，早春农作物播种都是分期分批进行的，一次低温阴雨过程不仅危害和影响一部分春播春种作物，且早春低温阴雨多数是在春播作物的萌芽期、大多数果树还未进入开花授粉期，其对外界环境条件适应能力亦较强。而一旦过了春分，尤其是清明节之后，气温明显上升，春播春种已全面铺开，各类作物生机勃勃，秧苗进入断乳期，多数果树陆续进入开花授粉期，抗御低温阴雨能力大为减弱，

若此时出现倒春寒天气，危害相当严重。在南方倒春寒主要威胁水稻育秧，常造成大范围烂秧和死苗，不仅损失良种，也延误了农时，其他春种作物生长发育也受到严重影响，影响全年的产量。在北方，倒春寒前期气温偏高使冬小麦返青拔节，有些果树开始含苞，抗低

温能力下降，故后期低温易造成大范围严重危害。

秋季，在长江流域及华南地区将低温冷害称为秋季冷害。在两广地区称为"寒露风"。寒露风天气是由北方强冷空气侵入，温度剧烈下降（通常可使南方气温连续降低 4～8℃）致使双季晚稻受害的一种低温天气。长江中下游地区 9 月中、下旬，广东、广西、福建 9 月下旬、10 月上旬，双季晚稻进入孕穗、抽穗、开花期，对低温十分敏感，此时正是夏、秋之交冷空气势力日益增强频频南侵的时期，遇低温阴雨天气，即受危害，造成空壳、瘪粒，导致减产。"寒露风"在湖南被称为"社风"，湖北称为"秋寒"，贵州称为"秋风""冷露"，江苏称为"翘穗头"。虽然各地出现时间不一，称呼不同，但实质都是秋季低温危害双季晚稻正常孕穗、抽穗和开花，使空壳率明显增加，造成减产的一种灾害性天气现象。

夏季，在我国东北地区将 6～8 月出现的低温危害称为夏季冷害。东北地区夏季冷害发生频率较高，使多种作物延迟成熟，严重影响作物产量和品质。

冷害影响我国南北各地，发生频率很高，3～5 年出现一次，主要危害水稻、玉米、高粱、谷子、果树、桑树及蔬菜等多种作物，给农业生产带来严重威胁。据统计，严重冷害年全国粮食减产约达 100 亿 kg。受冷害最严重的东北地区，在 1951—1980 年曾发生 8 个低温冷害年，其中 1969 年、1972 年、1976 年危害最严重，黑龙江、吉林、辽宁三省粮豆总产量 3 年平均减产 20％，达 57.8 亿 kg。我国南方各省双季晚稻的低温冷害（寒露风）在有些年份也很严重，危害范围遍及长江流域及其以南各省。例如：湖南省 1982 年因低温冷害造成 8.2×10^4 hm² 晚稻空壳率达 40％～50％。

 知识链接

东北低温冷害案例

东北夏季低温冷害，是在作物生长期内发生异常低温而造成严重减产的一种灾害，是造成东北地区粮食产量不稳定的重要原因。其主要特点如下：（1）在作物生长期的 5～9 月气温持续偏低。1969 年和 1972 年，5～9 月气温偏低的月数占总月数的 87％～90％，这种长时间持续低温对农作物的整个生长发育影响很大。（2）只在 6～8 月气温连续或间断偏低。如 1957 年和 1976 年，气温偏低月占总月数的 72％～89％。（3）东北北部冷害比南部的强度大、次数多。一般冷害年黑龙江省最重，平均减产 30％以上，吉林省减产 17.3％，辽宁省减产最少，为 11％。（4）温度变化一致。冷年份东北全区气温往往都偏低，而暖年份又都偏高。一次严重低温冷害年往往波及整个省或整个地区。（5）冷害发生有一定周期性。东北夏季低温具有 2～3 年、6～7 年和 22 年准周期，还有 60～80 年长周期变化。低温出现时间不同，对农作物影响亦不同。6 月低温使农作物不能正常生长而推迟生育期；8 月农作物正处在灌浆乳熟干物质积累阶段，需温度高，阳光充足的天气，低温易造成籽粒不饱满或空壳而减产。从 1950 年以来，全区性严重低温冷害年有 5 个，即 1954 年、1957 年、1969 年、1972 年、1976 年。这 5 年每年减产都在三成以上，其中黑龙江北部和吉林省的长白山区减产 40％以上。这 5 年以 1969 年危害最重，粮食减产约 65.5 亿 kg，其次是 1972 年约减产 63 亿 kg，1976 年约减产 47.5 亿 kg。

二、低温冷害的类型

（一）根据低温冷害对农作物危害特点分

1. 延迟型冷害 指作物营养生长期（有时有生殖生长期）遭受较长时间低温，削弱了作物的生理活性，使作物生育期显著延迟，以致不能在初霜前正常成熟，造成减产，突出表现是秕粒增多。东北地区水稻、玉米、高粱，华北地区麦茬稻，长江流域及华南地区双季早稻，云南高原单季早粳等多遭受延迟型冷害的危害。东北地区以大于10℃的活动积温比多年平均值低100℃和200℃作为一般冷害年和严重冷害年的冷害指标。长江流域及华南地区在春季早稻播栽期以日平均气温连续3d小于10℃、小于11℃分别为粳稻、籼稻烂秧的冷害指标。

2. 障碍型冷害 指作物生殖生长期（主要是孕穗和抽穗开花期）遭受短时间低温，使生殖器官的生理活动受到破坏，造成颖花不育而减产，突出表现是空壳增多。南方水稻的寒露风属于此种类型。东北东部山区、半山区的水稻、高粱，云贵高原双季早稻孕穗期和结实期有障碍型冷害发生。在长江流域及华南地区双季晚稻孕穗期，以日平均气温小于20℃或日最低气温小于17℃作为障碍型冷害指标。在抽穗开花期，粳稻以日平均气温连续3d以上小于20℃，籼稻以日平均气温连续3d以上小于22℃作为障碍型冷害指标。

3. 混合型冷害 指延迟型冷害与障碍型冷害交混发生的冷害。对作物生育和产量影响更大。对水稻来说这种类型主要出现在北方稻区。

（二）根据形成冷害的天气特征划分

冷害往往与其他气象灾害伴随发生，因而有不同的天气类型。

1. 东北地区冷害划分

（1）低温多雨型 低温与多雨涝湿相结合，对东北中部地区涝洼地高粱危害最大，严重延迟成熟，造成贪青减产。

（2）低温干旱型 低温与干旱相结合，这种冷害对降水偏少的西部地区和怕干旱的大豆威胁最大。

（3）低温早霜型 低温与特殊早霜相结合，这种冷害使晚熟的水稻大幅度减产。

（4）低温寡照型 低温与日照少相结合，对东部地区水稻危害最大。

2. 南方双季稻区冷害（寒露风）划分

（1）干冷型 以晴冷天气为特征，降温明显（日平均气温降到20℃以下）并无阴雨天气出现，表现为日较差大（白天最高气温有时可达到25℃），空气干燥，有时伴有3级以上偏北风。

（2）湿冷型 以低温阴雨天气为特征，由于秋季冷空气南下降温（使日平均气温降到20℃以下），并伴有连绵阴雨天气。

三、低温冷害的防御措施

1. 根据各地热量资源对作物合理布局 搞好品种区划，适区种植，根据冷害的规律合理选择和搭配早、中、晚熟品种。

2. 加强农田基本建设防旱排涝　加强农田基本建设防旱排涝，可以防止或减轻旱涝对作物生长发育的抑制，从而减少作物对积温的浪费，达到防御冷害的目的。

3. 建立保护设施　利用地膜覆盖、建防风墙、设防风障等措施提高土温和气温防御冷害。

4. 加强田间管理，促进作物早熟　在冷害将要发生或已经发生时，应采取综合农业技术措施：

① 勤铲勤膛，疏松土壤散表墒，提高地温。

② 玉米隔行或隔株去雄（可提早成熟 2～3d）；玉米从大喇叭口期到吐丝期喷施磷肥。

③ 东北地区垄作玉米或高粱，采取放秋垄、拔大草、打底叶、割蓐等措施。

④ 南方地区双季晚稻如遇到寒露风危害时，可采用以下措施：

a. 以水增温：建晒水池、延长水路或在冷空气侵入时用温度较高的河水、塘水（不可用山水、地厂水），日排夜灌和灌深水抗御"寒露风"。

b. 喷水或根外追肥：对本地区以"干冷型"为主的寒露风采取喷水、增加株间湿度的办法，收到良好效果。在水稻生育后期，根外喷磷、喷微量元素，对于提高植株生活力，抗御寒露风，表现出一定效果。

c. 喷施化学保温剂：可喷洒"长风 3 号叶面保温剂"，一般以 1∶40 浓度，在低温来临前 2～3d 喷施在水稻枝叶的表面。喷施九二○、α-萘乙酸或增产灵等激素可促进早抽穗，避过寒露风危害。

第三节　干旱和洪涝

一、干　旱

因长期无雨或少雨，空气和土壤极度干燥，植物体内水分平衡受到破坏，影响正常生长发育，造成植株损害或枯萎死亡的现象称为干旱。干旱是气象、地形、土壤条件和人类活动等多种因素综合影响的结果。其中大气环流异常（主要是指太平洋副热带高压的强弱、进退）和高压天气系统长期控制一个地区，是造成大范围严重干旱的气象原因。

（一）干旱的危害

干旱是我国重要的灾害性天气之一。它在我国各主要农业区都有发生，危害作物、树木、牧草等，造成严重减产、歉收或绝收。给农业生产带来很大危害。1994 年江淮流域发生严重伏旱，仅安徽省滁州 6 县 2 区的 49.6 万 hm² 农作物就有 21.6 万 hm² 绝收，另有 6.6 万 hm² 严重减产，造成直接经济损失达 14.5 亿元。干旱对作物的危害，就作物生长发育的全过程而言，下列 3 个时期发生干旱危害最大。

1. 作物播种期　此时干旱，影响作物适时播种或播种后不出苗，造成缺苗断垄。

2. 作物水分临界期　指作物对水分供应最敏感的时期。对禾谷类作物来说一般是生殖器官的形成时期，此时干旱会影响结实，对产量影响很大。如玉米水分临界期在抽雄前的大喇叭口期，此时干旱会影响抽雄，称为"卡脖子旱"。

"卡脖子旱"

　　"卡脖子旱"是流传在我国北方的农谚。它形象地反映了农作物生长需水关键期对水分的需求。作物水分临界期出现干旱危害，将影响到发育，造成空壳增多，导致减产。谷物、小麦、水稻等水分临界期多在生殖器官形成期，一般是拔节—抽穗期，这时缺水将影响小花分化，雄穗迟迟不能抽出，有似卡脖子，使作物穗粒数降低。对玉米来说，水分临界期主要发生在抽雄穗前大喇叭口期，此时的干旱，称为"卡脖子旱"。

　　3. 谷类作物灌浆成熟期　此时干旱影响谷类作物灌浆，常造成籽粒不饱满，秕粒增多，千粒重下降而显著减产。

（二）干旱的类型

　　干旱可按发生的原因或发生的季节进行分类。

　　1. 按干旱发生的原因分　可分为土壤干旱、大气干旱和生理干旱。

　　（1）土壤干旱　土壤干旱是在长期无雨或少雨的情况下，土壤含水量少，土壤颗粒对水分的吸力加大，植物根系难以从土壤中吸收到足够的水分来补偿蒸腾的消耗，造成植株体内水分收支失去平衡，从而影响生理活动的正常进行，植物生长受抑制，甚至枯死。

　　（2）大气干旱　是在太阳辐射强、温度高、湿度低并伴有一定风力的条件下，植物蒸腾消耗的水分多，即便土壤并不干旱，根系吸收的水分也不足以补偿蒸腾失水，致使植物体内水分恶化，茎、叶卷缩或青枯死亡。在通常情况下，土壤干旱与大气干旱是相伴而生的。

　　（3）生理干旱　生理干旱是由于土壤环境条件不良，使根系的生理活动遇到障碍，导致植物体内水分失去平衡而发生的危害。例如：土壤温度过高或过低；土壤通气状况不良，土壤中二氧化碳含量增多，氧气不足；土壤溶液中的盐分过高，夏季炎热，中午用冷水灌溉蔬菜；施化肥过多等，都引起生理干旱的发生。

　　2. 按干旱发生的季节分　可分为春旱、夏旱、秋旱、冬旱和季节连旱等5种类型。

　　（1）春旱　指发生在3～5月的干旱。我国北方春季光照充足，降水稀少，温度回升快，空气干燥，多大风，蒸发强烈，常发生春旱。民间常有"十年九旱""春雨贵如油"之说。春旱主要发生在东北、华北和西北地区，影响春播作物播种出苗和越冬作物的返青、拔节、抽穗和开花。

　　（2）夏旱　指发生在6～8月的干旱。夏季太阳辐射强，气温高，空气湿度低，蒸发强烈，若少雨或无雨极易造成干旱。夏旱分为初夏旱（6月）和伏夏旱（7～8月）。初夏旱主要发生在华北地区，危害小麦后期灌浆成熟，并影响夏播作物不能及时播种，玉米、谷子"卡脖子旱"及棉花蕾铃形成。伏夏旱在我国南北方都能发生，但主要发生在长江中下游地区，影响双季稻栽插、棉花坐桃和夏玉米的生长。在北方正值大秋作物水分临界期，伏旱不仅会严重影响当年粮棉产量，还影响土壤蓄墒，对翌年夏收作物产量也有明显影响。

　　（3）秋旱　指9～11月发生的干旱。我国多数地区秋高气爽，降水量已显著减少，但蒸发量仍很大,易形成秋旱,秋旱主要发生在华北、华南、华中地区,影响双季晚稻和秋作物灌浆成熟及冬小麦的秋播、出苗和冬前生长。

(4) 冬旱 指发生在 12 月至次年 2 月的干旱。降水稀少,各地都以干旱为主,在北方农田多已休闲、越冬小麦处于休眠状态,冬旱对农作物的危害较轻。而华南和西南地区冬季温度仍很高,仍有作物生长,冬旱的危害仍较重。

(5) 季节连旱 有些年份干旱持续时间较长,把连续两个季节以上发生的干旱称为季节连旱。它对农业生产的危害很大。如:北方的春夏连旱,长江中下游地区的夏秋连旱及华南和西南地区的冬春连旱等。

信息链接

中国干旱气象网(http://www.chinaam.com.cn/)是针对我国干旱气候研究和信息预报预测的专业性网站,它包含干旱检测预警、干旱信息动态、干旱气象研究、干旱气候变化等栏目,同时也对全国主要城市进行天气预报、沙尘天气进行预报。

(三) 干旱的防御措施

1. 建设高产稳产农田 农田基本建设的中心是平整土地、保土、保水。修建各种形式的沟坝地。进行小流域综合治理,以小流域为单位,工程措施与生物措施相结合,实行缓坡修梯田,种耐旱作物,陡坡种草种树,坡下筑沟坝地种经济作物,综合治理,充分发挥拦土蓄水、改善生态环境、兴利除害的作用。

2. 合理耕作蓄水保墒 在我国北方运用耕作措施防御干旱,其中心是伏雨春用,春旱秋抗。具体措施是:①秋耕壮垡:秋收后先浅耕耙去根茬杂草,平整土地,施足底肥,深耕翻下,有利于接纳秋冬雨雪。②浅耕塌墒:已壮垡的地春季不再耕翻,只在播种前 4~5d 浅串,耙耱后播种,以减少土壤水分蒸发。③早春土壤刚解冻时就进行顶凌耙耱。④镇压提墒。

3. 兴修水利节水灌溉 为防止大水漫灌,发挥灌溉水的作用,首先,要根据当地条件实行节水灌溉,即根据作物的需水规律和适宜的土壤水分指标进行科学灌溉。其次,采用先进的喷灌、滴灌和渗灌技术。

4. 地面覆盖栽培,抑制蒸发 利用地膜、秸秆等材料覆盖在农田表面,能有效地抑制土壤蒸发,起到很好的蓄水保墒效果。

5. 选育抗旱品种 选用抗旱性强、生育期短和产量相对稳定的作物和品种。

6. 抗旱播种 抗旱播种是北方地区抗御春旱的重要措施,其方法有:抢墒早播,适当深播,垄沟种植,镇压提墒播种,"三湿播种"(即湿种、湿粪、湿地)和育苗移栽等。

7. 化学控制措施 化学控制措施是防旱抗旱的一种新途径,目前有:

(1) 化学覆盖剂 它是用高分子化学物质制成的乳液,用水稀释一定倍数喷洒到地面上形成一层覆盖膜,可以有效抑制土壤水分的蒸发。

(2) 保水剂 它是一种具有较强吸水性能的高分子化合物。其吸收水分的数量相当于本身质量的数十倍至数百倍,它吸水后会缓慢释放水分,可反复吸水、释水,所以保水剂施入土壤后能增强土壤的保水能力,减轻干旱对作物的危害。

（3）抗旱剂 1 号　它是一种生物活性物质，喷洒到叶面上能缩小叶片气孔开张度，减少叶面蒸腾，提高作物的抗旱能力。

8. 人工降雨　人工降雨是利用火箭、高炮和飞机等工具把冷却剂（干冰、液氮等）或吸湿性凝结核（碘化银、硫化铜、盐粉、尿素等）送入对流性云中，促使云滴增大而形成降水。

二、洪　涝

洪涝是指由于长期阴雨和暴雨，短期的雨量过于集中，河流泛滥，山洪暴发或地表径流大，低洼地积水，农田被淹没所造成的灾害。

洪涝是我国农业生产中仅次于干旱的一种重要自然灾害，每年都有不同程度的危害。1998 年 6 月和 7 月，我国长江、嫩江、松花江流域出现了有史以来的特大洪涝灾害，全国 29 个省市遭受不同程度的洪涝灾害，受灾面积 0.21 亿 hm^2，死亡 3 004 人，倒塌房屋 49 万间，直接经济损失达成 1 660 亿元。

连阴雨是指连续阴雨达 4～5d 或以上的天气现象。农作物生长发育期间因持续阴雨天气，土壤和空气长期潮湿，日照严重不足，农作物生长期延迟，抽穗困难，使产量和质量遭受严重影响。危害程度因发生季节、持续时间、气温高低和前期雨水多少及农作物种类、生育期等不同而异。长江下游一带春季连阴雨，因光照不足，会发生棉花烂种等现象。另外，由于连阴雨，湿度过大，还可引发某些农作物病虫害发生及蔓延。

（一）洪涝的危害

洪涝对农业生产的危害包括物理性破坏、生理性损伤和生态性危害。

1. 物理性破坏　主要指洪水泛滥引起的机械性破坏。洪水冲坏水利设施，冲毁农田，撕破作物叶片，折断作物茎秆以至冲走作物等。物理性的破坏一般是毁坏性的，当季很难恢复。

2. 生理性损伤　作物被淹后，因土壤水分过多，旱田作物根系的生长及生理机能受到严重影响，进而影响地上部分生长发育。作物被淹后，土壤中缺乏氧气并积累了大量的二氧化碳和有机酸等有毒物质，严重影响作物根系的发育，并引起烂根，影响正常的生命活动，造成生理障碍以致死亡。

3. 生态性危害　在长期阴雨湿涝环境条件下，极易引发病虫害的发生和流行。同时，洪水冲毁水利设施后，使农业生产环境受到破坏，引起土壤条件、植被条件的变化。例如洪水能冲走肥沃的土壤，并夹带大量泥沙掩盖农田，还可破坏土壤的团粒结构，造成养分流失。

（二）洪涝的类型

洪涝灾害是由大雨、暴雨和连阴雨造成的。其主要天气系统有：冷锋、准静止锋、锋面气旋和台风等。在我国由于洪涝发生时间不同，所以对作物的危害也不一样。根据洪涝发生的季节和危害特点，将洪涝分为春涝、春夏涝、夏涝、夏秋涝和秋涝等几种类型。

1. 春涝、春夏涝　主要发生在华南及长江中下游一带，多由准静止锋形成的连阴雨造成，引起小麦和油菜烂根、早衰、结实率低、千粒重下降。阴雨高湿互相配合还会引起病虫害流行。

2. 夏涝　主要发生在黄淮海平原、长江中下游、华南、西南和东北。多数由暴雨及连续大雨造成。在北方影响夏收夏种，使小麦籽粒不饱，延迟收割脱粒，严重时造成发芽甚至霉烂，使棉花蕾铃大量脱落，在长江两岸，使水稻倒伏，降低结实率和千粒重，严重时颗粒无收。

3. 夏秋涝、秋涝　主要发生在西南地区，其次是华南沿海，长江中下游地区及江淮地区。主要由暴雨和连阴雨造成，对水稻、玉米、棉花等作物的产量、品质影响很大。

（三）洪涝的防御措施

1. 治理江河，修筑水库　通过疏通河道、加筑河堤、修筑水库等措施，既能有效地控制洪涝灾害，又能蓄水防旱。治水与治旱相结合是防御洪涝的根本措施。

2. 加强农田基本建设　在易涝地区田间合理开沟，修筑排水渠，畅通排水，搞好垄、腰、围三沟配套降低地下水位，使地表水、潜层水和地下水迅速排出。同时要抓住有利天气及时进行田间管理，改善通气性，防止地表结皮及盐渍化。

3. 改良土壤结构，降低涝灾危害程度　合理的耕作栽培措施，改良土壤结构，增强土壤的透水性，能有效地减轻洪涝灾害。实行深耕打破犁底层，提高土壤的透水能力，消除或减弱犁底层的滞水作用，降低耕层水分。增加有机肥，使土壤疏松。采用秸秆还田或与绿肥作物轮作等措施，减轻洪涝灾害的影响。

4. 调整种植结构，实行防涝栽培　在洪涝灾害多发地区，适当调整种植旱生与水生作物的比例，选种抗涝作物种类和品种，并根据当地条件合理布局，适当调整播栽期，使作物躲过灾害多发期。实行垄作，有利于排水，提高地温散表墒。

5. 封山育林，增加植被覆盖　植树造林能减少地表径流和水土流失，从而起到防御洪涝灾害的作用。

6. 加强涝后管理，减轻涝灾危害　洪涝灾害发生后，要及时清除植株表面的泥沙，扶正植株。如农田中大部分植株已死亡，则应补种其他作物。此外，要进行中耕松土，施速效肥，注意防止病虫害，促进作物生长。

大范围的干旱和洪涝天气都是由于天气过程反常造成的，也是大气环流反常造成的。干旱和水涝常相互联系，在我国常出现"北涝南旱"或"南涝北旱"的情况就是大气环流反常所致。前面已指出，我国主要降水带与副高脊的位置有关。从冬到夏，副高脊北进，雨带随之北移，从夏到冬则相反。但某些年份，副高脊在某一地区长期滞留或徘徊不前，导致一些地区洪涝而另一些地区因副高脊长期控制或受副高脊影响较大而少雨干旱。另外，台风尤其是台风中心附近，降水量大，多暴雨，也常造成局部地区的洪涝。

第四节　梅　雨

每年初夏，从我国江淮流域到日本南部一带常有连续阴雨天气，此时正是江南梅子成熟季节，故称为梅雨或黄梅雨。

梅雨开始称为入梅，梅雨结束称为出梅，各地入梅、出梅时间都不同，一般自南而北先

后入梅、出梅。整个梅雨持续时间称为梅雨季节，各年梅雨季节持续时间也不同，一般约1个月，短则几天，甚至空梅。

一、梅雨天气的特征

梅雨天气的主要特征是：雨量充沛，空气湿度大，云多，日照少，地面风力小，温度少变，多连续性降水，也有阵雨、大雨和雷暴。

梅雨是大范围的天气现象，是大型的降水过程。梅雨季节前后，无论是天气还是自然季节，都发生比较明显的变化。梅雨前，江南受北方冷高压控制，常为晴朗天气，雨水较少，温度较低，日照充足；梅雨季节，为持续阴雨天气；梅雨后，受副热带高压控制，雨量显著减少，气温急剧上升，日照长，天气酷热，进入盛夏。所以，入梅和出梅成为江淮地区从初夏到盛夏的标志。

二、梅雨的形成原因

梅雨的形成与副热带高压的活动，即副高脊线位置密切相关。当副高脊线北跳到20°N～25°N时，副高西北侧的偏南气流把暖湿空气源源北送，同时，我国北部上空有一个稳定的低压槽，槽后的干冷空气不断南下到江淮流域，这两股冷暖空气在江淮地区交汇，势均力敌，互相对峙，形成准静止锋。在准静止锋偏北几个纬距的高空有切变线，这样，准静止锋与切变线之间的区域，形成大片雨区，范围很大，东西向呈带状分布。

另外，在青藏高原东侧，不断有高空冷涡东移，常在江淮地区准静止锋上发展为气旋波，气旋波内盛行上升气流，加之副高把暖湿空气不断送来，水汽充足，所以，每当气旋波移来时，常造成大雨或暴雨。

梅雨的结束，也就是上述条件的破坏，当副高随着盛夏的到来而势力加强时，副高脊线又一次北跳到30°N附近。这样，冷暖空气的交汇位置北移到黄河流域，江淮地区的梅雨结束。

三、梅雨与农业生产

梅雨季节正是水稻、棉花等作物生长旺盛时期，也是春播作物及果树需水较多的季节，梅雨能带来较多水分，对农业生产极为有利。但是梅雨季节的雨量，入梅、出梅的迟早，持续时间的长短，其年际变化很大，有时会给农业带来不利的影响。如梅雨期长、降水量过多，则易出现洪涝灾害；相反，梅雨期短、降水量少或空梅，加上这一时期温度高，蒸发量大，极易出现旱灾。入梅太早，影响夏收，易造成"烂麦场"；入梅太迟，影响夏种，使晚稻不能及时移栽。最理想的梅雨是夏收基本结束，夏种则要开始时入梅。出梅过早，夏旱将提前出现。梅雨期过长，作物长期处于温度低、光照不足的环境下，光合作用很弱，生长发育受影响。

"发尽桃花水，必是旱黄梅。""桃花水"指清明节气或4月桃花开放期间的降水。"旱黄梅"指芒种节气梅雨偏少或梅雨开始偏迟。在长江下游地区，如果清明节或4月桃花开放期间雨水增多，俗称"发尽桃花水"，则芒种节气梅雨将偏少，或梅雨开始偏迟。"桃花落在泥浆里，打麦打在蓬尘里""桃花落在蓬尘里，打麦打在泥浆里"，与此意思相似。桃花水偏多，常常标志着春季太平洋上的副热带高压比常年强盛，暖湿空气活跃，在桃花开放的清明节气里，就常在江南和上海地区与北方南下的冷空气相遇对峙，以致形成桃花水偏多。到了6月芒种节气时，副高势力又往往更新相对减弱，或北跳慢，致使梅雨偏少或开始较晚，造成两个时段雨量的反相关。

第五节　暴雪暴雨

一、暴　　雪

1. 暴雪定义　暴雪是指降雪量比较大的一种天气过程，它往往给人们的生产生活及出行带来了很多不便；对于降雪量，在气象上是有严格规定的，它与降雨量的标准截然不同。降雪量是根据气象观测者，用一定标准的容器，将收集到的雪融化后测量出的量度。如同降水量一样，是指一定时间内所降的雪量，有24h和12h的不同标准。在天气预报中日降雪量通常是指24h(20时至20时)的降雪量。暴雪是指日降雪量（融化成水）≥10mm。

2. 暴雪测定方法　对降雪的观测是气象观测的常规项目，包括降雪量、积雪深度和雪压。

（1）降雪量　实际上是雪融化成水的降水量。发生降雪时，须将雨量器的承雨器换成承雪器，取走储水器（直接用雨量器外筒接收降雪）。观测时将接收的固体降水取回室内，待融化后量取，或用称重法测量。

（2）积雪深度　当气象站四周视野地面被雪覆盖超过一半时要观测雪深，观测地段一般选择在观测场附近平坦、开阔的地方，或较有代表性的、比较平坦的雪面。测量取间隔10m以上的3个测点求取平均；积雪深度以cm为单位。

（3）雪压　在规定的观测日当雪深达到或超过5cm时需要测定雪压。雪压以g/cm^2为单位。

3. 暴雪的危害

① 低温冷害冻坏农作物，导致农业歉收或严重减产，尤其是对蔬菜生产和供应造成不利影响。

② 伴随低温冻害，致牲畜冻伤或冻死。

③ 造成道路积冰影响交通致使交通事故多发。

④ 影响通信、输电线路的安全。

4. 暴雪的防御

① 农牧区和养殖业要做好防雪灾和防冻害准备，备足饲料；将户外牲畜赶入棚圈喂养；做好牧区等救灾救济工作。

② 政府及相关部门按照职责落实防雪灾和防冻害措施。

③ 交通、铁路、电力、通信等部门应当加强道路、铁路、线路巡查维护，做好道路清扫和积雪融化工作，必要时关闭结冰道路。

④ 行人注意防寒防滑，驾驶人员小心驾驶，车辆应当采取防滑措施。

⑤ 加固棚架等易被雪压的临时搭建物。

二、暴 雨

（一）暴雨的定义

暴雨是降水强度很大的雨，雨势倾盆。一般指每小时降水量 16mm 以上，或连续 12h 降水量 30mm 以上，或连续 24h 降水量 50mm 以上的降水。

中国气象局规定，24h 降水量为 50mm 或以上的雨称为"暴雨"。按其降水强度大小又分为 3 个等级，即 24h 降水量为 50～99.9mm 称为暴雨；100～250mm 以下称为大暴雨；250mm 以上称为特大暴雨。

由于各地降水和地形特点不同，所以各地暴雨洪涝的标准也有所不同。特大暴雨是一种灾害性天气，往往造成洪涝灾害和严重的水土流失，导致工程失事、堤防溃决和农作物被淹等重大的经济损失。特别是对于一些地势低洼、地形闭塞的地区，雨水不能迅速排泄造成农田积水和土壤水分过度饱和，会造成更多的灾害。

世界上最大的暴雨出现在南印度洋上的留尼汪岛，24h 降水量为 1 870mm。中国最大暴雨出现在台湾省新寮，24h 降水量为 1 672mm，均是热带气旋活动引起的。中国是多暴雨国家之一，几乎各省（市、区）均有出现，主要集中在夏季。暴雨日数的地域分布呈明显的南方多，北方少；沿海多，内陆少；迎风坡侧多，背风坡侧少的特征。台湾山地的年暴雨日达 16d 以上，华南沿海的东兴、阳江、汕尾及江淮流域一些地区在 10d 以上，而西北地区平均每年不到 1d。

（二）暴雨的形成

暴雨形成的过程是相当复杂的，一般从宏观物理条件来说，产生暴雨的主要物理条件是充足的源源不断的水汽、强盛而持久的气流上升运动和大气层结构的不稳定。大、中、小各种尺度的天气系统和下垫面特别是地形的有利组合可产生较大的暴雨。引起中国大范围暴雨的天气系统主要有锋、气旋、切变线、低涡、槽、台风、东风波和热带辐合带等。此外，在干旱与半干旱的局部地区热力性雷阵雨也可造成历时短、小面积的特大暴雨。

暴雨常常是从积雨云中落下的。形成积雨云的条件是大气中要含有充足的水汽，并有强烈的上升运动，把水汽迅速向上输送。积雨云内上升气流非常强烈，垂直速度可达 20～30m/s，最大可达 60m/s，比台风的风速还要大。云内的水滴受上升运动的影响不断增大，直到上升气流托不住时，就急剧地降落到地面。

积雨云体积通常相当庞大，一块块的积雨云就是暴雨区中的降水单位，虽然每块单位水平范围只有 1～20km，但它们排列起来，可形成 100～200km 宽的雨带。一团团的积雨云就像一座座的高山峻岭，强烈发展时，从离地面 0.4～1km 高处一直伸展到 10km 以上的高空。越往高空，温度越低，常达零下十几摄氏度，甚至更低，云上部的水滴就要结冰，人们在地面用肉眼看到云顶的丝缕状白带，正是高空的冰晶、雪花飞舞所致。地面上是大雨倾盆的夏日，高空却是白雪纷飞的严冬。

在中国，暴雨的水汽一是来自偏南方向的南海或孟加拉湾；二是来自偏东方向的东海或黄海。有时在一次暴雨天气过程中，水汽同时来自东、南两个方向，或者前期以偏南为主，后期又以偏东为主。中国中原地区流传"东南风，雨祖宗"，正是降水规律的客观反映。

大气的运动和流水一样，常产生波动或涡旋。当两股来自不同方向或不同的温度、湿度的气流相遇时，就会产生波动或涡旋。其大的达几千千米，小的只有几千米。在这些有波动的地区，常伴随气流运行出现上升运动，并产生水平方向的水汽迅速向同一地区集中的现象，形成暴雨中心。

另外，地形对暴雨形成和雨量大小也有影响。例如，由于山脉的存在，在迎风坡迫使气流上升，从而垂直运动加大，暴雨增大；而在山脉背风坡，气流下沉，雨量大大减小，有的背风坡的雨量仅是迎风坡的1/10。在1963年8月上旬，从南海有一股湿空气输送到华北，这股气流恰与太行山相交，受山脉抬升作用的影响，导致沿太行山东侧出现历史上罕见的特大暴雨。山谷的狭管作用也能使暴雨加强。1975年8月4号，河南的一次特大暴雨，其中心林庄，正处在南、北、西三面环山，而向东逐渐形成喇叭口地形之中，由于这样的地形，气流上升速度增大，雨量骤增，8月5~7日降水量超过1 600mm，而距林庄东南不到40km地处平原区的驻马店，在同期内只有近400mm。

另外，暴雨产生时，一般低层空气暖而湿，上层的空气干而冷，致使大气层处于极不稳定状态，有利于大气中能量释放，促使积雨云充分发展。

（三）发生时节及危害

1. 季节与分布 中国是多暴雨的国家，除西北个别省区外，几乎都有暴雨出现。冬季暴雨局限在华南沿海，4~6月，华南地区暴雨频频发生。6~7月，长江中下游常有持续性暴雨出现，历时长、面积广、暴雨量也大。7~8月是北方各省的主要暴雨季节，暴雨强度很大。8~10月雨带又逐渐南撤。夏、秋之后，东海和南海台风暴雨十分活跃，台风暴雨的降水量往往很大。

中国属于季风气候，从晚春到盛夏，北方冷空气且战且退。冷暖空气频繁交汇，形成一场场暴雨。中国大陆上主要雨带位置亦随季节由南向北推移。华南（广东、广西、福建、台湾）是中国暴雨出现最多的地区。4~9月都是雨季。6月下半月到7月上半月，通常为长江流域的梅雨期暴雨。7月下旬雨带移至黄河以北，9月以后冬季风建立，雨带随之南撤。由于受夏季风的影响，中国暴雨日及雨量的分布从东南向西北内陆减少，山地多于平原。而且东南沿海岛屿与沿海地区暴雨日最多，越向西北越减少。在西北高原每年平均只有不到24h的暴雨。

当然，有些年份会出现异常，1981年在中国西北一些地区出现了历史上少见的暴雨。有时候本来多雨的地区反而出现旱灾。

2. 暴雨的危害 暴雨的主要危害有：导致江河湖泊水位暴涨，淹没农作物，冲毁农田，造成农作物减产或绝收；冲毁道路、桥梁、房屋、通信设施、水利设施，冲垮堤岸堤坝，造成江河水库决口，酿成大灾；引起山洪暴发、山体滑坡和城市内涝，直接威胁人民生命财产安全；造成严重水土流失，影响生态环境，暴雨尤其是大范围持续性暴雨和集中的特大暴雨，不仅影响工农业生产，而且可能危害人民的生命，造成严重的经济损失。

（四）暴雨的防范

暴雨防范的主要措施有：

1. 畅通水道防堵塞 暴雨持续过程中，应确保各种水道畅通，应防止垃圾、杂物堵塞水道，造成积水。

2. 修好屋顶防漏雨 暴雨来临前，城乡居民应仔细检查房屋，尤其是注意及时抢修房顶；预防雨水冲灌使房屋垮塌、倾斜导致无处藏身。

3. 关闭电源防伤人 暴雨来势凶猛，一旦家中进水，应当立即切断家用电器的电源，防止积水带电伤人。

4. 减少外出防意外 暴雨多发季节，注意随时收听收看天气预报预警信息，合理安排生产活动和出行计划，尽量减少外出。

5. 远离山体防不测 山区大暴雨有时会引发泥石流、滑坡等地质灾害，附近村民或行人尽量远离危险山体，谨防危情发生。

第六节 干 热 风

干热风是一种高温、低湿并伴有一定风力等级的农业灾害性天气。在我国北方主要麦区，冬、春小麦生长后期常遇到这种农业灾害性天气。干热风的名称很多，不同地区根据干热风发生的特点不同而有不同的名称，如有的地方称为火风、热风、干风及旱风等。

（一）干热风的指标

干热风出现范围广，南自淮河，北到内蒙古，西自新疆，东到江苏、山东，均有出现，各地干热风标准多选用温度、湿度、风速三要素的组合来表示，而指标取值是根据不同地区干热风的类型来确定的（表6-1）。

表6-1 我国北方地区选用的干热风指标

适用地区	指标数值
淮北	在土壤温度适宜条件下：日最高气温≥32℃，14时相对湿度＜25%，风速＞3m/s
山东	轻型干热风：日最高气温≥30℃，14时相对湿度≤30%，风速≥2m/s 重型干热风：日最高气温≥35℃，14时相对湿度≤25%，风速≤3m/s

（二）干热风的危害

"小满不满，小麦半碗。""小满不满"是指降雨少，"小麦半碗"是指小麦减产。二十四节气中的小满是小麦在此时刚刚进入乳熟阶段，非常容易遭受干热风的侵害，从而导致小麦灌浆不足、籽粒干瘪而减产。

干热风发生时，土壤蒸发强烈，作物蒸腾作用增强，即使在土壤水分充足的条件下，也容易发生作物水分失调，正常生理活动受阻。干热风发生时往往正值黄淮平原小麦灌浆盛期，干热风可以使作物植株大量失水，影响其生理活动，乃至叶片凋萎、脱落，严重时可以青枯死亡。干热风持续5d以上，可使植株呈草木灰色，落叶如秋，棉花蕾铃脱落，虫害严重。因此，干热风是我国黄淮平原和西北甘肃、新疆等地区麦类作物成熟前后主要气象灾害。作物受干热风危害的程度，除受干热风强度、持续时间制约外，还与作物品种、生育期、生育状况以及地形、土壤等多种因素有关。以小麦为例，小麦在乳熟中、后期是受干热风危害的关键期，若植株健壮，则抗干热风能力强，受害轻；反之则重；再如春季连阴雨过多或春季干旱，后期小麦植株不壮，发育不良，则抗逆性差，危害重；对透气性好、保水、保肥能力强的土壤上生长的作物，受干热风危害轻；而在肥力较差的土壤上生长的小麦，则受干热风危害重。

（三）干热风的防御

多年来在同干热风的斗争中，采取了不同的措施，均取得一定的效果。从根本上讲综合运用农业技术措施，如合理施肥、改良土壤、化学药剂、灌溉等措施都可以防御干热风，具体归纳起来可以概括为以下几个方面：

1. 避 选育能避开干热风集中出现时期的高产优良品种，如采用早熟品种、适时早播、扩大早、中茬面积，这样当干热风袭来时，作物已经成熟或收获了。

2. 抗 选种抗干热风能力强的作物和品种，高粱是一种能抗御干热风侵害的作物，对小麦而言，矮秆品种抗干热风能力差；有芒品种一般比无芒品种抗性强；抗寒性弱的品种比抗寒性强的品种抗干热风能力相对要强些；从干热风重的地区引种到干热风轻的地区的品种，抗干热风性能要好些；耐盐性强的品种，有较强的抗干热风的能力。

3. 防 在干热风来临时灌水对干热风有一定的防御作用，但灌水量的多少及灌水迟早，则需要根据各地试验结果而定。

4. 改 改善生态环境，营造防护林带，可以减小风速，调节气温，减少蒸发，提高土壤和空气湿度，这对调节农田小气候，改善麦田生态环境，防御干热风有良好的效果。

第七节 冰 雹

冰雹是从发展旺盛的积雨云（图 6-2）中降落到地面的大大小小的冰球。它通常以不透明的霜粒为核心，外包多层明暗相间的冰壳，直径一般为 5~10mm，有时可达 30mm（图 6-3）。

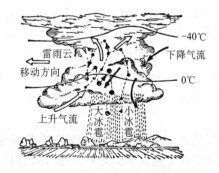

图 6-2 冰雹云示意

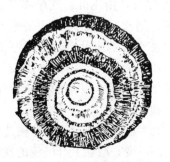

图 6-3 雹粒结构示意

（一）冰雹的危害

冰雹是一种严重的灾害性天气，由于降雹来势猛，强度大，并伴有狂风暴雨，对作物危害极大。一方面，冰雹降落到植物的茎、叶和果实上引起很大的机械损伤，严重时能导致处于开花期和成熟期的植物受到毁灭性的伤害，轻者减产，重者绝收。果树、林木受到雹灾，当年和其后的生长均受到影响。另一方面，植株受到冰雹创伤后，也易遭到病虫害危害，大的冰雹还可能造成人、畜伤亡和各类工农业设施的损坏。

（二）冰雹的发生规律

冰雹具有明显的地域性、季节性、时间性及持续时间短的特点。

1. 地域性 冰雹具有一定的区域性，一般山地多于平原，中纬度地区多于高、低纬度地区，内陆多于沿海。在我国雹灾集中出现的区域以青藏高原中东部最多，年雹日可达 25d 以上，由高原向东，多雹地带可分为南北两支：南支从横断山脉到湖南、湖北山地；北支经黄土高原、内蒙古到东北、华北。

2. 季节性 我国降雹多发生在 4～9 月，以 5～6 月较多，此时是冷暖空气发生剧烈交锋的过渡季节。一般情况下，江南一带在 3 月以后进入降雹期，江淮在 5～6 月进入降雹期，华北和东北在 7～9 月进入降雹期。

3. 时间性 降雹时间多发生在午后到傍晚，14～17 时发生机会最多。

4. 持续时间短 降雹持续时间极短，大多 5～15min，也有持续时间在 30min 以上的。

（三）冰雹的防御

冰雹的防御主要表现在人工消雹和防雹，把冰雹的灾害减小到最低限度。主要方法有：

1. 爆炸法 用土迫击炮、小火箭等轰击冰雹云进行消雹。其原理：一是爆炸时产生的冲击波和声波的振荡力，干扰空气的垂直运动规律，破坏已有的不均匀上升气流，改变了云中降水粒子的浮力，促使已有的云中降水粒子提前下落，间接影响雹云的发展和冰雹生长。二是爆炸时的冲击波使空气绝热膨胀可使云中过冷水滴冻结，造成大量雹胚，结果使每个冰雹都长不大，它们在降落时，或者化为水滴，或者成为危害很小的小冰雹，从而达到防雹的目的。

2. 催化法 用飞机、气球或高射炮把碘化银、碘化铝等吸湿性凝结核撒入或射入冰雹云中进行消雹。其原理：一是雹云内增加这些物质后温度迅速降低，从而饱和水汽压降低，促使水汽迅速凝结，使较厚的云层中的雨滴以雨的形式降落地面；二是雹云中增加这些物质，相当于云中增加了凝结核，凝结核的存在导致饱和水汽压降低，使云内水汽加快凝结成水滴，以雨的形式降落地面，使云层变薄，改变了冰雹的形成条件，不容易形成冰雹。

从长远考虑，应通过大量植树造林、绿化荒山等措施，使下垫面热力学性质差异缩小，缓和温度的巨变，减弱上升气流的发展，从根本上减弱雹灾的发生。另外，要及时进行雹灾后的补救工作，对灾后的农田要及时松土增温，追速效化肥，加强田间管理，以恢复并促进植株生长。

第八节 风 害

一、大 风

(一) 大风的标准及危害

风力大到足以危害人们的生产生活和经济建设的风，称为大风。我国气象部门以平均风力达到或超过 6 级或瞬间风力达到或超过 8 级，作为发布大风预报的标准。由于在我国不同地区不同季节大风的影响不同，所以大风在各地的标准不完全相同。一般根据对当地国民经济各部门的影响程度而定。有的地方以当地常见风力为准，4～5 级便可算大风，但在我国西北地区达到 7～8 级的大风才对人们生产生活有明显影响。大风一天出现一次定为一个大风日。我国年平均大风日数大多数地区在 5～50d。

在我国冬、春季，随着冷空气的暴发，大范围的大风常出现在北方各省，以偏北大风为主。夏、秋季大范围的大风主要由台风造成，常出现在沿海地区。此外，局部强烈对流形成的雷暴大风在夏季也经常出现。

大风是一种常见的灾害性天气，对农业生产的危害很大。主要表现在以下几个方面：

1. 机械损伤 大风造成作物和林木倒伏、折断、拔根或造成落花、落果、落粒。北方春季大风造成吹走种子、吹死幼苗，造成毁种。南方水稻花期前后遇暴风侵袭而倒伏，造成严重减产。秋季大风可使成熟的谷类作物严重落粒或成片倒伏，影响收割而造成减产。大风能使东南沿海的橡胶树折断或倒伏。

2. 生理危害 干燥的大风能加速植被蒸腾失水，致使林木枯顶，作物萎蔫直至枯萎。北方春季大风可加剧土壤蒸发失墒，引起作物旱害，冬季大风会加剧越冬作物冻害。

3. 风蚀沙化 在常年多风的干旱半干旱地区，大风使土壤蒸发加剧，吹走地表土壤，形成风蚀，破坏生态环境。在强烈的风蚀作用下，可造成土壤沙化，沙丘迁移，埋没附近的农田、水源和草场。

4. 影响农牧业生产活动 在牧区大风会破坏牧业设施，造成交通中断，影响牧区畜群采食或吹散牧群。冬季大风可造成牧区大量牲畜因受冻受饿而死亡。

(二) 大风的类型

大风是在一定的天气形势下发生的。将影响我国的大风分为下列几种类型。

1. 冷锋后偏北大风 即寒潮大风。是我国常见的一种大风，主要由于冷锋后有强冷空气活动而形成。一般风力可达 6～8 级，最大可达到 10 级以上，持续 2～3d。春季最多，冬季次之，夏季最少，影响范围几乎遍及全国。

2. 低压大风 由东北低压、江淮气旋、东海气旋发展加深时形成。风力一般 6～8级。如果低压稳定少动，大风常可持续几天，以春季最多。在东北及内蒙古东部、河北北部、长江中下游地区较为常见。

3. 高压后偏南大风 随大陆高压东移入海在其后出现偏南大风。多出现在春季，在我国东北、华北、华东地区最为常见。

4. 雷暴大风　多出现在强烈的冷锋前面，在发展旺盛的积雨云前部因气压低气流猛烈上升，而云中的下沉气流到达地面时受前部低压吸引，而向前猛冲，形成大风（图6-4）。阵风可达8级以上，破坏力极大，多出现在炎热的夏季，在我国长江流域以北地区常见。其中内蒙古、河南、河北、江苏等地每年均有出现。

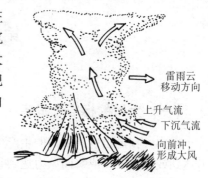

雷雨云移动方向

上升气流

下沉气流

向前冲，形成大风

图6-4　雷暴大风示意

（三）大风的防御措施

1. 植树造林　营造防风林、海防林等扩大绿色覆盖面积，防止风蚀。

2. 建造小型防风工程　设防风障、筑防风墙、挖防风坑等。减弱风力，阻拦风沙。

3. 保护植被　调整农林牧结构，进行合理开发。在山区实行轮牧养草，禁止陡坡开荒和滥砍滥伐森林，破坏草原植被。

4. 营造完整的农田防护林网　农田防护林网可防风固沙，改善农田的生态环境，从而防止大风对作物的危害。

5. 农业技术措施　选育抗风品种，播种后及时培土镇压。高秆作物及时培土，将抗风力强的作物或果树种在迎风坡上，并用卵石压土等。此外，加强田间管理，合理施肥等多项措施。

二、台　风

（一）台风及对农业生产的影响

台风是我国沿海地区主要的灾害性天气，是发生在热带或副热带海洋上的气旋性涡旋。按国际规定，热带气旋按其强度分为四级：近中心最大风力在7级及以下为热带低压；8～9级为热带风暴；10～11级为强热带风暴；12级或以上的称为台风或飓风。台风主要生成于5°N～20°N的洋面上。影响我国的台风主要来自西北太平洋（包括南海）海域。一般在海面上生成后，沿副热带高压西侧边移动边加强，范围也逐步扩展。

台风登陆后常造成风灾、雨涝灾和风暴潮，对农业生产影响很大。但它也有有利的一面，在我国华南、华中等地区的伏天，因长期处于副高控制下，干旱少雨，台风带来充沛的降水，可解除旱象，还可以起到降温作用。

（二）台风结构和天气

台风是一个强大的暖性低压系统，中心气压常在970hPa以下。台风中，按其结构和天气现象的不同，可分为三个区域，即台风眼区、涡旋风雨区和外围大风区（图6-5）。

台风眼区系台风中心，范围很小，这里气流下沉，通常是静稳无风的晴朗天气。

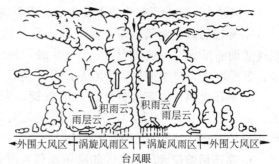

积雨云
雨层云

积雨云
雨层云

←外围大风区→←涡旋风雨区→←涡旋风雨区→←外围大风区→

台风眼

图6-5　台风结构示意

涡旋风雨区是围绕台风眼的最大风速区和最大降雨区，该区域内上升气流强烈，常常形成宽数十千米，高十余千米的对流云云墙，是台风中天气最恶劣，破坏力最大的区域。

外围大风区是台风边缘向内至最大风速区边缘的区域，风力一般6～8级，有积状的中、低云，偶尔也有积雨云。

（三）台风的活动状况

台风对我国的影响时间从4月开始到12月仍有登陆，但主要集中在7～9月。此间登陆台风占全年登陆台风总数的77%。台风最早登陆一般从汕头以南海岸上开始，6月挺进到汕头以北，温州以南，7月可进华北，8月登陆台风最盛，9月起南撤，10月撤至温州以南，11月只限于汕头以南和台湾省。

据统计，我国每年受热带气旋和台风登陆影响的地区主要集中在浙江以南的沿海，尤以广东省最甚。温州以南至汕头之间是台风登陆的集中地带，也是台风危害最重的地区。

"七月西风吹过午，大水不久浸灶肚。"意思是农历7～8月即盛夏季节，西太平洋副热带高压的位置已经移到30°N以北，南海经常有赤道辐合带活动，这时广东一般是吹东风或东南风，如果吹西风或西南风，就很可能是台风槽的影响，将会带来一场较大的台风雨。

三、龙 卷 风

龙卷风又称为龙卷，是从积雨云底部下垂的漏斗云。它是大气中最强烈的一种涡旋现象，中心气压很低，可低于400hPa，风速可达100～200m/s，大多为气旋式，近中心有极强的上升气流，少数为反气旋式，中心为下沉气流（图6-6）。

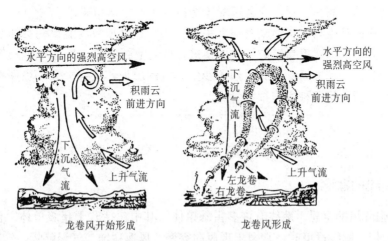

图6-6 龙卷风形成示意

龙卷风形成的天气条件通常是：大气低层2km以下有一层相当温暖潮湿的空气，此层以上的空气干冷，从而使两层之间的大气处于强烈不稳定状态。在这两气层之间有一个逆温层或比较稳定的层次，由于此层的存在，上升运动暂不易发展，使低层大气的暖湿特性不断积累加强。当有一个如低压、锋面、台风、地线等天气系统靠近上述稳定层时，迫使大气上升，冲破稳定层甚至使它消失，从而使积累到相当程度的不稳定能量释放，造成强烈的上升运动，形成气涡，内部气压很低，将地面物品吸卷起来，成为高大柱体。

龙卷风的直径很小，一般为几米至百米，强风区可达 1～2km，移动时速为几十千米，移动距离一般为几百米至几千米，持续时间一般为几分钟至几十分钟。

龙卷风可在各种天气系统中出现，其发生的时间主要在夏季 6～9 月，同大气对流旺盛的时间相一致，一天中出现在中午至傍晚。龙卷风可以在任何地区形成，并可分为陆龙卷、水龙卷等。其中多集中在我国东半部地区，南方多于北方，平原多于山地，江苏、上海、安徽、浙江及山东、湖北、广东等地相对较多。

由于龙卷风的内外气压差较大，有强烈上升气流，移速较快，因此破坏力较大，可毁坏农作物，拔起大树，掀翻车辆，摧毁建筑物，造成较大灾害。

 知识窗

沙 尘 天 气

沙尘天气主要指有大风刮过时，将大量沙尘卷入空中，形成水平能见度小于一定距离的天气现象。主要分为浮尘（能见度小于 10km）、扬沙（能见度 1～10km）、沙尘暴（能见度小于 1km）、强沙尘暴（能见度小于 500m）和特强沙尘暴（能见度小于 50m）五个等级。

每年春末夏初，在我国西北地区和华北北部地区由于降水少，地表异常干燥松散，抗风蚀能力很弱，在有大风刮过时，就会将大量沙尘卷入空中，形成沙尘天气。它对当地的生态环境、居民生活、交通运输等造成巨大的影响和破坏。

沙尘天气的产生与人类活动有很大关系，人为过度放牧、滥伐森林植被、工矿交通建设，尤其是人为过度垦荒破坏地面植被，扰动地面结构，形成大面积沙漠化土地，导致了沙尘的形成和发育。因此，预防沙尘天气的出现，应当加强环境保护、增加植被与合理利用资源等多种措施相结合。

四、飑 线

(一) 飑线的概念

"飑"是强阵风的意思。飑线有许多雷暴单体（其中包括若干超级单体）侧向排列而形成的强对流云带。飑线过境时，常会出现风向突变、风速猛增、气温陡降、气压骤升等剧烈的天气变化。

(二) 飑线的特征

"飑线"范围较小、生命史较短的气压和风的不连续性是对流风暴的一种。飑线前天气较好，多为偏南风，且在发展到成熟阶段的飑线前方常伴有低压。飑线后天气变坏，风向急转为偏北、偏西风，风力大增，飑线之后一般有扁长的雷暴高压带和一明显的冷中心，在雷暴高压后方有时还伴有一个低压，由于它尾随在雷暴高压之后，故称之为"尾流低压"。

(三) 飑线的危害

由于飑线的出现非常突然，飑线过境时风向突变，气压涌升，气温急降，同时，狂风、暴雨、冰雹和雷电交加，能造成严重的灾害。如2009年6月3日傍晚，一场罕见的强飑线天气袭击了山西、河南、山东、安徽、江苏等地，造成了22人死亡，农业直接经济损失高达十几亿元。河南省商丘全市发生强对流天气，其中永城市最大风力达到11级，为永城市有气象记录以来的最大风力，永城市受灾最严重；2013年8月7日傍晚，山东省北部的惠民县遭遇飑线风袭击，持续时间约为20min，并伴随雷电及暴雨。山东省气象台监测到的瞬时极大风速为47～48m/s，相当于15级风。此次飑线风袭击造成惠民县大面积停电，大量树木倒伏折断，部分玉米倒伏，部分广告牌被吹翻。

因此，研究飑线的生命史、形成条件和活动规律，做好飑线的监测和预报具有重要意义。

 知识窗

气象灾害预警

气象灾害预警信号是防御气象灾害的统一信号，根据气象灾害性质不同，分为预警信号和警告信号两种。预警（警告）信号由名称、图标和含义三部分构成。

预警信号分为：台风、暴雨、高温、寒冷、大雾、大风、干旱等七类。

预警信号按照灾害的严重性和紧急程度，分为四级（Ⅳ级、Ⅲ级、Ⅱ级、Ⅰ级），颜色依次为蓝色、黄色、橙色和红色，同时以中英文标识，分别代表一般、较重、严重和特别严重。

思 考 与 练 习

1. 什么是灾害性天气？影响你们地区农业生产的灾害性天气主要有哪些？

2. 什么是寒潮？其天气有何特点？

3. 什么是霜冻？霜冻与霜有什么区别？霜冻的类型、影响霜冻的因素及其防御方法有哪些？

4. 什么是冷害？有哪些类型，对作物有何危害，如何防御？

5. 寒潮、霜冻和冷害有何区别和联系？

6. 什么是干旱？在作物生长发育过程中，哪些时期干旱危害最大？抗旱措施如何？

7. 什么是洪涝？有哪些类型？有哪些防御措施？

8. 根据本地历年干旱和水涝发生的情况，分析干旱和水涝发生的规律。

9. 梅雨天气是如何形成的？天气有何特点？对农业生产有何影响？

10. 什么是干热风？干热风发生在什么时节？如何防御？

11. 什么是大风？主要有哪些类型？防御措施如何？

12. 台风、龙卷风有何异同？对人类生活和农业生产有什么影响？

13. 冰雹是怎样形成的？人工防雹的原理是什么？

14. 什么是飑线？飑线有什么特点？

第三篇

农业气候

　　气候是一个地区多年的大气平均统计状态，这个平均统计状态既包括正常的天气状况，也包括极端的天气类型。

　　农业气候是根据农业生产对象（农作物等）或农业生产过程对气象条件的要求，从空间分布和时间变化上对气候条件进行分析评价，划分农业生产对象的分布界线和适宜区域，确定不同区域适宜的农业生产结构，提出趋利避害、合理利用农业气候资源的方案。

　　农业气候的主要研究方法是分析和研究作为农业自然资源的太阳辐射能、热量和水分条件，以及作为农业生产限制因素的气象灾害状况。

第七章　气候概论

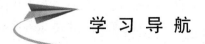

学 习 导 航

➡️ **基本概念**

气候、气候带、气候型。

➡️ **基本内容**

1. 形成气候的主要因素及各因素对气候的影响。
2. 地球上气候带的划分。
3. 气候型的划分及典型气候型（海洋性气候、大陆性气候、季风气候、地中海气候、高山气候、高原气候、草原气候、沙漠气候）的气候特点。

➡️ **重点与难点**

1. 形成气候的主要因素及各因素对气候的作用。
2. 地球上气候带的划分。
3. 典型气候型的气候特点。

气候是指一个地区多年平均或特有的天气状况，它既包括正常的天气特征，也包括极端的天气类型。因此在描述某一地区的气候特点时，常常用各种气象要素的统计量如平均值、极值、变率和保证率以及其出现的时间和分布情况等来表示。气候受太阳辐射、大气环流、纬度、海拔高度、海陆分布、下垫面性质的影响，因此一个地区的气候一旦形成，既有一定的地域性、稳定性，也随时间而发生变化。

第一节　气候的形成

影响气候形成的自然因素主要有太阳辐射、大气环流和下垫面状况。随着工业化的发展和人口的增多，人类的活动对大气及下垫面的影响越来越显著地影响着气候，成为气候形成的人为因素。

一、太阳辐射

太阳辐射是地球上一切热量的主要来源。它既是大气、陆地和海洋增温的主要能源，又是大气中一切物理过程和物理现象形成的基本动力，从而决定着各种气候要素（如温度、湿度、气压、降水和风等）的时空变化过程，故太阳辐射在气候形成的各个因素中起主导作用的因素。太阳辐射在地表的不均匀分布及随时间的变化形成了气候的区域性和季节性。

在不考虑大气影响的情况下，北半球的太阳辐射总量随纬度及冬、夏季的不同有如下分布特点：

① 全年获得太阳辐射最多的是赤道，随着纬度的升高，辐射量逐渐减少，最小值在极点，仅占赤道的40%。

② 夏半年获得太阳辐射最多的是20°N～25°N一带，由此向北或向南辐射量都逐渐减少；最小值出现在极点，占25°N的76%。

③ 冬半年获得太阳辐射最多的是赤道，且随着纬度的升高，辐射量迅速地减小，到极点为零。

④ 冬、夏半年太阳辐射总量的差异值随纬度升高而增大，极地最大，赤道为零。

一年中辐射总量，总的来说是低纬度大于高纬度，但由于太阳高度角和日照时间的长短在一年中是变化的，因此，低纬度与高纬度的热量差异在一年中的各季也是变化的。冬季，纬度越高，白昼越短，且太阳高度角越小，则南北太阳辐射差值越大；夏季，纬度越高，白昼越长，虽然太阳高度角越小，但南北太阳辐射差值不大。这种冬、夏季不同的太阳辐射差值，直接导致冬季南北温差大而夏季南北温差小的气候差异。

一个地区获得的太阳辐射量除受纬度的影响外，还因地形、地势、降水和空气湿度状况的不同而有差异。

二、环流因素

环流因素包括大气环流和天气系统。它们在高低纬度之间与海陆之间进行着热量和水汽的输送和交换，使各地热量与水汽得以转移和重新分配。环流因素的作用常使太阳辐射的主导作用减弱，在气候的形成中起着重要作用。例如，我国的长江流域和非洲的撒哈拉沙漠，都处在北副热带，也同样邻近海洋，但我国的长江流域由于夏季的海洋季风带来了大量的雨水，所以雨量充沛，成为良田沃野；而非洲的撒哈拉地区终年在副热带高压控制下，干旱少雨，形成了广阔的沙漠。可见大气环流对气候的形成起着重要的作用。

对于一个地区来说，当大气环流形势趋于长年平均状态时，表现为气候正常；当大气环流形势在个别年份或季节出现极端状态时，则出现气候异常，会出现旱和涝、严寒和酷热等反常的气候。如2008年年初，大气环流异常造成我国南方大部地区出现50年一遇，少部分地区出现100年一遇的持续低温雨雪冰冻的极端天气。

◆ **想一想**：素有"鱼米之乡"称号的长江三角洲与撒哈拉沙漠同处北半球副热带气候带，为什么气候条件截然不同？

三、下垫面性质

下垫面性质主要是指地球表面特征（包括海陆分布、地形、洋流等）和地表状况（冰雪、植被、岩石和土壤等）特征。下垫面性质不仅影响着辐射过程，还决定了气团的物理性质，从而对气候产生不同的影响。因此，下垫面性质也是形成气候的基本因素。

1. 海陆分布　海陆分布对气候的影响主要有两方面：一是由于海陆本身的热力性质不同，形成了两种不同类型的气候，即大陆性气候和海洋性气候；二是在海陆之间往往形成不同属性的气团或大气活动中心，它们的活动形成季风环流，海陆之间形成季风气候。

2. 洋流　洋流是指大规模海水的水平定向流动。由低纬度流向高纬度者称为暖流；由高纬度流向低纬度者称为寒流。受暖流影响的地区，冬季较温暖，降水增多。受寒流影响的地区，冬季较寒冷，降水减少。

影响我国近海的洋流有"黑潮"和"亲潮"。夏半年主要受"黑潮"影响，"黑潮"是经菲律宾、中国台湾附近洋面向北流去的暖洋流；它来自低纬度，使我国东南沿海受暖流的影响，气候湿润，有丰沛的降水。"亲潮"是经日本海向西南返流的冷洋流，来自高纬度，夏季仅影响我国北方沿海地区，起到调节温度的作用，使该地区夏季凉爽。

3. 地形　地形是多种多样的，包括高山、高原、丘陵、盆地、峡谷等。地形对气候的影响极其复杂，它既可形成其本身独特的气候特点，又可改变邻近地区的气候状况，以致对辐射、温度、湿度、降水、风等多种气候要素造成影响。

高大山脉能在某种程度上影响大气环流，成为气候的分界线，如我国的秦岭山脉阻挡了北来的冷空气和南来的暖湿气流，成为我国南北气候的分界线。秦岭以南地区，1月平均气温在0℃以上，如汉中为2.0℃；秦岭以北在0℃以下，如西安为-1.3℃。秦岭南、北两侧降水量差异明显，如汉中年降水量889.7mm，西安仅为604.2mm。

高原对气候的影响也是很明显的，例如"世界屋脊"——青藏高原平均海拔在4 000m以上。高大而广阔的青藏高原本身形成了一个独特的气候区，对邻近地区的气候也产生了显著的影响。由于高原南面是温暖的印度洋，北面是寒冷的西伯利亚和新疆，如果不是高原的存在，那么高原南北两方的冷、暖、干、湿空气，就容易得到交换，源自西伯利亚的冷空气，就不会像现在这样强大而干冷，东亚冷空气的活动，也不会像现在这样频繁，整个东亚冬半年的气候会比现在暖和多了。

地形的不同，可使同一个气候区里的实际气候相差很大。东非高原和刚果盆地同位于赤道气候带，东非高原凉爽宜人，刚果盆地湿热不堪；同在东非高原，高山之巅终年积雪不消，而山间低地，则暑热逼人。

4. 地表状况　土壤和植被（森林、草原及冰雪覆盖等）的辐射特性、蒸发过程的不同，也影响一地的气候状况，如干旱土壤和植被稀疏零落的地方，气候变化剧烈；湿润和植被茂密的地方，气候变化缓和；赤道附近的热带雨林蒸散近乎热带海洋的蒸发；陆地上大面积森林能改变陆地上的水分循环，增加降水量，北极附近的北冰洋，终年冰雪覆盖，形成了独特的冰洋气候。

四、人类活动对气候的影响

人类对气候的影响是多方面的，既会使气候恶化，又会调节改良气候。人类对气候的影响归纳起来有三种途径：

1. 改变大气成分　随着世界工业的飞速发展和人口的急剧增长，二氧化碳等气体排放量增多，加剧了大气的温室效应，使全球气候明显变暖。另外由于大气中二氧化硫和氮氧化物的不断增加，可产生酸雨，给农业生产和建筑物等造成严重危害。

2. 改变下垫面的性质　滥伐森林，盲目开荒，破坏了原始植被，引起地表物理性质的改变。我国黄土高原缺草少林，水土流失十分严重，现在成为黄河泥沙的主要来源地。大约在 4 000 年前，黄土高原曾是林茂草丰的好地方，西周时期森林的覆盖率达 53%，但从清朝康熙五十六年（公元 1717 年）大量移民到榆林以北开垦。其结果使黄土高原的森林覆盖率下降到 3%，大量土地裸露，不能含蓄水分，促使当地气候向干旱化、沙漠化的方向发展。

海洋石油污染是当今人类活动改变下垫面性质的另一个重要方面。由于开采、运输不当或油轮失事等原因，每年会有大量石油流入海洋，在海洋表面形成一层薄薄的油膜，抑制了海水的蒸发，使海面上空气变得干燥，海水温度和海面气温升高，导致海水温度的日变化、年变化加大，海洋失去调节气候的作用。

3. 向大气释放热量　人类在生产和生活过程中向大气中释放大量的热量，可直接增暖大气，尤其是在工业区和大都市，局地的增温作用更加显著，产生"城市热岛效应"。

人类活动也可以改善局地小气候。例如，建造大型水库，使库区周围水分循环活跃，增加了空气湿度，降水量也可以增加；灌溉可使干旱地区蒸发的水汽量增加，空气湿度增大，风沙减少，温差变小；种树造林可增加降水、防风固沙等。

第二节　气候带与气候型

一、气　候　带

地球表面的气候是错综复杂的，但由于气候的形成具有一定的规律，气候的地理分布仍呈纬向带状分布的特点。气候带是指围绕地球具有比较一致的气候特征的地带，按纬度划分可将南北半球各划分六大气候带（图 7-1）。在同一气候带内，气候在某些方面具有近似的特性，如同在热带都具有长夏无冬的特性，同在温带都具有四季分明的特性（表7-1）。

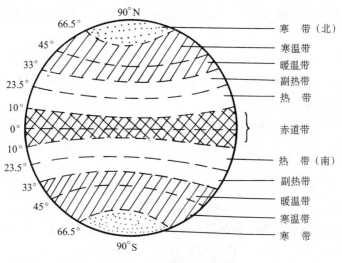

图7-1　地球上的气候带

表7-1　各气候带的主要特征

名称	位置	气候特征	自然植被
赤道气候带	10°S～10°N	终年高温，年平均气温25～30℃，气温年较差小于日较差；年降水量为1 000～2 000mm	植物生长终年不停，多层林相，季节更替不明显
热带气候带	10°N～23.5°N 回归线 10°S～23.5°S 回归线	气温接近赤道气候，年较差不大；有热、雨、凉三个季节之分；年降水量1 000～1 500mm，年际变化大，易旱涝	植被为疏林草原，夏季为雨季，盛产稻、棉等喜温作物
副热带气候带	23.5°N～33°N 23.5°S～33°S	气温日、年较差均大，冬温不低，夏温很高，可达50℃以上，降水量在1 000mm以下，沙漠边缘250mm以上	灌木荒漠或纯沙漠
暖温带气候带	33°N～45°N 33°S～45°S	温暖多雨，大陆西岸夏干冬湿是地中海气候，大陆东岸夏湿冬干是季风气候	大陆西岸矮小乔木和灌木混交林，东岸阔叶和针叶混交林，农业东岸优于西岸
寒温带气候带	45°N至北极圈 45°S至南极圈	大陆西岸湿润多雨，夏不热，冬不冷，气候具有海洋性；大陆东岸夏热冬冷，降水稀少，气候具有大陆性	南部落叶林为主，农业玉米为主；北部针叶林为主，种春小麦
寒带气候带	北极圈以北 南极圈以南	最热月的月平均气温在10℃以下，在0℃以下为冻原气候，0～10℃为苔原气候	植被缺乏，苔原气候内生长苔原植物

二、气　候　型

在同一气候带内，可因陆地、海洋、高山、平原、沙漠等地理环境和环流特性不同而形成不同的气候类型，而在不同的气候带中在相似的地理位置上也可出现相似的气候类型。下面介绍几种主要的气候型及其气候特点。

1. 海洋性气候与大陆性气候 气候的大陆性和海洋性，主要取决于距海的远近和盛行气团。

(1) 海洋性气候的特点 温度日较差、年较差小，冬暖夏凉，秋温高于春温，最热月为8月，最冷月为2月；年降水量充沛且季节分配均匀，冬半年略多于夏半年；全年湿度高、云雾多、日照少，风速较大。

(2) 大陆性气候的特点 温度日较差、年较差较大，冬寒夏热，春温高于秋温，最热月为7月，最冷月为1月；年降水量少且集中于夏季；全年湿度低、多晴天、日照丰富，风速较小。

离海洋越远，越深入内陆，大陆性气候越显著。我国受大陆的影响远大于受海洋的影响，主要是由于我国疆土三面环陆，一面临海，使我国除在东面沿海狭窄地区气候的海洋性较强外，其他大部分地区大陆的影响超过海洋，位于欧亚大陆腹地的新疆是典型的大陆性气候。

海洋性气候和大陆性气候对于植物的影响，具有明显的差别（表7-2）。

表7-2 海洋性气候与大陆性气候植物生态比较

气候类型	植被	根系	生态	生长期	森林北界	小麦蛋白质含量
海洋性	森林	不发达	营养器官发达	长	50°N	西欧 9%～12% 中欧 13%～14%
大陆性	森林过渡到草原	发达	营养器官矮小	短	72°N	中欧 18% 中亚西亚 ＞20%

2. 季风气候与地中海气候

(1) 季风气候的特点 是大陆性气候与海洋性气候的混合型。风向具有明显的季节变化，夏季高温多雨，富有海洋性；冬季寒冷干燥，具有大陆性。典型的季风气候区在副热带和暖温带的大陆东岸，尤以亚洲东南部最为显著，我国气候具有典型的季风性。

(2) 地中海气候的特点 夏季高温干燥，冬季温暖多雨。典型的地中海气候区，在副热带和暖温带的大陆西岸，以欧、亚、非三洲之间的地中海周围地区最为鲜明。地中海气候的形成，主要取决于副热带高压和西风带在一年中的交替控制，夏季受副热带高压影响，干燥炎热；冬季盛行西风，海洋气团活跃，气旋活动频繁，降水充沛，故冬季温和湿润。

季风气候的林木繁茂，盛产稻、棉、茶、麻、竹和油桐等；冬季寒冷而干燥，林木以落叶林为主。地中海气候的植物常绿不凋，越冬作物少冻害，盛产柑橘、柠檬、橄榄等。

3. 高山气候与高原气候 由于高山与高原的海拔高度高，对气象要素的影响有共同点，但由于陆地面积不同，形成了两种截然不同的气候，高山气候具有海洋性气候特征，高原气候具有大陆性气候特征。

山地气候是因山地高度和地貌的影响而形成的特殊气候。高山地区太阳辐射随山地高度的增加而增加，山地紫外线随高度增加尤为明显，据观测在2 000m高度处，冬季接受到的紫外线约为海平面的2倍。

山地气温高于同纬度同高度的自由大气温度。如西藏班戈与安徽芜湖都在同纬度上，前者高度为 4 700m，后者为 14.8m，7 月多年平均气温分别为 8.5℃和 28.9℃。如以平均温度递减率 6℃/km 计，则芜湖上空（相当于班戈高度）的气温仅为 0.8℃。高山气温日较差和年较差均比平地小，极值出现时间随高度而推迟，而且高度愈高，较差愈小，时相愈落后。

在一定高度上，山地云雾和降水比平地多，水汽压随高度的上升和气温的下降而减小，相对湿度因气温降低而增大，这种情况夏季表现得尤其明显；由于气流受山地阻挡被抬升，故迎风坡地形多雨，而背风坡因气流下沉增温具有焚风效应，干燥而炎热。另外，高大山系阻滞气团和锋面移动，可延长降水时间和增加降水强度。

高原气候是因高原地形影响而形成的气候。由于高原陆地面积广，夏季或昼间，太阳辐射强，成为同高度大气层的热源；冬季或夜间，地面有效辐射强，成为同高度大气层的冷源。因此高原上温差大，高原中心因海洋水汽不易进入而干燥、少雨。但一般在迎湿润气流的高原边缘有一个多雨带。高原还具有光照强，风力大，雷暴和冰雹多等气候特点。

4. 草原气候与沙漠气候　这两种气候型在性质上都属于大陆性气候，沙漠气候是大陆气候的极端化。它们都具有降水量少又集中在夏季、蒸发快、雨效小、温差大等气候特征。

草原气候分为温带草原气候和热带草原气候。温带草原气候冬寒夏暖，年降水量不超过 450mm，很少达到 500mm；热带草原气候夏季湿热，冬季干燥，年降水量在 200~750mm，干、湿季分明。在这样的气候条件下，一方面降水不足，其湿润条件难以保证木本植物的生长发育，另一方面也不致因干燥而缺乏植物，尚可生长草本植物，是主要牧业区。

沙漠气候，气温年较差可达 35.0~45.0℃，气温年较差各地有较大差别，热带和副热带沙漠气候一般在 18.0℃以下，温带沙漠气候则在 30.0℃以上。沙漠气候自然植被缺乏，只有具备灌溉条件的地区，才可发展种植业。

 知识链接

<h2 style="text-align:center">气 候 异 常</h2>

气候异常是对气候正常相对而言的。所谓气候正常，是指气候的变化接近于多年的平均状况，适宜于人类的活动和农业生产。气候异常是不经常出现的，如奇冷、奇热、严重干旱、特大暴雨、严重冰雹、特强台风等。它对人类的活动和农业生产有严重的影响。

<h2 style="text-align:center">厄 尔 尼 诺</h2>

位于南半球的秘鲁，是世界上产鱼的大国之一。这个国家的鱼粉产量占世界首位。这是由于秘鲁沿海存在着一支旺盛的上升流，不断地从深层向海面涌升，能把海底丰富的磷酸盐类和其他营养成分带到海洋上层，成为众多鱼类的生活区域，自然也就变成了闻名于世的秘鲁渔场。如果这支上升流减弱或是消失，赤道附近的暖流就会侵入，引起秘鲁沿岸海域水温升高。这种现象，大约每隔几年就会在圣诞节前后发生一次。当地居

民把这种暖流的季节性南侵，以及由此引起的异常现象称为厄尔尼诺。

厄尔尼诺是西班牙语"圣婴"的读音，每当这种现象发生时，不仅给秘鲁沿岸带来灾害，也给全球气候造成异常。一些地区暴雨成灾，洪水泛滥；而另一些地区则久旱无雨，农业歉收。海洋学家把这种全球气候异常与厄尔尼诺现象联系起来研究，发现它们之间有着很紧密的关联。全球气候异常的前兆，往往可以从上年发生的厄尔尼诺现象中找到线索。

厄尔尼诺的成因：太平洋的中央部分是北半球夏季气候变化的主要动力源。通常情况下，太平洋沿南美大陆西侧有一股北上的秘鲁寒流，其中一部分变成赤道海流向西移动，此时，沿赤道附近海域向西吹的季风使暖流向太平洋西侧积聚，而下层冷海水则在东侧涌升，使得太平洋西段菲律宾以南、新几内亚以北的海水温度渐渐升高，这一段海域被称为"赤道暖池"，同纬度东段海温则相对较低。对应这两个海域上空的大气也存在温差，东边的温度低、气压高，冷空气下沉后向西流动；西边的温度高、气压低，热空气上升后转向东流，这样，在太平洋中部就形成了一个海平面冷空气向西流、高空热空气向东流的大气环流——沃克环流，这个环流在海平面附近就形成了东南信风。但有些时候，这个气压差会低于多年平均值，有时又会增大，这种大气变动现象被称为"南方涛动"。气压差减小时，便出现厄尔尼诺现象。

拉 尼 娜

拉尼娜现象是指赤道太平洋东部和中部海面温度持续异常偏冷的现象（与厄尔尼诺现象正好相反），是热带海洋和大气共同作用的产物。从 2008 年年初的南方雪灾可以看出，拉尼娜仍未消失。

拉尼娜现象的成因：与厄尔尼诺成因相反。太平洋上空的沃克环流变弱时，海水吹不到西部，太平洋东部海水变暖，就是厄尔尼诺现象；但当沃克环流变得异常强烈，就产生拉尼娜现象。一般拉尼娜现象会随着厄尔尼诺现象而来，出现厄尔尼诺现象的第二年，都会出现拉尼娜现象。

我国的异常气候

通常在厄尔尼诺现象发生后，由于沃克环流减弱，赤道太平洋海水温度升高，无法形成通常的冷高压，致使我国的夏季风较弱，季风雨带偏南，长江流域和江南地区，容易出现洪灾。（如 1931 年、1954 年和 1998 年，都发生在厄尔尼诺年的次年。我国在 1998 年遭遇的特大洪水，厄尔尼诺便是最重要的影响因素之一。）我国北方地区夏季往往容易出现干旱、高温。（1997 年强厄尔尼诺发生后，我国北方的干旱和高温十分明显。）

拉尼娜现象发生后，则相反。夏季风较强，雨带迅速往北移动，造成北方的洪灾以及南方的旱灾。

另外厄尔尼诺和拉尼娜现象还会造成台风的异常。

思 考 与 练 习

1. 形成气候的主要因子有哪些?
2. 夏季北半球太阳辐射随纬度变化有何特点?
3. 人类活动对气候的影响表现在哪些方面?
4. 气候带是如何划分的?地球上有哪些气候带?我国有哪些气候带?
5. 大陆性气候、海洋性气候和季风性气候有何特征?
6. 高山对气候有何影响?

第八章　中国气候

学 习 导 航

➡️ 基本概念

大陆度、二十四节气、候、物候。

➡️ 基本内容

1. 形成中国气候的主要因素及各因素对气候的影响。
2. 中国气候的主要特征。
3. 季节的划分。
4. 二十四节气的起源、划分、命名、含义及在农业生产上的应用。
5. 物候、七十二候的概念及在农业生产上的应用。
6. 中国气候的生产潜力。
7. 气候变化对中国农业生产的影响。

➡️ 重点与难点

1. 形成中国气候的主要因素及各因素对气候的影响。
2. 中国气候的主要特征。
3. 季节的划分。
4. 中国气候的生产潜力。
5. 气候变化对农业生产的影响。

第一节 中国气候形成原因

一、地理环境

我国位于欧亚大陆的东端，面临太平洋，总面积为960万km²，约占世界陆地面积的1/15，占亚洲面积的1/4。我国西起73°40′E（帕米尔高原）；东至135°10′E（黑龙江与乌苏里江的合流点）；南起3°56′N（南海南沙群岛的曾母暗沙）；北至53°32′N（黑龙江漠河附近的江心）。海岸线从鸭绿江起到中越边境的北仑河口，长达11 300km，加上沿海岛屿的海岸线，总长为21 000km左右。我国具有从赤道气候到冷温带气候的多种气候带。

我国的地形极其复杂，有高山、高原、丘陵、盆地和平原。有世界上最高峰的珠穆朗玛峰（海拔8 848m）；我国陆地上海拔最低点位于新疆吐鲁番盆地的托克逊，最低点海拔为－115m。全国地形为东低西高，有利于夏季来自海洋的湿热空气侵入内陆。山地、丘陵和比较崎岖的高原占全国总面积的2/3左右，其中青藏高原面积约占全国总面积的1/5，海拔一般在4 000m以上，处于我国西南对流层的中下层。由于它的地势高，范围大，对我国的气候影响很大，它一方面阻挡印度洋暖湿空气的北上，另一方面阻挠西伯利亚干冷空气的南下，使得南北气候截然不同。此外，在夏季，它是热源，加强了夏季风；在冬季，它是冷源，加强了冬季风，使得我国东部地区季风气候更为显著。

我国多数山脉多为东西走向，使得山南山北气候差异显著，如秦岭山脉，它成为我国南北气候的分界线。高山还形成自己独特的垂直气候带的植物分布。

我国东临海洋，因此，我国东北、东南部地区受水体及其洋流的影响较大，气候具有明显的海洋性特征，距海越近，受影响越大，海洋性特征就越显著。

信息链接

国家气候中心（http://ncc.cma.gov.cn）是我国关于气候预测和预报的政府性工作网站，它主要在干旱监测、气候监测诊断、气候预测、中国气候影响评价、高温热浪预警等方面提供检测公报。

二、辐射条件

由于我国纬度跨度大，以及地形的复杂化，造成各地的辐射差额相差甚大。

（一）全年辐射差额

全国各地年总辐射量为350～840kJ/cm²。其中，最高值在青藏高原，如西藏的江孜的极端最高值可达921kJ/cm²；最低值在四川盆地，低于350kJ/cm²。总辐射量的多少，直接影响到作物的光合作用时间和强度。辐射量多，作物光合作用强度就较强，制造糖类就越多，产量就越高。

（二）辐射差额的季节性

各季的辐射总量，一般是夏季最多，冬季最少，依次是夏季、春季、秋季、冬季。但有例外，比如，云南省的腾冲，由于夏季多数为阴雨天，夏季辐射量少于春季、秋季，与冬季相当，辐射量依次是春季、秋季、夏季、冬季。

北方各地区辐射差额以春季大于秋季，春温高于秋温，春季升温快，秋季降温快。南方各地区辐射差额以秋季大于春季，秋温高于春温，春季升温慢，秋季降温慢。这说明北方受大陆影响比南方强，北方的大陆性气候较明显，南方的海洋性气候较明显。各季辐射差额的南北比较见表 8-1（以广州与北京辐射差额比较为例）。

表 8-1　广州与北京辐射差额比较

地点	夏季 （kJ/cm²）	冬季 （kJ/cm²）	辐射差额年较差 （kJ/cm²）	气温年较差 （℃）
广州	108.8	37.7	28.1	14.6
北京	109.7	16.7	38.9	30.4
差异比较	-0.9	21.0	-10.8	-15.8

从表 8-1 中看出，辐射差额南北夏季差异小，冬季差异大。因此，夏季南北温差小，冬季南北温差大。辐射差额年较差以南方小于北方，因此，气温年较差也是南方小于北方。

我国因 39°N 以南地区，辐射差额终年为正值，越往南，冬季时间越短，温度越高；39°N以北地区，辐射差额冬季为负值，其他月份为正值，纬度越高，出现负值的月份越多，说明越往北，冬季越长，温度越低。

三、环流条件

天气系统在一年各季中的表现是不同的。

冬季，强大的西伯利亚冷高压盘踞在我国西北部，阿留申群岛为低压。在我国东北方向的洋面上，形成东低西高的气压形势，存在水平气压梯度，其水平气压梯度力从大陆指向海洋。因此，我国冬季风从大陆吹向海洋，东北地区为偏西风，华北地区为偏北风。另一方面我国南部海上也有低压（赤道低压），我国南北也存在着水平气压梯度，有一部分冷空气会顺着海岸线南下，影响我国南方各地，这些地区的冬季风为东北风。冬季风大多从西伯利亚、蒙古一带流出，又干又冷，使受其影响的地区气温下降，为干冷天气。但各天气系统的强弱不同，各地的降温幅度也不同。当东北海上的阿留申低压较强大时，气压梯度大，冷空气大量东流，使得南下的冷空气就较少，我国多数地区为暖冬；相反，当阿留申低压较弱时，冷空气东流较少，则南下的冷空气较多，多数地区为冷冬。

夏季，上述高、低压系统已消失，取而代之的是我国东南海面上的北太平洋副热带高压（副高）和我国西南方向的印度低压，形成了东高西低的气压形势。水平气压梯度力从海上指向大陆，使得海面上的暖湿空气大量向我国大陆输送，我国多数地区夏季风为东南风。此外，夏季还有从我国西南面孟加拉湾吹来的暖湿气流，因此，有时会吹西南风或偏南风。

由于海上的气流湿度大，因此，夏季产生降水较多。夏季还常有台风影响我国，形成降水。因为夏季风是由太平洋高压控制的，因而各地产生降水的时间和台风移动路径都取决于太平洋高压的形状和位置。

由于太平洋高压的北部为上升气流，因此，在它的北面各地易产生降水，南面各地区不易产生降水。太平洋高压的南北移动，就成为各地雨季的开始和结束的标志。

春季，我国高空基本上维持冬季环流的特征，但强度逐渐减弱；夏季的天气系统开始产生，且强度不断加强。在我国周围形成了由多个天气系统组成的天气形势，相互抗争，造成春季风向不定，天气多变。

秋季，我国高空主要维持夏季的环流形势，但强度较弱；冬季的天气系统开始产生，并迅速加强。冷空气南下，但这时的冷空气强度还不强，各地降温不明显，出现秋高气爽的天气。

第二节　中国气候主要特征

我国幅员辽阔，自北向南气候跨越冷温带、暖温带、副热带、热带和赤道气候带。因各地与海洋距离不同、地形错综复杂、地势相差悬殊，致使我国具有除极地气候和地中海气候外的所有气候类

◆ **想一想**：为什么谚语有"南风暖，北风寒，东风潮湿，西风干"的说法？

型。中国气候特征有四个方面：季风气候明显、大陆性气候强、温差较大和降水变化大。

一、季风气候明显

由于特殊的地理位置，使我国成为世界上季风气候极为明显的国家。冬季我国受蒙古冷高压的控制，盛行大陆季风，风由大陆吹向海洋，以偏北风为主，我国大部分地区天气寒冷而干燥；夏季受太平洋副热带高压的控制，盛行海洋季风，风从海洋吹向大陆，我国多数地区为东南风到西南风，天气高温而多雨。每当夏季风或冬季风有一次进退时，气温就有一次上升或下降，我国的寒暑更替与季风影响密切相关。

夏季风是我国降水的主要输送者，因此我国降水与季风有如下关系：

① 各地的雨季起止日期与季风的进退日期基本一致。如南方夏季风比较早，雨季开始也就比较早；华南受夏季风影响时间比北方长，雨季也就比北方长。

② 降水具有明显季节性，由于夏季风携带大量水汽。因此，降水以夏季最多，冬季最少。

③ 降水量的空间水平分布，由于夏季风对我国的影响是从东南向西北逐渐减弱，因此，降水量的总趋势是从东南到西北逐渐减少。

二、大陆性气候强

由于我国处于世界最大陆地——欧亚大陆的东南部，气候受大陆的影响远比受海洋的影响大。因此，气候的大陆性超过了海洋性，特别是在广大的内陆地区。我国气候的大陆性主要表现在温度和降水方面。

1. 大陆度　大陆度是表示某地气候受大陆影响程度的指标。大陆度的计算公式为：

$$K=\frac{1.7A}{\sin\varphi}-20.4$$

式中：K——大陆度；

A——气温年较差多年平均值；

φ——地理纬度。

大陆度 K 一般在 0～100 变化，0 为最强海洋性气候，100 为最强大陆性气候，50 为海洋性和大陆性气候的分界线。

影响大陆度的主要因素是季风，夏季风越强，控制时间越长，K 值越小，海洋性气候越显著；相反，夏季风越弱，控制时间越短，甚至无夏季风，K 值越大，大陆性气候越显著。

我国大陆度的分布为南方小，北方大。大陆度最小分布在台湾省南端、海南省南缘，大陆度不到 20。大陆度在 50 以下的地区有华南地区、川滇地区、四川盆地、青藏高原东部地区、天山和祁连山等地。除此以外，全国其他地区的大陆度都在 50 以上；东部平原大陆度 65～70，黄土高原 60～70，内蒙古和东北 70～80、新疆 60～80，这些地区的气候是典型的大陆性气候。

2. 气温 我国气温年较差比同纬度的其他国家或地区大（表 8-2）。我国冬季比世界同纬度各地气温低；夏季比世界同纬度各地气温高。表现出冬寒冷、夏炎热的气候特征，而且我国随着纬度的升高，气温年较差越大，与世界同纬度的国家或地区的差异也越大，符合大陆性气候的特征。

表 8-2 气温年较差比较（℃）

地　点	1月平均温度	7月平均温度
北京（40°N）	-4.7	26.0
华盛顿（39°N）	0.9	25.1
同纬度平均（40°N）	5.5	24.0

从春、秋季气温的比较看，我国西北、华北等多数地区春温高于秋温，只有少数沿海地区秋温高于春温，因此，从总体上看，大陆性气候比海洋性气候强。

3. 降水 在夏季，由于受海洋季风的影响，另一方面大部分地区接受热量多，容易出现热力对流不稳定状况，产生对流性雷雨，我国雷雨分布的特征是南部多于北部，山地多于平原，内陆多于沿海，夏季多于冬季。夏季 3 个月的降水量，秦岭以南占全年的 35%～45%，秦岭以北则愈向北愈集中于夏季，华北、东北约占全年的 60%，内蒙古和河西走廊达到全年的 70%。降水变率较大，相对变率可达 70% 以上，这些都是大陆性气候强的表现。

三、温差较大

温差较大的主要表现在时间上和空间上。

1. 时间上的差异 以广州和北京春、秋温升降速率的比较（表 8-3）为例，可以看出，不论是春季温度回升过程，还是秋温下降过程，都是北方快于南方、内陆快于沿海。原因是春、秋辐射差额的升降速度不同造成的。

表8-3 广州与北京温度变化比较（℃）

地点	1月	4月	1～4月升高值	7月	10月	7～10月下降值
广州	13.6	21.7	8.1	28.3	23.5	4.8
北京	−4.6	13.8	18.4	26.2	12.8	13.4

2. 空间上的差异 我国地理条件复杂，气温的空间分布千差万别，这里介绍其主要规律。以广州与哈尔滨的气温差异为例，比较于表8-4。可以看出，南北的温差是冬季大于夏季。

冬季，我国等温线几乎与纬线平行，气温从南到北随着纬度的升高而降低。1月在淮河流域以南地区都大于0.0℃，到了海南岛可大于20.0℃；在淮河流域以北地区小于0.0℃，到了黑龙江北部小于−30.0℃。

夏季，我国等温线几乎与海岸线平行，南北温差较小。在海南岛7月在25.0℃以上；在哈尔滨7月在20.0℃以上。

表8-4 广州与哈尔滨月平均气温（℃）

月份	广州	哈尔滨	两地差值
1月	13.4	−19.7	33.1
7月	28.3	22.7	5.6

四、降水变化大

我国降水的水汽主要来自东南海洋，降水受季风活动的影响大。同一地区，由于各年夏季风强度不同，降水量就不同；同一时间，由于各地夏季风盛行时间长短不一，造成各地的降水量及雨季时间比较复杂。

1. 降水的时间分布 降水季节分配不均匀。各地都以夏季降水量最多，纬度越高，夏季降水越集中；冬季降水量最少，纬度越高，降水量越少；春、秋季降水量介于冬、夏季之间。

我国夏季雨量多，温度高，雨热同季，一旦遇到反常现象，易造成旱、涝灾害。

2. 降水的空间分布 我国各地一年降水日数的空间分布总趋势是东南多、西北少，从东南到西北逐渐递减，西北地区一年雨日数不到80d。但是，雨日数较少的却是出现在三个盆地（准噶尔盆地、塔里木盆地、柴达木盆地），一年雨日数不到20d。

年降水量的空间分布总趋势是从东南向西北逐渐减少，西北地区受夏季风影响的强度弱、时间短、水汽少。此外，山区降水量比平原多；迎风坡降水量比背风坡多。

由于我国东南部水分充足，农作物生长茂盛；西北部多数为干旱区，农作物种类较少，甚至为荒漠地带。

第三节 中国季节与物候

一、季 节

我国农业发展有着悠久的历史，劳动人民根据地球上的白昼长短和太阳高度角的周期变

化规律，结合农业生产实践，产生了季节概念。并科学地把天文、气候、物候同农业生产结合起来，将一年分成四季、二十四节气和七十二候，并服务于农业生产。

（一）四季的划分

春、夏、秋、冬通称四季。四季有 3 种划分方法：一是以天文现象为基础的，称为天文四季；二是以气候在一年中的递变为基础的，称为气候四季；三是以生物现象为基础的，称为温度四季。

我国传统方法是以四立为始点来划分天文四季。

春季——以立春为起点，以春分为中点。

夏季——以立夏为起点，以夏至为中点。

秋季——以立秋为起点，以秋分为中点。

冬季——以立冬为起点，以冬至为中点。

这样的四季具有明显的天文含义，但同实际气候递变不相符合。例如，立春在天文上是春季的起点，但在气候上严寒刚过；立秋在天文上是秋季的起点，但气候上酷暑未衰；冬至虽是冬季的中点，而气候上并不是最冷的时节；夏至也不是夏季最热的时节。所以，季节和气候对应的差异很大。

西方在天文四季划分时考虑了气候季节，把春分、夏至、秋分、冬至分别定为四季起点。为与世界通用一致，我国现在通用阳历四季划分方法，以阳历相连的 3 个月为一季，把 3 月、4 月、5 月定为春季；把 6 月、7 月、8 月定为夏季；9 月、10 月、11 月定为秋季；12 月、1 月、2 月定为冬季。把全年大致分为相等的 4 个季节，每季有 3 个月，四季的这样划分在世界绝大多数地方与气候在一年中的递变基本吻合；但在我国除少数地方，如黄河流域外，多数地方与生物现象并不一致。

知识窗

闰　　年

地球绕日运行周期为 365d 5h 48min 46s（合 365.242 19d），即一回归年。公历的平年只有 365d，比回归年短约 0.242 2d，每 4 年累积约 1d，把这一天加于 2 月末（即 2 月 29 日），使当年时间长度变为 366d，这一年就为闰年。

公历闰年的计算方法：

（1）普通年能被 4 整除的为闰年。

（2）世纪年能被 100 整除而不能被 400 整除的不是闰年。

为了更好地使四季与地方的生物现象保持一致，产生了以温度来划分四季的方法。把候平均气温（5d 平均气温）高于 22℃的时期定为夏季，低于 10℃的时期定为冬季，介于 10～22℃的时期定为春、秋季。这样划分使各地春、夏、秋、冬各有共同温度标准，反映出同样的热量条件，因而出现同样的生物现象。按这个标准划分，我国各地四季长短很不相同。大、小兴安岭以北是无夏地区；南岭以南是无冬地区；云南省以南是四季皆春地区；藏北高

原是全年皆冬地区；黄河中下游是四季等长地区。

（二）二十四节气

1. 二十四节气的划分 二十四节气源于公元前的黄河流域，是根据地球在公转轨道上的位置而确定的，把地球公转的轨道分为 24 等分，每一等分为 $15°$，地球每转过 $15°$大约历时 15d，规定为一个节气，根据当时的气候特征和物候反映给以命名，就是二十四节气（表8-5）。为了便于记忆，人们把二十四节气编成歌诀：

春雨惊春清谷天，夏满芒夏暑相连，
秋处露秋寒霜降，冬雪雪冬小大寒。
每月两节日期定，至多相差一两天，
上半年逢六、二十一，下半年逢八、二十三。

前四句是二十四节气的先后顺序，后四句是指每个节气的日期。按公历每月有两个节气，上半年的节气一般在每月的 6 日或 21 日，下半年的节气一般在每月的 8 日或 23 日，年年如此，最多相差 1～2d。

表8-5 二十四节气的气候及农业意义

节气	月份	日期	气候及农业意义
立春	2	4 或 5	春季开始
雨水	2	19 或 20	降雨开始，或雨量开始逐渐增加
惊蛰	3	5 或 6	气温、地温渐渐升高，冬眠动物开始出土活动，开始打雷，春耕开始
春分	3	20 或 21	平分春季的节气，昼夜长短相等
清明	4	5 或 6	气候温和晴朗，草木开始繁茂生长，春播开始
谷雨	4	20 或 21	降水量增加，能满足谷物生长的需要
立夏	5	5 或 6	夏季开始
小满	5	21 或 22	夏熟作物籽粒已丰满，但还未成熟
芒种	6	6 或 7	小麦、大麦等有芒谷物成熟，黍稷等有芒谷物忙于播种，进入夏收夏种大忙季节
夏至	6	21 或 22	夏季热天来临，白昼最长，夜晚最短
小暑	7	7 或 8	炎热季节开始，尚未达到最热程度
大暑	7	23 或 24	一年中最热的季节
立秋	8	7 或 8	秋季开始
处暑	8	23 或 24	炎热的暑天即将过去，渐渐转向凉爽
白露	9	8 或 9	气温降低较快，夜凉露多，露重呈白色
秋分	9	23 或 24	平分秋季的节气，昼夜长短相等
寒露	10	8 或 9	气温已很低，露很凉
霜降	10	23 或 24	气候渐冷，开始降霜
立冬	11	7 或 8	冬季开始
小雪	11	22 或 23	开始降雪，但降雪量不大，雪花不大
大雪	12	7 或 8	降雪较多，地面可以积雪
冬至	12	22 或 23	寒冷的冬季来临，白昼最短，夜晚最长
小寒	1	5 或 6	较寒冷的季节，但还未达到最冷程度
大寒	1	20 或 21	一年中最冷的节气

2. 二十四节气的含义 二十四节气是根据当时的气候特征和物候特征命名的，所以每个节气都有明确的含义。

（1）反应季节变化 "四立"——立春、立夏、立秋和立冬，"立"是开始的意思，是四季的开始；"二分"——春分和秋分，"分"是平分的意思，表示昼夜平分和春、秋季的中间；"二至"——夏至和冬至，"至"是最或到的意思，表示炎热和寒冬已经到来。在北半球，夏至这天是一年中白昼最长的一天，称为"日长至"，冬至这天是一年中白昼最短的一天，称为"日短至"。

（2）反应温度变化 "三暑"——小暑、大暑和处暑。暑是炎热的意思，小暑时未达到最热，大暑是一年中最热的时节，处暑表示炎热的天气已经过去；"二寒"——小寒和大寒，寒是寒冷之意。小寒是寒冷天气的开始，大寒是一年中最冷的时节。

◆ 想一想：民谚有"夏至未过不会热，冬至未过不会冷"的说法，你觉得有道理吗？

（3）反应降水变化 雨水、谷雨、小雪和大雪四个节气。雨水：降水以雨的形态出现；谷雨：降水量增加，有"雨生百谷"之说；小雪：降水以雪的形态出现，但降雪的机会少，降水雪量不大；大雪：降雪量较大，地面可积雪。

（4）反应水汽凝结现象 白露、寒露和霜降三个节气。白露：气温迅速降低，夜间很凉，清晨草木上出现露珠；寒露：气温更低，有冷意，露水发凉；霜降：天气转冷，地面开始见霜。

（5）反应物候现象 惊蛰、清明、芒种和小满四个节气。惊蛰：天气回暖，开始打雷，蛰伏的昆虫和小动物被惊醒开始活动；清明：草木复苏，大自然呈现一片生机；小满：麦类等夏熟作物的籽粒即将饱满，但尚未成熟；芒种：麦类有芒作物成熟，夏播作物需及时播种。

3. 二十四节气的应用 因二十四节气的起源地是黄河中下游地区（表8-5），所以其农业意义是有一定局限性的，我国幅员辽阔，在同一节气里，南北各地的气候有差异，农事活动也不同，不能生搬硬套。

◆ 小经验：
二十四节气歌的农事活动
一月有两节，一节十五天
立春天气暖，雨水粪送完
惊蛰快耙地，春分犁不闲
清明多栽树，谷雨要种田
立夏点瓜豆，小满不种棉
芒种收新麦，夏至快犁田
小暑不算热，大暑是伏天
立秋种白菜，处暑摘新棉
白露要打枣，秋分种麦田
寒露收割罢，霜降把地翻
立冬起完菜，小雪犁耙开
大雪天已冷，冬至换长天
小寒快买办，大寒过新年

二、物　候

（一）物候的概念

物候是指生物对于气候的感应而发生的周期性季节现象，即生物对气候的反应。研究自然界动、植物和环境条件周期变化之间互相关系的科学称为物候学。某地区自然界周期现象是有一定顺序的。可将该地多年的物候观测结果制成该地自然历（用各种周期现象的多年平均日期排成日历）。如北京山桃开花，多年平均在3月27日；杏树开花，多年平均在4月4日；紫丁香开花，多年平均在4月15日；海棠开花，多年平均在4月18日；柳絮飞，多年平均在4月18日。用这个物候历可以判断某地方个别年份某一季节到来的早晚；用某一现象的出现日期预报另一现象到来的日期。

用物候现象来指导农事活动，远在我国周、秦时期就有记载，到春秋战国时期已流传着"河开""雁来"等描述物候现象，用这种季节节奏、寒暑循环掌握农时；以"杨柳绿""桃花开""燕子来"等以示春季到来的迟早，来指示播种日期。在华北有"枣树开花种棉花""椿树鼓，种秫秫"。黑龙江省有"榆杨放叶种大田""丁香开花种大田"等。除预告农时外，还可通过物候现象预报害虫发生的日期。如河南省方城县经物候观测得出"迎春花开，杨树吐絮，小地老虎出现；桃花一片红，发蛾到高峰；榆钱落，幼虫多"。

（二）七十二候

七十二候是我国古代的物候历。远在西汉时期，随着农业生产发展的需要，已感到二十四节气的每个节气间隔太长，便将一年分成七十二候。每五天为一候，三候为一个节气，每六候为一个月。每候都对应一种物候现象，称为"候应"，如黄河流域的候应有：正月节立春之日"东风解冻"；又5日"蛰虫始辰"；又5日"鱼上水"；正月中，雨水之日"獭祭鱼"；又5日"鸿雁北"；又5日"草木萌动"等。

候应确切反映了天气、气候的变化。如燕子春来秋去，鸿雁冬来夏往，是反映时令，称它们为候鸟；蚯蚓和蛙随季节而隐现称为候虫，还有桃、菊、苦菜及草木枯荣等，都反映出气温、水分、光照等条件的综合作用。物候数据是从生物体对气象条件的反应中得出来的，结果简单准确，能直接指示农业生产。目前虽然精密仪器能测出各种气象要素值，但不能测出各种气象要素的综合作用对生物生育状况产生影响的数值。因此，物候现象所反应的气象条件综合作用，显然不是气象仪器和气象资料所能代替的。

第四节　中国气候与农业生产

我国是一个气候资源丰富，气候灾害较多的国家。在目前技术水平下，我国的农业生产是受气候影响最大的生产部门，了解我国的气候生产潜力和气候变化对农业生产的影响具有重要意义。

一、中国气候生产潜力

气候生产潜力是在其他非气候条件（如作物品种、土壤、管理措施等）都能充分满足和发挥最大效能的情况下，气候条件所能允许的最大作物产量。气候的构成因素是多方面的，对于农业生产来说主要是光、温、水。因此，研究气候生产潜力主要是分析光能潜力、温度潜力和水分潜力三个部分。它们可以表明农业生产中主要气候要素尚可利用的余力及其受到的主要限制因素，也就指出了农业生产的发展方向。

1. 光能潜力　在气候要素中，研究较多的就是光能潜力。据测算，全国农田全年的光能利用率都比较低，平均值约为0.4%，而我国可供农作物利用的光能上限值约为可见光能量的10%，总辐射能的5%，这个上限值所能生产的经济产量就是光能生产潜力，它可以用来评价作物的光能利用率。由这个光能生产潜力生产的产量，我国华北地区1hm² 的面积每年的产量约为52 500kg；长江中下游地区约为45 000kg；在四川盆地及其东部地区约为37 500kg，它们都远远高于目前我国各地的实际生产水平，说明光能潜力巨大。

2. 温度潜力 温度是作物生长的必要条件之一，各种作物都有其生长发育的下限温度，只有高于下限温度的生产季节和热量，才是可以利用和开发的热量资源；低于下限温度的非生产季节，热量利用受到限制。农业上采用积温作为热量多少的指标，积温和生长季节长短可以作为生产的热量指标。一般认为，积温越多，生长季节越长，越有利于作物生长。

我国大部分地区处于副热带和温带，气温的年变化十分显著，特别是夏季高温与高湿同时出现，非常有利于这一时期作物的生长。我国各种作物的种植北界比世界同纬度的其他国家或地区偏北，这与雨热同期有关。但是，冬季温度较低，农事季节受到限制，影响到气候资源的利用，一般是从作物生长期所需积温出发，对照当地的生长季节长短和积温总量，研究出最优的生产方案。如在积温低于1 500.0℃的地区，如果没有人工气候措施，是不宜种植粮食作物的；积温在1 500.0℃以上，一年才可以单季种植部分作物；积温高于4 000.0℃，一年可种植两季；积温高于5 800.0℃，一年可种植三季。这还与各季作物的种类、品种及茬口衔接有密切关系。

在农事安排上，各地都存在有可能方案和最优方案，可能方案是勉强做到的可能利用率，如长江流域一年三熟制（稻—稻—麦）生产，尽管年产量较高，但保证率低，易受低温危害。最优方案是综合分析了各方面因素之后，得出的能够较稳定获得最大经济效益的方案。

3. 水分潜力 水分潜力是指在作物生长的其他条件都得到充分满足的情况下，降水量供给作物的需要，使作物达到最高产量的能力。在农业上，水分的主要作用是维持作物生理机能、提供直接参与光合作用的水分和输送养分等。水分潜力决定于降水量和作物蒸腾系数，其中蒸腾系数是作物积累单位质量干物质所蒸腾消耗的水量。各种作物的蒸腾系数有较大差别，如水稻为1 000；而小麦却为513。如果水分潜力以单位面积的产量为标准，当蒸腾系数为500时，则该地块水分潜力大致等于直接降落在该地的降水量的一半，因此，从年降水量分布图大致可以看出降水潜力的分布。对于蒸腾系数不等于500的作物，可按其比例求出降水潜力。但是由于农田中株间土壤水分的蒸发是可以抑制的，因此，实际降水潜力往往高于一半降水量的水平。

我国光能潜力一般大于水分潜力，只在我国东南部分地区和四川盆地，由于阴雨日数较多，前者才有可能略小于后者。在我国西部，不少干旱地区年降水量不到50.0mm，水分潜力很小，但是，这些地区如果耕地面积所占比例较小，并有完善的水利措施，有足够水源就能获得高产。如我国西部近山的河谷或盆地（柴达木盆地、塔里木盆地）边沿，由于山区降水的灌溉，而且光能十分丰富，往往产量较高。

光能潜力、温度潜力和水分潜力都是理想的概念，是理论上的生产潜力上限。而在实际农业生产上，由于受到各种因素的限制和影响，往往不能充分发挥其作用。这些因素既有来自生物方面，也有来自生产技术方面，还有来自气候方面，常常是由若干个因素综合作用影响的。对于农业气候学来说，其所研究的主要是来自气候方面的限制因素。

二、气候变化对中国农业的影响

气候是在不断地变化的，生产潜力也随着气候的变化而变化。我国光能、温度和降水三大气候要素中，光能资源相对比较稳定，而且比较丰富，足够满足农业生产的需求。因此，在讨论气候变化对农业生产的影响时，关注的是温度和降水因素。

我国的温度和降水都有各种不同尺度的变化，可以说，农业生产在一定程度上受气候变化所制约，气候资源利用得越充分，农业生产对气候变化的敏感性越大，也就越需要注意气候问题。例如，我国 18 世纪初在长江下游曾种过双季稻，还获得较高产量，一直到 19 世纪初，因气候变冷而不得不停止种植双季稻，说明农业生产与气候变化密切相关。又如，1949 年后，我国在长江流域及其以北地区推广种植双季稻，尽管生产水平已大为提高，但有些年份还是由于热量不够而影响产量，可见，农业要获得高产稳产，不能忽视气候因素的影响。气候变化对农业生产的影响比较复杂，我国常以多年平均温度 1.0℃ 的变化和多年平均年降水量 100.0mm 的变化对农业生产的影响情况来分析，这样的变动数值基本上与我国现代气候变化的幅度相对应，它作为气候变化的基本单位，对研究更长时期、更大尺度气候变化对农业生产的影响是很合适的标准。

在气候长期的趋向性变化的情况下，农业生产才有可能适应和充分利用其气候生产潜力。各气候要素之间往往存在着一定的联系，这种联系有可能影响单个要素影响的结果。在我国五千多年的气候变化中，温度从公元 11 世纪开始，由原来的较高水平下降到较低水平；而湿润指数则从同一时代起由湿期长、干期短的情况转为干期长、湿期短的状况，即由暖湿组合转为冷干组合。因此，分析气候变化对我国农业生产的影响时，必须根据气候各个要素变化的特点，综合进行分析，才能得出合乎实际的结论。

第五节　本省（区）气候特征（内容自拟）

 知识链接

气候变暖中国如何确保粮食安全

气候变暖已经成为全球性的问题，对人类的生产生活都带来一定影响。我国是农业大国，我国农业生产尤其是粮食生产，靠天吃饭的局面还没有根本改变，随着全球气候变暖，气候对农业生产的影响将越来越大，农业自然灾害总体呈加重趋势。

资料显示，从新中国成立以来农作物受灾、成灾、绝收面积情况看，虽然年际间有波动，但总的趋势是加重的。我国农业生产方面的自然灾害种类增多，强度加大。目前主要自然灾害有干旱、干热风、洪涝、台风、雹灾、低温冻害、早霜等。而在诸多灾害中，对农业生产影响最大的是干旱。

我国是世界上严重缺水的国家之一。每年农业灌溉缺水 300 亿 m³，近 5 336 亿 m² 灌溉农田中约有 667 亿 m² 得不到有效灌溉。根据国家水资源发展规划，到 2030 年灌溉用水供给量将基本维持零增长，农业用水矛盾将更加突出。据专家分析，每年因干旱损失粮食占各种农业自然灾害损失粮食的 60%。

中国气象局专家认为，气候变暖后，蒸发相应加大，如果降水量不明显增加，将会使我国农牧交错带南扩。东北与内蒙古相接地区农牧交错带的界限将南移 70km 左右，华北北部农牧交错带的界限将南移 150km 左右，西北部农牧交错带界线将南移 20km 左右。由于农牧交错带是潜在的沙漠化地区，新的过渡带地区如不加保护，也有可能变成沙漠化地区。

中国农业科学院的有关专家指出，气候变暖后，如果没有新的适用技术，主要作物的生长期会普遍缩短，也会对农作物的生长产生不利影响。

气候变暖会使农业病虫害的分布区发生变化，使害虫的繁殖代数增加，导致危害时间延长，作物受害可能加重。专家表示，虽然气候变化不会动摇我国粮食的自我供应能力，但却增加了我国实现未来粮食生产目标的困难。

农业部有关负责人强调，应对全球气候变化对粮食生产的影响，今后的重点是解决农业用水的供需矛盾。目前我国灌溉水平均水分生产效益为 $1kg/m^2$ 粮食，低于发达国家水平 50% 以上，说明发展农田节水潜力很大。有关研究表明，通过发展农田节水，在灌区小麦和水稻生产上具有节水 360 亿 m^3 的潜力，在旱作区增加自然降水利用效率上具有 260 亿 m^3 的潜力。

为此，农业部把农田节水作为推动农业可持续发展的战略性措施。总的方向是：紧紧围绕粮食增产、农民增收、农业增效，立足田间节水，遵循需水规律，结合区域特点，改革耕作制度，优化种植布局，配套田间节水设施，集成创新节水模式，普及推广节水技术，完善监测服务网络，形成蓄、保、集、节、用一体化的农田节水格局，着力提高水的生产效率。

田间基础设施建设与配套，是实现农田节水的关键性措施。针对田间基础设施薄弱的问题，农业部将在灌溉区开展田间微型节水工程建设，平整土地，改造畦块，完善田间灌溉末级渠系，配置田间软管送水、喷灌、滴灌等节水灌溉设备等，提高农田灌溉的调控能力。

农业部已探索形成了九大农田节水技术模式。同时，研究开发节水农业信息网站，建立信息采集和发布平台，提高农田节水技术服务水平。针对不同区域的水资源和农业生产特点，完善技术服务手段，规范农田节水技术，配置土壤墒情监测设备，建立土壤墒情监测网络，定期测定和发布土壤墒情信息，为适水种植、抗旱减灾和合理配置土肥水资源提供依据。

此外，还将因地制宜调整种植结构，逐步探索建立与水资源条件相适应的节水高效农作制度，变对抗性种植为适应性种植。

思 考 与 练 习

1. 简述中国气候形成的原因。
2. 试述中国气候的主要特征。
3. 为什么说中国气候的季风性是得天独厚的农业气候条件？
4. 试述我国东南沿海地区与西北内陆气候特点的差异。
5. 四季的划分方法有哪些？
6. 何谓温度四季？其标准是什么？
7. 二十四节气是如何划分的？每一个节气有何农业意义？
8. 何谓物候和七十二候？
9. 中国气候的生产潜力如何？
10. 你所在省（或区）的气候特点如何？

第九章　农业气候资源

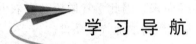

学 习 导 航

➡️**基本概念**

　　农业气候资源、农业气候区划。

➡️**基本内容**

　　1. 农业气候资源的特点。
　　2. 农业气候资源分析的内容。
　　3. 重要的农业气候资源的状况。
　　4. 农业气候资源合理利用的途径。
　　5. 农业气候区划的目的、任务、原则、方法及分区结果。

➡️**重点与难点**

　　1. 农业气候资源的特点。
　　2. 农业气候资源分析的内容。
　　3. 农业气候资源合理利用的途径。
　　4. 农业气候区划的结果。

　　农业气候资源是一个地方的农业气候条件对农业生产发展的潜在能力，是自然资源的重要内容。农业生产的对象和过程无不在气候条件的制约下进行，为充分合理地利用气候资源，最大限度地抗避不利的气候条件，协调农业生产与气候条件之间的关系，鉴定气候条件对农业生产的利弊程度，对农业气候资源的分析是非常必要的。

第一节　农业气候资源的特点

　　农业气候资源是农业自然资源的重要组成部分，是大气可用于农业生产的物质和能量。农业的生产量由农业气候资源转换而来，因此，气候资源对农业生产是极为重要的基础条件。农业气候资源包括光、热、水、气等农业气候条件。

　　农业气候资源是一种重要的自然资源，农业气候要素的数量、组合、分配状况对农业生产都有重要影响。从农业生产的角度出发，农业气候资源具有以下特征：

　　1. 循环性　农业气候资源的数量有限，但又年年循环不已，有无穷无尽的循环性。从多年的平均情况看，一个地区的太阳辐射、热量、降水有一定数量限制；但从总体上看，是年复一年的循环，用之不竭，使农业生产有可靠的保证。

　　2. 不稳定性　农业气候资源不仅在时间分配上存在着不稳定性，而且在空间分布上具有不均衡性。由于地理纬度、海拔高度、海陆分布、大气环流、地形和下垫面性质不同以及各区域数量和质量的差异，使农业生产受气候资源区域的制约，农业生产具有明显的区域性特点。如我国降水分布由东南沿海向西北内陆逐渐减少，在时间上很多地方降水主要集中在夏季，夏季降水占全年降水的 50％以上，冬季降水不足 10％。农业气候资源的这种特征，给农业生产带来不利的影响，甚至灾害。

　　3. 整体性和不可替代性　农业气候资源具有整体性，各因子之间的相互影响、相互制约对农业生产起综合作用。在光、热、水诸因子中，一种因子的变化会引起另一个因子的变化。一般情况下，降水少的地方，太阳辐射较强，在太阳辐射较强的地区，温度较高；另一方面，对农业生产来说，一种因子有利，不能因其有利而替代另一种不利因子，如干旱地区，热量条件充分，水分缺乏，但不会因热量多就替代水分而对农业生产有利。

　　4. 可调节性　农业气候资源具有可调节性，随着科学技术的发展，人类改变与控制自然的能力增强，在一定程度上可以改善局部或小范围的环境条件，气候资源的潜力能更有效地得到利用。如干旱地区，水利条件的改变，可以提高热量资源的利用率。北方冬季保护地栽培技术措施如日光温室、塑料大棚的应用，使冬季的光资源得到利用。各地区的农业气候资源是客观存在的，而农业生产的对象和过程是由人来控制的，我们应不断掌握农业气候资源的特征，遵循客观规律，挖掘其增产潜力，提高经济效益。

第二节　农业气候资源的分析与利用

　　农业气候资源分析是根据农业生产对象的生产过程对气候条件的具体要求，鉴定分析给定地区的气候条件，作出农业气候条件的农业评价。首先，将农业生产对象的生产和过程与气候因子之间的关系用量化指标表示出来；其次，用这个指标分析气候条件的时空变化规律，鉴定其农业气候特征，评价对农业生产、高效、优质的满足程度及供应情况；最后，提出利用农业气候资源及"避灾""抗灾"的具体措施。

一、农业气候资源分析的内容

分析一地光、热、水等气候要素的时空分布规律及其与农业生产对象的生产过程之间的关系，为农业布局、农业结构调整、种植制度的改革、优良品种引进提供依据。

分析气候条件与农作物的生长发育品质形成之间的关系及其对作物光合、呼吸、蒸发等物质与能量转化过程的影响，为充分利用气候资源，生产更多、更优的农产品提供依据。

分析气候条件与农业气象灾害、病虫害之间的关系，为抗、避、防这些灾害提供依据。

分析气候条件与农业技术措施之间的关系，为耕作方法的调整、科学的栽培作物提供依据。

二、重要的农业气候资源

(一) 光资源

1. 光资源与农业　光资源包括太阳辐射量、太阳辐射光谱、光照时间。农业利用期间每年单位面积上受到的太阳辐射能，以 $MJ/(m^2 \cdot 年)$ 表示。

对农业来说，光资源最基本的作用是光合效应。通过植物将大气中的二氧化碳和水合成有机物，把光能转换为化学能贮藏起来，其方程式为：

$$6CO_2 + 6H_2O \rightarrow C_6H_{12}O_6 + 6O_2$$

从农业气候角度来看，光合效率决定于光照度、温度、水分和植物的光反应特性。据生理试验测定：植物的量子效率为 $8 \sim 10$ 个光量子同化 1 个二氧化碳分子。因此，在通常条件下植物只有 $0.6\% \sim 7.7\%$ 的光能可转变成化学能。在现实的农业生产中农作物的光能利用率都不到 1%，最大只有 5%。由此可见，在大多数条件下，总体上光资源不是产量形成的限制因素。

太阳辐射光谱的作用效应是不同的。一般来说，地球表面接收到的太阳辐射能主要集中在 $0.29 \sim 3.10\mu m$，而光合有效辐射在 $0.40 \sim 0.76\mu m$，不同的波长，作物光能利用率是不同的，波长较短的波段光能利用率低，波长较长的波段光能利用率高。被作物吸收最多的是红橙光（$0.57 \sim 0.70\mu m$），其次是蓝紫光（$0.39 \sim 0.47\mu m$），绿光（$0.47 \sim 0.53\mu m$）被吸收最少，而 $>0.70\mu m$ 的红外光对作物只起热效应，$<0.3\mu m$ 的光对作物有害。紫外光谱对作物形态建成有影响，$0.30 \sim 0.39\mu m$ 的光能使植物矮化。

光照时间长短对农作物生产有不可忽视的作用。光照时间的长短能够反映出一个地区的太阳辐射量大小。光照时间越长，作物的光合作用时间就越长，光合产物积累越多。作物还有光周期反应，因植物对光照时间长短要求不一，有短日照作物、长日照作物和中性作物，这在纬度不同的地区引种很重要。近年来在杂交水稻中发现光敏核不育现象，即长日照作物不育系如小麦在长日照条件下可育，而在短日照条件下不育；短日照作物不育系如水稻在短日照条件下可育，在长日照条件下不育，可见光照时间对农业生产有着极其重要的作用。

2. 年太阳总辐射量 年太阳总辐射量〔MJ/(m²·年)〕决定于地理纬度、海拔高度、大气透明度、云量等，因而各地区的年太阳总辐射量不同。我国的年太阳总辐射量在3 300～8 300MJ/(m²·年)。年太阳总辐射量分布的总趋势是西多东少和北多南少。大致以100°E为界线分为东、西部地区。西部的青藏高原、新疆和河西走廊等地区太阳总辐射量除西藏东南部、天山和新疆高纬度地区较少外，多在6 000～8 300MJ/(m²·年)，青藏高原多在7 000MJ/(m²·年)，新疆、河西走廊为5 500～6 500MJ/(m²·年)，全国最高值出现在西藏的西部为8 000～8 300 MJ/(m²·年)。东部地区在4 000～6 000 MJ/(m²·年)，全国最小值出现在四川盆地、贵州、湖南和湖北西部等地区，为3 500～4 000MJ/(m²·年)。北部多南部少的分布特点主要出现在东部地区，在整个地区为3 500～6 500MJ/(m²·年)，北部的内蒙古高原为6 000～6 500MJ/(m²·年)，黄河中、下游地区在5 000～5 500MJ/(m²·年)，长江流域在3 500～5 000MJ/(m²·年)，华南地区和云南地区的南部在5 000～6 000MJ/(m²·年)。台湾、海南等地达到5 000～5 500MJ/(m²·年)。对农业生产来说，从总体上看年太阳辐射量当属丰富，为我国农业生产提供了能够高产的能源基础。

3. 生长期太阳总辐射量 农作物的生长期，农业气候学将平均气温≥0℃期间作为全年生长期，将日平均气温≥10℃期间作为喜温作物生长期。由于各地≥0℃和≥10℃的起止日期不同，生长期长短不一，因而各地≥0℃和≥10℃期间的太阳总辐射量不同。

≥0℃期间的太阳总辐射量西部的青藏高原和西北内陆地区，南北之间由于南部青藏高原生长期短而南北之间的差值不明显，多在3 200～4 800MJ/(m²·年)，只有青藏高原中西部≥0℃期间很短，太阳总辐射量<3 200MJ/(m²·年)；东部地区有南部多北部少的趋势，黑龙江北部、内蒙古东北部在3 200MJ/(m²·年)以下，东北中、南部、内蒙古东部在3 200～4 000MJ/(m²·年)，内蒙古中西部、黄土高原为4 000MJ/(m²·年)左右，黄河中、下游地区在4 000～4 400MJ/(m²·年)，长江中、下游地区自北而南在4 000～4 600MJ/(m²·年)，华南地区在4 400～5 600MJ/(m²·年)，华南沿海地区、海南、台湾西部为全国最高值区达5 000～5 600MJ/(m²·年)。我国农作物单位面积年总产量南部高于北部的地区分布差异，与全年生长期间太阳总辐射量分布有一致的关系。

≥10℃期间的太阳总辐射量由于大部分地区生长期进一步缩短，各地的差异更明显，高海拔地区和北部高纬度地区太阳总辐射量显著减少。东北地区、内蒙古在1 800～3 200MJ/(m²·年)，黄河中下游地区在3 200～3 600MJ/(m²·年)，长江中下游地区在3 500～3 600MJ/(m²·年)，四川盆地和贵州等地减少甚小，<3 200MJ/(m²·年)，华南地区在3 600～5 600MJ/(m²·年)，云南为3 600～5 200MJ/(m²·年)。

从以上全国分布看，生长期间太阳总辐射量以西部和西北部多，但因温度低、降水量少、生长季短而影响了农业生产的光资源利用；东部因生长期长、温度高、降水量多，农业生产比西部和北部发达；西部地区农业光能生产的潜力很大。

4. 年日照时数 我国年日照时数地区间差异大，变幅在1 200～3 400h。日照时数分布趋势表现出西部高于东部，北部多于南部，青藏高原年日照时数多在2 400～3 400h，同纬度的长江中下游为 2 000～2 200h，黄河中下游南部为 2 200～2 600h；西部的新疆和河西走廊为 2 600～3 400h，同纬度的华北地区北部为 2 800～3 200h，东北地区为 2 400～2 800h。西部地区自南部的青藏高原至北部的新疆、河西走廊等地区，它们之间的年日照时数差异不明显，多在 2 600～3 400h。东部地区从华南地区到内蒙古、东北地区北部，年日照时数有逐渐增多趋势，华南地区为 1 800～2 200h；海南的西部达到 2 400～2 600h，台湾西部达 2 400h；长江流域中下游 1 600～2 200h；四川盆地、贵州、湖南与湖北西部为年日照时数低值中心，为 1 200～1 600h；云南地区受西南季风的影响，冬半年干旱、晴天多，日照时数较多，达 2 000～2 400h；黄河流域中下游达 2 200～2 800h；内蒙古为 2 800～3 200h；东北地区 2 400～2 800h。

5. 生长期间日照时数 ≥0℃和≥10℃期间日照时数各地有差异。≥0℃期间的日照时数受两种条件的影响，一是受云量和降水条件的影响，降水日数多的地区日照时数少；二是受≤0℃期间的日数多少的影响，≤0℃的日数愈多，日照时数愈少。因而出现黄河流域多，长江流域少，西部地区少，华南较多。拉萨因晴天多，虽≤0℃的日数较多，日照时数仍多。≥10℃期间的日照时数大致随≥10℃期间的日数增加而增多，不过长江流域阴雨日数的影响仍大于≤10℃日数的影响，日照时数比黄河流域偏少。从一个地区看，随着生长期的起点温度增高而日照时数减少。从表 9 - 1 中可以看出上述情况。

表 9 - 1 主要地点各界限温度期间的日照时数及日平均值（h）

界限温度	≥0℃		≥5℃		≥10℃		≥15℃	
	总时数	日平均值	总时数	日平均值	总时数	日平均值	总时数	日平均值
哈尔滨	1 670	7.9	1 440	8.0	1 186	8.2	853	8.2
沈阳	1 827	7.6	1 580	7.8	1 331	7.8	1 000	7.8
北京	2 144	8.0	1 908	8.1	1 645	8.2	1 329	8.3
郑州	2 068	6.7	1 790	7.0	1 562	7.2	1 249	7.4
南京	2 007	6.0	1 688	6.3	1 465	6.5	1 190	6.7
武汉	1 987	5.7	1 712	6.1	1 518	6.4	1 247	6.9
长沙	1 677	4.6	1 473	5.0	1 324	5.4	1 130	5.9
广州	1 906	5.2	1 906	5.2	1 779	5.3	1 490	5.6
兰州	1 982	7.5	1 679	7.7	1 381	7.8	937	8.0
成都	1 228	3.4	1 147	3.5	963	3.8	799	4.1
昆明	2 470	6.8	2 470	6.8	1 680	6.4	946	5.8
乌鲁木齐	1 988	9.1	1 753	9.4	1 495	9.6	1 115	9.8
西宁	1 845	7.8	1 515	7.8	1 056	7.9	375	8.0
拉萨	2 305	8.2	1 738	8.2	1 190	8.0	177	7.7

6. 光合有效辐射 绿色植物不能利用全光谱的太阳辐射能，只能吸收 0.40～0.76μm

波段的辐射能，即可见光部分，紫外线和红外线都不能吸收。可见光对作物的生理过程和生长发育有十分重要的作用。$0.40\sim0.76\mu m$ 波段的辐射能称为生理辐射。在太阳总辐射的光谱能量分布中，光合有效辐射为 $0.42\sim0.52\mu m$，一般采用 $0.47\mu m$ 计算光合有效辐射量。

年光合有效辐射量全国为 $2\,000\sim3\,400MJ/(m^2\cdot年)$，我国西部多于东部，青藏高原、新疆、河西走廊、内蒙古西部等地区多在 $2\,600\sim3\,400MJ/(m^2\cdot年)$。其中西藏南部和新疆北部较少，小于 $2\,600MJ/(m^2\cdot年)$。东部地区在 $1\,800\sim2\,400MJ/(m^2\cdot年)$，东北地区在 $2\,000\sim2\,400MJ/(m^2\cdot年)$，内蒙古中、东部在 $2\,200\sim2\,800MJ/(m^2\cdot年)$，黄河中下游为 $2\,400MJ/(m^2\cdot年)$ 左右，长江中下游为 $2\,200MJ/(m^2\cdot年)$ 左右，华南地区在 $2\,200\sim2\,400MJ/(m^2\cdot年)$，四川盆地和贵州等地是全国低值区，在 $1\,800\sim2\,000MJ/(m^2\cdot年)$，西藏的中西部为高值区，达 $2\,800\sim3\,000MJ/(m^2\cdot年)$。在我国主要农业区的东部地区，光合有效辐射的分布较均衡，一般都能满足高产的需要。西部光合有效辐射量丰富，光合生产潜力大。

7. 光资源的季节变化 我国的太阳辐射量全国大部分地区都是夏季所占比率最大，春季次之，冬季最小，而云南大部分地区因受西南季风的影响，夏季多雨高湿，最大值出现在春季，其次是夏季，冬季最小。

作物生产的季节性须与太阳辐射的季节变化相协调才有利于获得高产优质，要求太阳辐射量出现最大值的季节与作物叶面积系数最大值出现的季节一致，光合作用的产物也就最大。我国东北地区、西北地区、青藏高原等一熟制区与太阳辐射出现的最大值季节相一致。黄河流域中下游地区冬小麦—玉米二熟制的地区，夏初收获越冬作物后出现作物生产季节衔接和叶面积系数小的时段，对利用夏季的太阳辐射不利，应采用套作和育苗移栽等措施加以弥补。长江流域双季晚稻因采用育苗移栽有利于太阳辐射资源的利用。华南地区季节变化的幅度较小，有利于作物周年利用。

总之，我国的光资源可以归纳为以下几点：

① 光合资源属丰富，能够充分满足农业生产高产优质的需求，而且光合生产潜力很大。

② 我国的光资源与作物生产的季节需求基本相适应，生长期间的太阳辐射量较丰富，有利于作物高产稳产。

③ 我国光资源的地区分布不够理想，西部多，但因气温低、生长期短、水分不足，限制了光资源的充分利用；而东部有些地区有些月份光资源少，不利于农业生产的利用，需要注意不同需光作物的选用，以弥补光资源分布少的地区的不足。

（二）热量资源

1. 热量资源与农业 热量资源是农业生产重要的环境因子，农业生物的生存和生育、农业的布局和结构以及生产量都受热量条件的制约。热量资源包括积温、其他温度条件、生长期和无霜期等，这些都直接影响农业生物的生长发育、分布界限、产品产量和质量等。我们可将积温作为热量资源，将温度作为热量条件。青藏高原光资源丰富，但因温度低、热量资源不足，不能种植喜温作物，喜凉作物栽培也受温度低的限制，秋播小麦有北界，春播小麦有南界。我国是多熟种植的国家，熟制的地区分布主要受热量资源的影响。东北地区由于热量资源不充足，只能种植一年一熟作物；黄淮海地区可种喜凉作物与较短生育期的喜温作物搭配，实行二熟制，由于热量不充足，两熟喜温作物不能越冬或不能充分成熟。大多数林木的分布受热量资源的制约，亚热带作物龙眼、荔枝、油桐、茶等，热带作物橡胶、油棕、咖啡、可可等，温带的苹果、梨等都有较明确的气候栽培界限。畜牧业的畜禽种类、经济昆虫的蚕等，以及害虫许多种类的繁殖代数都受热量条件的制约。因此，热量资源是重要的和不可代替的农业气候资源之一。

2. 日平均气温≥0℃的积温　日平均气温≥0℃的积温是全年作物开始生长至终止生长期间的热量资源，也代表全年热量资源。我国≥0℃的积温从南至北递减，华南地区达6 500～9 000℃，长江流域中下游至四川盆地为5 000～6 000℃，黄河流域中下游为4 000～5 000℃，东北地区为2 000～2 400℃，内蒙古东、中部地区为2 500～3 000℃；从青藏高原至东部沿海，由于海拔高度由西向东递减，而≥0℃积温大致由西至东递增，沿海地区北部的4 000℃至南部的8 000℃，青藏高原为1 000～4 000℃，西藏东南边缘地区达4 000～5 000℃。西北部的新疆和内蒙古西部由于地形和降水稀少、太阳辐射强，比同纬度的内蒙古中东部和东北地区≥0℃积温值大，新疆达2 500～5 000℃，内蒙古东部和东北地区为2 000～4 000℃，四川盆地比同纬度的长江中下游地区多出500～1 000℃，达6 000～6 500℃。云贵高原比同纬度东部地区少出500～1 000℃，南海诸岛属典型的热带气候，≥0℃的积温9 000～10 000℃，台湾与海南达到8 000～9 000℃。

3. 日平均气温≥10℃的积温　日平均气温≥10℃的积温表示喜温作物生长期的热量资源。我国日平均气温≥10℃积温分布与≥0℃积温分布相似，但其值随≥10℃期间日数的减少而减小。西部地区由于海拔高的缘故，表现出北部多于南部的趋势。青藏高原东南边缘地区可达3 000～5 000℃外，青藏高原的其余地区<2 000℃，其中有相当大的部分地区<1 000℃；新疆、河西走廊、内蒙古西部等地区在2 500～4 000℃，吐鲁番盆地达到4 500～5 000℃。东部地区由北而南逐渐增加，由黑龙江北部、内蒙古东北部的1 500～2 000℃，至海南和台湾南部的9 000℃。东北地区中南部为2 000～3 500℃，内蒙古中东部为2 000～2 500℃，黄河流域中下游地区为3 500～4 700℃，秦岭以北的黄土高原为3 000～4 000℃，长江流域中下游地区为4 500～6 000℃，四川盆地为5 000℃，云贵高原比同纬度东部地区少500℃左右，华南地区为6 000～9 000℃，南海诸岛9 000～10 000℃。从日平均气温≥0℃和≥10℃的积温分布来看，我国的热量条件是优越的，除东北北部、内蒙古大部地区不能种喜温作物外，玉米、水稻等高产作物的种植范围广、产量高，同时为多熟种植提供了热量条件保证。黄淮海和陕西中部、山西南部可实行一年二熟制，长江流域南部至华南地区可实行一年三熟制。我国积温分布的地区差异大，为要求不同热量条件的多种生态类型的作物提供了多种类型的热量资源。2 000～3 500℃的中温带有春小麦、高粱、谷子、大豆、玉米、粳稻等，3 500～4 700℃的暖温带有冬小麦、玉米、大豆、花生、苹果、梨等，4 700～6 500℃的北、中亚热带有水稻、油桐、茶、桑蚕等，6 500～8 000℃的南亚热带有水稻、荔枝、龙眼、甘蔗等，≥8 000℃的热带有橡胶、咖啡、胡椒及其他热带作物。

4. 作物生育期热量条件　作物生育期热量条件可分喜凉作物和喜温作物生育期热量条件。以冬小麦代表喜凉作物生育期热量条件，以玉米、水稻代表喜温作物生育期热量条件。

冬小麦：冬小麦生育期的热量条件虽然全国各地生育期长短相差很大，但由于各地生育期（不包括越冬期）平均气温差异较大，冬小麦生育期长短有随温度升高而缩短的规律，而使积温的地区差异缩小。全国冬小麦生育期间的积温在 2 000～2 200℃，部分山地春季阴雨日数多的地区可少到 1 800℃，云贵高原南部和新疆南部因种植晚熟品种达到 2 400℃。

一季水稻：全国各地都有一季稻栽培，各地一季稻生育期间的积温相差较大。东北地区和华北地区种植粳稻，前者种植早熟粳稻品种，后者种植晚熟粳稻品种。东北地区生育期积温在 2 000～3 000℃，华北地区在 3 000～3 500℃，长江流域和华南地区在 3 000℃左右。云贵高原生育期平均气温较低，作物多晚熟品种，生育期积温在 3 000～3 500℃，云南南部达 3 500～4 000℃。

我国各地作物生育期间积温差异受作物的影响较大，表现出越冬作物地区差异小于越夏作物，生育期长的作物积温大于生育期短的作物。同一作物晚熟品种积温大于早熟品种，而同一作物、同一品种各地积温差异小。

5. 无霜期和生长期　农业热量资源是和生长期联系起来的，常用无霜期和生长期来衡量热量资源持续时间的长短。无霜期通常用地面最低温度≤0℃的终日至初日之间持续日数表示。

我国无霜期的分布东、西部之间不同。西部的青藏高原和西北内陆地区因海拔高度不同而有异，青藏高原海拔高、气温低、无霜期短，其东南部在 100～150d，大部分地区＜50d；新疆在 100～200d；河西走廊在 100～150d。东部的东北地区在 100～150d，内蒙古中东部多为 100d，黄河流域中下游地区在 150～220d，长江流域中下游在 220～300d，华南地区＞300d。生长期是植物的生长季节，从第一批植物萌动生长至停止生长或进入越冬时为生长期，这与日平均气温≥0℃的初日和终日较一致。一般用日平均气温≥0℃的初日至终日的持续日数表示农耕期。我国东部的东北地区在 170～250d，内蒙古大部分地区在 170～225d，黄河流域中下游地区在 250～325d，长江中下游地区在 325～365d，华南区全年都是生长期。西部的青藏高原东南部达到 200d，东部在 150～200d，中西部地区＜150d，新疆和河西走廊在 200～250d。一般情况下，无霜期长于喜温作物生长期，短于喜凉作物生长期。

6. 温度条件　温度是作物生长发育和产量形成的条件，热量资源的基础是温度与持续日数，因此热量资源与温度密不可分，温度的高低、强弱都影响作物生产和气候资源的利用效率，因此分析农业热量资源必须分析温度条件。温度条件包括平均温度、极端最高气温和最低温度、最热月和最冷月平均气温，以此来表示一个地区的热量状况。平均气温表示综合热量条件，极端最高气温和最热月平均气温表示一个地区热量条件的上限和范围，可评价作物的热量条件；极端最低气温和最冷月平均气温表示一个地区热量条件的下限和范围，可以评价作物的越冬条件。在有些情况下，单用积温来评价一地的热量资源的可用性还不够，需用温度来评价热量资源的利弊。例如，棉花种植需要≥10℃积温 3 300℃，需要最热月平均气温＞22℃，在昆明≥10℃积温为 4 470℃，邢台≥10℃积温为 4 495℃，两地热量资源相近，但昆明最热月平均气温为 19.8℃，不能满足棉花生育对温度的要求，邢台最热月平均气温为 26.8℃，能满足棉花生育对温度的要求，故昆明不能种棉花，而邢台能种植，可见棉花的能否种植受温度条件的制约。再如冬小麦生育要求≥0℃积温 2 000℃，最冷月平均气温≥－10℃，极端最低气温－24～22℃，在张家口≥0℃积温 3 679℃，承德为 4 016℃，两地都能满足积温的需要。但承德最冷月平均气温为－9.5℃，极端最低气温－23.3℃；张家口最冷月平均气温为－10.5℃，极端最低气温－25.7℃。张家口冬小麦越冬有较严重冻害，种植冬小麦不利；而承德越冬冻害轻，可以种植冬小麦。由此可见，热量资源的利用必须和温度条件结合起来考虑，才能确定其适宜性。

7. 热量资源的时间变化 热量资源有年际变化和季节变化，对农业生产的稳定性和农事活动安排有影响。热量条件的年际变化以相对变率来表示，变率越大，热量条件的年际变化越大。我国积温相对变率分布一般规律是高纬度地区变率大，高海拔地区变率大，即积温量小的地区变率大，这些地区农业生产受热量变化的影响大。≥0℃积温相对变率为1%～6%；≥10℃积温的相对变率为2%～10%。表明喜温作物生长季节热量条件不稳定，常造成熟制的后茬产量波动大，还易出现冷害、热害等灾害，对农业生产有一定的影响。

（三）水分资源

1. 水分与农业 水分是农业生产的基本条件之一，制约着作物生长发育和产量形成。农业用水量占全国用水量的80%以上。我国农田有效实灌面积4 476.8万 hm²（1996年），灌溉农田的粮食产量占全国粮食总产量的2/3。可见水分对我国农业生产是至关重要的。陆地上水分的来源是大气降水。因此，降水量是水分资源的主体。我国的许多农业气候类型是由降水量形成的，从少到多的地区分布，形成干旱、半干旱、半湿润、湿润等不同农业气候类型。降水量的分布对农业生产的布局和结构、农业种植类型和产量水平有决定性的影响。农、林、牧的分布界限与降水量密切相关，在降水量<250mm的地区为干旱牧业区，没有灌溉就没有种植业；250～450mm的地区为半干旱农牧业区，以牧业为主，少有旱地农业；450～800mm地区为半湿润农业；而>800mm地区为湿润农业。农作物的种类和品种随降水量的分布而有异。在半干旱地区种植耐旱的糜、粟等，在半湿润地区种植玉米、大豆、甘薯等，在湿润地区种植水稻的面积大。种植制度受降水量的影响，450～800mm以一熟制和二熟制为主，>800mm以二熟制和三熟制为主。水分是农作物光合作用的原料之一，因而降水量影响农作物的产量，单产量和总产量都与降水量有关。从表9-2可见小麦相对产量与水分之间的关系，降水量与需水量相近小麦产量高，降水量过少和过多，造成产量都低。降水量对牧业的影响也很大。牧区主要分布在干旱和半干旱地区，草原产草量与降水量关系极为密切。表9-3表明不同降水量的地区产草量明显不同。

表9-2 不同降水量气候类型与小麦相对产量

地区	小麦生育期气候类型	小麦生育期降水量（mm）	小麦相对产量（%）
内蒙古	干旱半干旱	50～200	55.6
河北	半干旱	150～200	96.8
河南	半湿	200～300	115.5
江苏	半湿至湿	250～500	136.1

表 9 - 3　不同类型草原的产量与降水量

类　　型	歉　　年		平　　年		丰　　年	
	降水量 (mm)	产草量 (kg/hm²)	降水量 (mm)	产草量 (kg/hm²)	降水量 (mm)	产草量 (kg/hm²)
草甸草原	300	800	3 000～4 000	800～1 000	400	1 000
典型草原	250	600	250～350	600～800	350	800
荒漠草原	150	400	150～300	400～600	300	600
荒　　漠	50	200	50～100	200～300	100	300

2. 年降水量　年降水量表示一个地区全年水分资源状况。我国年降水量全国年平均 640mm，全球年平均 975mm，相比我国的降水偏少。年降水量的分布趋势是从南向北和从东向西减少。这种状况与海陆分布、地形有关，东部和南部地区邻近太平洋和印度洋，降水量多，离海洋远的北部和西部降水量少，青藏高原由于阻止印度洋水汽北上，影响了降水量的分布。华南地区年降水量为 1 600～2 000mm，长江中下游为 1 000～1 600mm，四川盆地 800～1 400mm，淮河流域和黄河中下游为 600～800mm，东北地区 400～1 000mm，内蒙古 50～400mm，云贵高原为 800～1 800mm，青藏高原东部为 400～600mm，东南部边缘为 600～2 000mm，其余地区为 50～400mm，西北地区的新疆、河西走廊、内蒙古西部等地为 50～200mm，有些山地（天山）达 300～600mm。从降水量的分析可见，我国北部、西北部、青藏高原的农业生产的发展受到降水量的限制。

从全国的降水量状况可以看出，我国降水量的地区分布差异显著，南部多，北部少，季节分配不匀，夏季多，冬季少；年际变率大，大部分农业区为 10%～30%，西北地区达 50% 以上，降水量变率大常造成旱涝灾害。从多年平均状况看，雨与热、雨与作物的需要大体协调，但也有季节性不协调和降水量与需水量不协调的现象。如南方 6～7 月的"梅雨"或 7～8 月的伏旱；西北地区夏季的干热，降水量不足等，这些都对农业生产构成影响。

3. 作物生长期间降水量　日平均气温≥0℃ 期间的降水量：我国由于日平均气温≥0℃ 的持续日数在南方多于 330d，在北方虽然持续日数 180～300d，但因降水量集中在夏季，≤0℃ 期间降水量很少，因此，≥0℃ 期间的降水与年降水量很接近。南方与北方的降水分布趋势相近，只有新疆北部冬、春季降水量较多，南疆、东北、华北北部、西藏北部因≤0℃ 的日数较多，≥0℃ 期间降水量与年降水量差值较大，年降水量比≥0℃ 期间的降水量可多 100mm。

日平均气温≥10℃ 期间的降水量：我国日平均气温≥10℃ 期间的降水量随≤10℃ 的日数增加而减少。全年≥10℃ 期间降水量，华南地区南部为 1 800～2 000mm；华南地区北部 1 400～1 600mm；长江流域中下游为 800～1 600mm；黄河流域中下游 500～700mm；东北地区为 300～800mm；内蒙古为 50～400mm；青藏高原东南部为 300～600mm；东南部边缘地区为 600～1 800mm，其余地区为 50～300mm；新疆除天山地区外多为 50～100mm。≥10℃ 期间降水量比年降水量减少的量各地不同，长江流域以南地区约减少 200mm，黄河流域中下游约减少 100mm，西北地区＜100mm。≥10℃ 期间降水量与年降水量之间这种现象说明我国≤10℃ 期间降水量少，对农业生产季节性的影响较小。

4. 作物生育期间降水量　作物生育期间降水量直接影响作物的生育和产量，从作物生育期间降水量可以了解我国降水量的分配与适宜性。我国作物生育期分为喜凉作物和喜温作物两大类，以冬小麦和水稻为代表。

冬小麦生育期间黄河流域中下游地区降水量为 150～250mm，淮河流域为 250～300mm，长江流域中下游为 500～900mm，华南地区为 200～500mm，云贵高原为 100～200mm，四川盆地为 200～350mm，青藏高原冬小麦地区为 300～500mm，新疆有冬小麦的地区为 50～200mm。降水量这种分布形成北方缺水，南方水分过多。在华北平原北部形成一个冬小麦少雨中心（＜150mm），在长江流域中下游南部形成多雨中心（600～900mm），这些地区对冬小麦生产是不利的。

水稻（一季稻）生育期间主要种植区的降水量都较丰富，东北地区为 400～700mm，黄河中下游地区为 500～700mm，长江流域中下游地区为 500～800mm，华南地区为 600～1 000mm，云贵高原地区为 600～1 000mm，内蒙古地区为 200～400mm，西北地区的新疆为 25～100mm，内蒙古和西北地区靠灌溉种植水稻。水稻生育期降水量多少主要决定于各地水稻生育期的长短和地区分布，水稻主要种植在夏季，因季风雨主要集中在夏季，大部分地区水稻种植季节的降水量较丰富。南方双季早稻生育期间降水量在长江流域为 500～1 000mm，江南中部达到 900～1 000mm，华南地区为 600～1 100mm，其东部和西部较少，中部达 900～1 100mm，云贵高原南部为 400～600mm。双季晚稻生育期降水量从长江流域向华南地区增加，长江流域为 500～600mm，华南地区为 600～1 000mm。除长江流域有伏旱外，生育期间总降水量仍较丰富。

5. 降水量时间变化　我国降水量年际变化和季节变化都很明显。常用年变率表示年际变化的大小。

年际变率大的地区各年之间降水量差异大，降水量不稳定，易出现旱涝问题，影响农业生产的稳产高产。我国降水量年变率北方大于南方，东南沿海小于西北内陆。一般表现为年降水量越大的地区，年变率越小；年降水量越小的地区，年变率越大。长江流域南部和西南地区年变率最小，均在 15％以下；东北地区其次，大部分也在 15％以下；华北地区与淮河流域年变率显著偏高，华北大部分地区年变率大于 25％，淮河干流附近达 20％；华南沿海因台风次数的年际变率大，年降水量变率也较大，达 20％；内蒙古和西北等干燥气候区年变率在 30％以上，新疆南部大于 40％。

（四）空气资源

我国农业气象学家提出空气资源作为农业气候资源的一部分，发展了农业气候资源的内容。与农业有关的空气资源主要指二氧化碳（CO_2）、氧（O_2）、氮（N_2）等，它们都是农业生产的资源。这些空气成分都有地区差异和季节变化。如大气中的二氧化碳含量随海拔高度的升高而减少，我国陆地的海拔高度由东至西增高，二氧化碳含量在东部沿海和东北地区较高，其密度达到 0.55mg/L；在长江流域南部、四川盆地和华南地区、黄河流域中游、内蒙古东北部等达到 0.50～0.55mg/L；内蒙古中部和西部、新疆地区、云贵高原为 0.45～0.50mg/L；青藏高原为 0.35～0.45mg/L；密度有季节变化，冬季高、夏季低。

氧是生物呼吸必需的气体，作物的光合速率随氧含量的减少而下降。一般高原地区出现喜凉作物高产与低氧含量抑制光合呼吸有关。大气中氧的含量随海拔高度的增高而减少。在东部低海拔地区大气氧的含量>260mg/L，内蒙古中、西部和新疆地区、云贵高原为240～260mg/L，青藏高原为180～240mg/L。氧的含量有季节变化，冬季高于夏季。

氮是植物的三大营养元素之一。大气中有含量极丰富的氮，占78%，但作物不能直接利用，只有细菌和藻类可以固定大气中的氮，它是农业的一种潜在气候资源。大气中氮的含量随海拔升高而减少，在海平面氮的年平均密度为920mg/L，即每立方米气体中含氮近1 000mg/L，海拔1 000m的地区为820mg/L，海拔3 000m的地区为660mg/L，海拔5 000m的地区为533mg/L。我国大气中的氮含量东部地区高，西部地区低，青藏高原含量最少。

此外，有些有害气体，如一氧化碳（CO）、二氧化硫（SO_2）、二氧化氮（NO_2）等，对环境、农业生产都有害。如形成酸雨的主要有害气体二氧化硫，对农作物特别是蔬菜作物影响很大，在我国南方一般能造成减产5%～10%。这些对农业有害的气体，除减少人为污染外，应做到无害化、资源化，为农业生产所利用。

三、农业气候资源的利用

对农业气候资源分析的目的是为了利用，寻找合理利用农业气候资源的途径。

1. 合理进行农业布局　农业气候资源利用的主要成就是在农业布局合理方面。美国的小麦带、玉米带、大豆带、棉花带是合理利用气候资源的代表。巴西在中南部发展大豆生产，开发和提高了气候资源利用的效率，而在其他方面的开发利用做得很少。我国的农业气候资源开发利用取得了多方面的经验和成就，使我国的农业气候资源开发利用在世界占有重要地位。

我国幅员辽阔，地形复杂，气候多样，具有多种农业气候类型，根据各地农业气候资源特点和作物本身的生物学特性，合理布局，实行区域化种植，宜农则农，宜牧则牧，宜林则林。在这方面美国、日本的经验值得我们借鉴，就是根据气候和土壤条件实行区域化种植，美国将1/2以上的小麦集中在两个小麦带内，2/3的玉米集中在适应种玉米的玉米带内，日本利用丘陵起伏的地形，集中发展柑橘，仅在佐贺县1.5万hm^2柑橘就年产36万t，接近我国年总产量，类似佐贺县气候条件（光照1 977h），在我国浙江、福建山地，湖南、江西丘陵地区和广东、广西各地处处皆是发展柑橘的理想基地。

2. 根据农业气候相似的原理科学引种　成功地引进优质品种是提高农业经济效益的有效途径。引种时要根据农业气候相似原理，确定不同地区的气候条件相同与否，这不仅要考虑气候要素特征，还要考虑这些要素的农业意义，也就是说，在引种时要着重考虑对某种农作物生长、发育、产量起关键作用的农业气候条件，如每667m^2产500kg以上的西藏高原肥麦，原产地北欧丹麦海拔10m以下，平均气温8.5℃，从气候上分析两地相差甚远，但从肥麦产量成期间的农业条件看两地十分相似，所以适宜引种，并取得了成功。如果不科学地分析原产地与引种地的气候条件，不很好地运用农业气候相似原则，盲目引种，必定会导致减产或失败。如我国20世纪70年代曾先后引进20万t黑麦，分发全国20多省（区）试种扩种，由于对原产地气候条件没有真正搞清楚，且对黑麦特性不加分析，生搬硬套，导致许多地区引种失败。如在长江流域生长期多雨，而黑麦后期不适应高温阴雨天气，白粉病、赤霉病严重；华北平原后期高温，千粒重下降；河北张家口地区一度曾盲目推广黑麦，但由于抽穗期至成熟期间，若遇降水稍多，不仅发病严重，且穗发芽普遍，严重影响产量，即使正常年景也因抗锈病能力差而减产。所以，引种过程中必须根据多年气候资料进行分析，引种才能成功。

3. 根据农业气候资源的特点，调整种植制度　农业气候资源，是确定一个地方合理种植制度的重要依据。合理的种植制度是在一定的耕地面积上，为保证农业产量持续稳定地全面增长的战略性农业技术措施，又是科学开发利用农业气候资源，充分发挥农业气候资源的生产潜力的重要基础性措施。从农业气候资源利用来看，确定一个地方适宜的种植制度必须遵循以下几个原则：

① 根据作物种类对热量、水分的要求结合当地农业气候资源来考虑，确定作物种类和品种，调整种植方式、复种指数，为作物合理布局提供依据。

② 适宜的种植制度，必须趋利避害，有效利用农业气候资源，应能适应多数年份的气候特点，有一定的抗灾能力。安排的作物种类和品种熟制，合理搭配组合，使种植制度逐步完善。

③ 种植制度的演变和发展，是以农业气候资源为前提的。种植制度的好坏，在于是否合理地利用农业气候资源，为确定适宜的种植制度提供经验教训和必要的科学依据，做到种植制度的历史继承性，相对稳定性和对农业气候资源的适应性。

④ 在确定种植制度时，既要有利于粮食生产，又要有利于多种经营以便充分发挥农业气候资源的优势。

在进行种植制度的改革时，必须科学地分析一个地方的农业气候资源，看其是否适合当地农业生产特点，否则就会导致改革的失败。

第三节　农业气候区划

农业气候区划，又称为农业气候分类，就是针对农业生产的气候条件进行区域性的划分，根据气候相似的原理和地区差异，把农业气候条件不同的地区区分开来。

(一) 农业气候区划目的

农业气候区划的目的是为了充分有效地利用农业气候资源，合理地进行作物布局，因地制宜地实行农业技术改革和合理采取各项农业技术措施，促进农业生产充分利用一个地方农业气候资源的优势，克服不利的农业气候条件，最大限度地使农业生产在耗费最少的人力、物力条件下获得高产、稳产。

(二) 农业气候区划的任务

① 分析各农业气候资源的特点，根据气候特点进行相应的农业气候区划。

② 分析各地主要农作物对气候条件的要求，以及在其生育期内所遭遇的气象灾害，在此基础上进行单项农业气候区划。

③ 分析评价农业气候条件，主要针对农业气候特征、作物种类品种及种植制度在该区的适宜程度及发展的可能性，分析农业气候的生产潜力等。

（三）农业气候区划方法

农业气候区划已形成了较成熟的方法，我国农业气候区划研究结果可以归纳如下：

1. 选定区划因子，确定区划指标　农业与气候之间的关系都反映在各种气候要素的作用上，有直接影响，有间接影响；有的影响明显，有的影响不大。在对农业生产影响的气候条件中，热量与水分的影响更为直接。在热量条件中用积温表示总热量，用平均气温和关键期平均气温、极值等表示农业气候界限条件，用不同界限温度期间的日数表示生长期长短等；水分条件用降水量、盈亏量、干燥度、土壤水分量等划分气候类型的界限；光照条件用太阳辐射量、日照时数、光周期等指标，这些多用于专业农业气候区划。气候灾害也作为不利影响因子在区划中占有重要地位，有旱、涝、低温冷害、冻害、干热风、风害等农业气候灾害区划。中国农业气候区划选用积温、最热月气温和最冷月气温、降水量、干燥度、灾害等作为主要区划因子；中国作物气候区划多选用积温、气温（平均值和极值）、降水量、水分盈亏量、干燥度、光周期、日照时数等作为区划因子。中国牧区气候区划选用降水量、干燥度、风沙、积温等作为区划因子。不同的农业生产对象和内容与气候的关系不同，选用不同的因子。

确定区划指标是根据选用的农业气候区划因子定出反映农业与气候关系的指标，建立指标系统，确定区划的界限值。不同的区划方法、对象、种类有不同的指标，如采用聚类分析方法应是综合指标，采用生物气候学方法应用单项的温度条件或水分条件；区划的对象是农作物。既可以是单项指标如温度或水分，也可以是多因子综合；如果是灾害区划大多采用单项指标，也有如干热风采取温、湿、风三要素指标。农业气候区划一般要求的是实质性指标量，因区划的对象多是农业生物体，其对气候条件的要求都是需有一定量的条件，如作物的水分条件是需水量，与其对应的是水分供给量，水分保证率等一类非实质性的指标只能作辅助指标。

2. 综合因子法和主导因子法　在自然环境下的农业生产受到多因子的整体影响，应采用多因子综合指标、综合不可能完全模拟出自然环境的因子组合，大多综合指标是所需因子的条件组合。地球上的农业气候不是均一的，同时农业生物体要求的生存条件和适宜条件是不同的，各种农业气候条件不是同等重要的，因此在大多数情况下只采用与农业关系最密切的要素，或采用起重要作用或决定性作用的要素作主导指标，其他次要作用的要素作辅助指标。如在温带、亚热带干旱条件下水分应是主导指标，在冷凉条件下温度是主导因子。如玉米冷害的主导影响因子是温度，小麦旱害的主导指标是水分。可见综合因子区划与主导因子区划方法是不相同的，不同的情况采用不同的方法。

3. 区域划分法和类型划分法　在农业气候区划中经常出现区域区划、类型区划或二者结合的农业气候区划。区域区划的分区必须在地域上是连续的区域，一般先划大的区域或带，再划地区和小区。类型区划是因为在一个大的地域内有各种不同的农业气候类型，或者因区划的对象是各种生态类型组成的，在分布上表现为不连续的区，这样划分的区属类型区划。在大型区划中（全球、全洲、全国）多是区域划分与类型划分相结合。如中国农业气候区划在农业气候大区、农业气候带是区域划分，第三级区划是类型与区域并存。

（四）中国农业气候区划

1. 中国综合农业气候区划　中国幅员辽阔，地形复杂，农业气候条件差异很大，农业生产形式和内容各地都不相同，采用主导指标与辅助指标、区域划分与类型区划相结合，做出三级农业气候区划。第一级划分三大区，即东部季风农业气候大区、西北干旱农业气候大区和青藏高原农业气候大区。第二级划分农业气候带，东部季风农业气候大区划分为北温带（寒温带）、中温带、南温带（暖温带）、北亚热带、中亚热带、南亚热带、藏南亚热带、北热带、中热带、南热带；西北干旱农业气候大区划分为干旱中温带、干旱南温带；青藏高原农业气候大区划分为高原寒带、高原亚寒带、高原温带。第三级划分农业气候区，全国共划分出 55 个（表 9-4）。区划各级的意义不同，第一级主要将我国大的农业自然环境和大农业区域性的基本农业气候差异划分出来，显示出湿、干、高寒和农、牧、林等的相似与显著不同；第二级主要划分出农业气候带，反映热量条件的地带性特点、农业布局和结构的相似与差异的区域性特点；第三级主要划分出非地带性的各种农业气候类型，反映农业气候和农业生产的地区性特点。

2. 专业农业气候区划　专业农业气候区划是区划对象具体、针对性较强的区域划分。有农林作物气候区划、种植制度气候区划、畜牧业气候区划、林业气候区划、各种气候灾害区划等。这类区划指标要求具体，农业意义明确，区域特点显著，实用性较强。我国已完成了多种专业气候区划。农林作物气候区划方面做出了小麦、水稻、玉米、大豆、棉花、油菜、花生、茶、甘蔗、甜菜、油菜、黄麻和红麻、烟、柑橘、梨、苹果、桃、葡萄、橡胶、蚕桑等 20 多种作物气候区划，区划各具特点，已在农业规划和农业生产、其他专业区划中应用。种植制度气候区划针对我国熟制气候进行了分区，为种植制度的调节提供了基本依据；牧区畜牧气候区划对我国草原、各种家畜进行区划，为牧区畜牧业发展提供了重要依据；各种气候灾害区划为减灾提供了依据。

知识链接

水 资 源 监 测

水资源是关系国家经济安全的重要战略资源。水资源监测是对水资源及其可持续利用方向性和战略性研究的基础工作。目前我国除少数地区外，都面临淡水资源紧缺的严重局面。我国受季风系统影响，水资源总量有明显的年际和年代际变化，其变率可达总量的 20% 以上，局部区域的变化更可到 100% 以上。由于人们对气候系统的认识还十分有限，对未来气候变化预测的可靠性离要求还有很大距离。因此当前亟须深入开展气候变化的科学研究，认识气候变化对水资源影响的机理，预测水资源的未来演化趋势，对水资源开发利用进行科学的综合规划，从而产生最佳的经济效益和生态效益。

表 9 - 4　中国农业气候区划系统

农业气候大区	农业气候带 名称	农业气候带 指标	农业气候区 区号	农业气候区 名称	≥0℃积温(℃)	年湿润度	年降水量(mm)	主要农业气候特征	农业特征
I 东部季风农业气候大区 (46.2%)	I₁ 北温带 (1.3%)	(1) ≥0℃积温小于2 100℃ (2) 最热月平均气温<16℃ (3) 最冷月平均气温<-30℃	I₁(1)	大兴安岭北部区 (1.3%)	<2 100℃最热月平均气温<16℃最冷月平均气温<-30℃			冬严寒夏温凉，无霜期短，积雪期长，湿润	林业，一年一熟，春小麦、马铃薯、燕麦
			I₂(2)	博客图—呼玛区 (1.1%)	2 100~2 600	0.5~1.0	450~500	冬季寒冷，积雪期长，无霜期短	林、牧，一年一熟，特早熟作物，春小麦、马铃薯
			I₂(3)	嫩江—小兴安岭区 (2.0%)	2 600~2 800	0.5~1.0	450~600	冬寒夏凉，无霜期短，低温冷害，多大风	牧，一年一熟，早熟作物，早熟玉米、春小麦、大豆
	I₂ 中温带 (10.6%)	(1) ≥0℃积温2 100~3 900℃ (2) 最热月平均气温16~24℃ (3) 最冷月平均气温-30~-10℃	I₂(4)	松花江—牡丹江区 (2.8%)	2 800~3 200	0.5~1.0	450~700	冬季寒冷，低温冷害	林、牧，一年一熟，春小麦、玉米、甜菜
			I₂(5)	松辽平原区 (1.3%)	3 200~3 600	0.5~1.0	500~750	西多春旱，东易秋涝	牧，一年一熟，春小麦、玉米、大豆、高粱、甜菜、向日葵
			I₂(6)	长白山区 (0.6%)	2 700~3 400	>1.0	>800	冬冷夏凉，低温冷害，多大风	林，一年一熟，中晚熟作物，玉米、春小麦、大豆、水稻
			I₂(7)	辽西—冀南 (0.8%)	3 600~3 900	0.5~1.0	500~800	冬冷夏温，湿润，低温冷害	果，牧，一年一熟，晚熟作物，玉米、春小麦、大豆、甜菜、谷子
			I₂(8)	长城沿线区 (2.0%)	日平均风速≥5m/s的年日数小于50d，≥0℃积温2 100~3 900℃，年降水量400~550mm			温暖、半湿润、半干旱，多风沙，霜冻较多，春旱重	农牧过渡，一年一熟，谷子、玉米、防护林

（续）

农业气候大区	农业气候带		农业气候区			指标						主要农业气候特征	农业特征
名称	名称	指标	区号	名称	年水分供求差 (mm)	4~6月水分供求差 (mm)	年降水量 (mm)	4~6月降水量 (mm)	3~5月湿润度	最热月平均气温 (℃)		主要农业气候特征	农业特征
Ⅰ 东部季风农业气候大区 (46.2%)	Ⅰ₃ 南温带 (8.2%)	(1) 年极端最低气温多年平均-20~-10℃ (2) ≥0℃积温 3 600~5 500℃（西段 3 900（西段 4 800℃） (3) 负积温≥-650℃（西段-500℃）	Ⅰ₃ (9)	北京—唐山—大连 (0.6%)	-200~-400	200~300	450~600	50~80			暖温、半湿润、春旱	一年二熟、小麦、玉米、果、林
			Ⅰ₃ (10)	黄海平原区 (1.3%)	-300~-400	180~220	400~600	60~130			春旱重、干热风、游	一年二熟或一年三熟、小麦、棉花、玉米、苹果、梨、枣
			Ⅰ₃ (11)	黄河下游南部区 (1.7%)	0~-200	0~-200	600~800	80~140			暖热、春旱、干热风、夏多雨	一年二熟、旱作小麦、花生、林粮间作、苹果、葡萄、烤烟
			Ⅰ₃ (12)	淮北—鲁东区 (1.6%)	0~200	0~-150	700~1 000	100~200			暖热、南多涝、北有春旱	一年二熟、水旱间作、水稻、大豆
			Ⅰ₃ (13)	黄土高原区 (2.4%)	-150~-300	-100~-250	400~600	60~130			暖温、春旱重	一年二熟或二熟、小麦、苹果
			Ⅰ₃ (14)	关中平原区 (0.6%)	-200~-250	-100~-150	600~700	80~130			暖热、多秋雨	一年二熟或二熟、小麦、玉米、棉花、奶山羊
	Ⅰ₄ 北亚热带 (5.8%)	(1) 年极端最低气温多年平均-10~-5℃ (2) ≥0℃积温 4 800~6 100℃（西段 5 500（西段 5 900℃） (3) 最冷月平均气温 0~4℃	Ⅰ₄ (15)	长江中、下游区 (3.7%)					>1.0	>28		冬冷夏热、生长期长、春、初夏多阴雨、伏旱、有渍涝	亚热带作物种植边缘区、一年二熟或三熟、双季稻、麦、油菜、棉、桑、茶、竹、渔
			Ⅰ₄ (16)	汉江中、下游区 (2.1%)					<1.0	<28		夏热冬温和、山地气候多样、有洪涝、秋霜有害	亚热带经济林边缘区、一年二熟、稻麦、桑、林牧、野生动物保护区

农业气候大区	农业气候带 名称	农业气候带 指标	农业气候区 区号	农业气候区 名称	2~4月湿润度	7~8月湿润度	最热月平均气温（℃）	主要农业气候特征	农业特征
I 东部季风农业气候大区（46.2%）	I₅ 中亚热带（13.9%）	(1) 年极端最低气温多年平均-5~0℃ (2) ≥0℃积温6 000（西段5 900）~7 000℃（西段6 500℃） (3) 最冷月平均气温4~11℃	I₅(17)	江南丘陵区（2.9%）	>3.0	<1.0	28~30	夏炎热、伏旱、多阴雨、秋有寒露风	一年二熟或三熟、稻稻麦、油茶、柑橘、渔、牧
			I₅(18)	南岭—武夷山区（2.5%）	>3.0	>1.0	28~29	夏热冬冷、春雨冬多、秋有寒露风、山地气候多样	一年二熟或三熟、林果收、山区中季稻
			I₅(19)	四川盆地区（2.3%）	1.0		>26	夏热秋暖、生长期长、夏秋多雨、川东伏旱、日照少	一年二熟或三熟、稻麦水旱作、蚕桑、柑橘、生猪
			I₅(20)	湘西—黔东区（2.1%）	1.5~3.0	>1.0	26~28	冬暖夏凉、春秋阴雨较少、山区多样、日照少	一年二熟、稻麦、林、牧、叶、烤烟
			I₅(21)	黔中高原区（1%）	0.5~1.5		22~26	冬暖夏凉、寡照多雹、秋绵雨	一年二熟、稻麦、林、牧、烟、烤烟
			I₅(22)	黔西—滇东高原区（1.5%）	0.2~0.5	1.8~2.2	20~23	冬冷夏凉、北部光照少、春多暴雨	一年二熟、水稻、小麦、玉米、杂粮、烤烟、林茶
			I₅(23)	滇中—川西南高原区（1.7%）	<0.2	1.8~2.6		冬暖夏凉、冬重春旱、河谷干热、光照足	一年二熟、稻麦、玉米、牧、蚕豆、烤烟、林、油
	I₆ 南亚热带（4.0%）	(1) 年极端最低气温多年平均0~5℃ (2) ≥0℃积温7 000（西段6 500）~8 200℃（西段7 500℃） (3) ≤-3℃出现频率<5% (4) 最冷月平均气温11~15℃	I₆(24)	台北—台中区（0.3%）	2~4月湿润度的频率（%）0.6~2.1	2~4月降水量<200mm的频率（%）	8~10月降水量<250mm的频率（%）	冬暖夏热、雨量丰富、台风多冬雨、山区气候垂直变化大、多台风	一年三熟、稻、甘蔗、茶、森林、渔、南亚热带果树
			I₆(25)	粤中南—闽南区（1.0%）	1.0~1.8	25~40	<20	雨热同季时间长、冬暖、春旱、洪涝、台风、寒露风	一年三熟、双季稻、甘蔗、渔、蚕桑、龙眼、荔枝、冬蔬菜

(续)

农业气候大区	农业气候带 名称	农业气候带 指标	区号	名称	指标	主要农业气候特征	农业特征
I 东部季风农业气候大区 (46.2%)	I₆ 南亚热带 (4.0%)	(1) 年极端最低气温多年平均0~5℃ (2) ≥0℃积温6 500~8 200℃(西段6 500)~8 200℃(西段7 500℃) (3) 年极端最低气温≤-3℃出现频率<5% (4) 最冷月平均气温11~15℃	I₆(26)	粤西—桂东南区 (0.6%)	1.4~2.4 10~25 <10	雨热同季时间长,冬暖寒露风	一年三熟、双季稻、甘蔗、南亚热带果树、热作过渡区、冬蔬菜
			I₆(27)	桂中南区 (0.6%)	0.9~1.2 25~60 10~20	夏季高温多雨,冬季热带作物有寒害,春旱	一年三熟、稻、玉米、甘蔗、花生、冬蔬菜、柑橘、龙眼、荔枝、林、渔
			I₆(28)	桂西南区 (0.6%)	0.4~0.9 61~90 <10	冬暖,春旱,光热丰富	一年三熟、稻、玉米、甘蔗、牧、南亚热带果树
			I₆(29)	滇南高原区 (0.9%)	0.1~0.3	冬季干旱,夏湿,寒潮影响较小	一年二熟、中稻、玉米、茶、杂粮、甘蔗、林、紫胶、橡胶树
	I₇ 藏南亚热带 (1.2%)	(1) ≥0℃积温4 000~6 000℃	I₇(30)	藏南、滇西北区 (1.2%)	≥0℃积温4 000~6 000℃,年降水量1 000~2 400mm	气候垂直变化大,河谷干热、高山寒冷湿润	立体农业明显,一年一熟、林、牧
	I₈ 北热带 (1.1%)	(1) 年极端最低气温多年平均5~10℃ (2) ≥0℃积温7 500~9 000℃(西段7 500)~9 000℃ (3) 年极端最低气温10℃出现频率<3% (4) 最冷月平均气温15~19℃	I₈(31)	台南区 (0.1%)	2~4月湿润度 0.2~0.7	热量丰富,海洋性气候	一年三熟、香蕉、菠萝、稻、甘蔗
			I₈(32)	琼雷区 (0.4%)	0.5~1.1	冬季年水分不足,雨热同季时间长、台风多,典型热带作物有寒害	一年三熟、橡胶、胡椒、椰子、稻、香蕉
			I₈(33)	西双版纳—河口区 (0.5%)	0.1~0.3(河口0.9)	冬季干暖,夏湿热,寒害少,常风小	全年可种植喜温作物、稻、杂粮、热带水果、热带林木
			I₈(34)	藏东南边境区 (0.1%)	≥0℃积温8 200(西段7 500~9 000)℃,最热月平均气温22~26℃,年降水量3 000~5 500mm	湿热多雨,多暴雨	一年二熟、稻、牧、热带雨林

（续）

农业气候大区	农业气候带 名称	农业气候带 指标	农业气候区 名称	区号	年降水量 (mm)	≥0℃积温 (℃)	日平均风速≥5m/s 的年日数 (d)	主要农业气候特征	农业特征
I 东部季风农业气候大区 (46.2%)	I₉ 北温带 (1.3%)	（1）≥0℃积温 9 000~10 000℃ （2）最冷月平均气温 19~25℃	琼南—西、中、东、沙群岛	I₉(35)	1 000~1 600mm	9 000~10 000℃		热量丰富，水分充足，无寒害，台风	全年可种植喜温作物，水稻可三作，南繁育种，主要热作生产，橡胶、可可、椰子等热作，渔业
	I₁₀ 北温带 (1.3%)	（1）≥0℃积温 >10 000℃ （2）最冷月平均气温 >25℃	南沙群岛	I₁₀(36)		>10 000℃		终年湿热	渔业及其他海产，各种热作能生长
II 西北干旱农业气候大区 (28.2%)	II₁₁ 干旱中温带 (19.8%)	≥0℃积温 2 400~4 000℃	科尔沁区 (1.7%)	II₁₁(37)	350~400	3 000~4 000	65~110	温暖、半干旱、风沙、冰雹	农牧过渡区，防护林，一年一熟，玉米、谷子
			呼伦贝尔—锡林格勒高原区 (3.2%)	II₁₁(38)	250~400	<3 000	80~140	资源丰富，冬寒夏凉，半干旱，风沙、自灾	农牧过渡或以牧为主，一年一熟，马铃薯、莜麦、春小麦
			东胜—兰州区 (1.7%)	II₁₁(39)	250~400	3 000~4 000	40~80	温暖、半干旱、风沙大	一年一熟，小麦、玉米、甜菜瓜、牧、杂粮
			二连区 (1.4%)	II₁₁(40)	100~250	100~150		温暖、干旱、风资源丰富	牧，无灌溉无种植业
			河套—河西区 (2.5%)	II₁₁(41)	100~250	3 000~4 000	30~40	温暖、干旱、风沙、干热风	一年一熟，灌溉农业，小麦、甜菜、羊、骆驼
			阿拉普高原区 (2.7%)	II₁₁(42)	40~100	3 000~4 000	>100	冬寒夏酷热、温差大、太阳辐射强	荒漠，牧
			阿勒泰—塔城区 (0.8%)	II₁₁(43)	150~500	<3 000		温暖、干旱、半干旱、多自灾	一年一熟、牧，春小麦、马铃薯
			准噶尔盆地 (2.8%)	II₁₁(44)	100~250	3 000~4 000		温暖、干旱、干热风	一年一熟、灌溉农业，玉米、棉花、牧，长绒棉
			天山山地 (3.0%)	II₁₁(45)	100~1 000	<3 000		高山冰川、多积雪，伊犁河谷温暖	林、牧，一年一熟，河谷种植粮果

（续）

农业气候大区	农业气候带 名称	农业气候带 指标	区号	农业气候区 名称	积温（℃）	最热月平均气温（℃）	年降水量（mm）	年湿润度	主要农业气候特征	农业特征
Ⅱ 西北干旱农业气候大区（28.2%）	Ⅱ₁₂ 旱南温带（8.4%）	≥0℃积温4 000~5 700℃	Ⅱ₁₂（46）	塔里木—哈密盆地地区（8.4%）	≥0℃积温：4 000~5 700℃		30~300	<0.2	夏酷热、冬严寒、干旱、光照充足、风沙	荒漠戈壁、灌溉农业、一年二熟、瓜果（葡萄、哈密瓜）、长绒棉、牧
Ⅲ 青藏高原农业气候大区（25.6%）	Ⅲ₁₃ 高原寒带（6.2%）	（1）≥0℃积温<500℃（2）最热月平均气温<6℃	Ⅲ₁₃（47）	昆仑山—北羌塘高原区（6.2%）	<500	<6			高寒、干旱、大风、光照强	荒漠、农业很少
	Ⅲ₁₄ 高原亚寒带（6.8%）	（1）≥0℃积温500~1 500℃（2）最热月平均气温6~10℃	Ⅲ₁₄（48）	东青南高原区（1.8%）	<1 700	6~12	500~800	≥1.0	高寒、湿润、多冰雹、冬春雪灾重	牧、河谷有农业
			Ⅲ₁₄（49）	西青南高原区（2.1%）	<1 500	6~10	360~600	<1.0	高寒、半湿润、冰雹、大风	牧
			Ⅲ₁₄（50）	南羌塘高原区（2.9%）	1 000~1 500	6~10	60~300	<0.6	高寒、半干旱、干旱、大风	牧
	Ⅲ₁₅ 高原温带（12.6%）	（1）≥0℃积温1 500~3 000℃（2）最热月平均气温10~18℃	Ⅲ₁₅（51）	柴达木盆地（2.7%）	1 800~2 600	13~18	18~180	<0.3	夏暖冬寒、光能丰富、干旱、风沙	灌溉农业、一年一熟、春小麦、马铃薯、牧
			Ⅲ₁₅（52）	青海湖盆地—祁连山区（1.7%）	<3 000	10~18	200~600	<0.3	冬冷夏凉、半干旱、干旱、冰雹	农牧过度、祁连山林、牧、一年一熟、春小麦、油菜
			Ⅲ₁₅（53）	川西—藏东高原区（4.2%）	1 700~3 500	12~18	400~900	>0.6	温凉、气候垂直变化大	林、牧、一年一熟、喜凉作物
			Ⅲ₁₅（54）	藏南高原—喜马拉雅山区（2.9%）	<3 100	10~16	300~700	>0.3	温凉、气候垂直变化大、光能丰富、春干旱、冬冰雹	牧、河谷农、一年一熟、喜凉作物
			Ⅲ₁₅（55）	藏西狮泉河区（1.1%）	1 500~2 000	13~14	60~170	<0.2	温和、干旱、光能丰富、多大风	牧、一年一熟、青稞

农 业 气 象
NONGYE QIXIANG

思 考 与 练 习

1. 农业气候资源有哪些特点?
2. 农业气候资源分析的内容有哪些?
3. 农业气候资源的利用主要在哪些方面?
4. 农业气候区划的目的是什么?
5. 农业气候区划的方法有哪些?
6. 中国农业气候区划是如何进行的?

第四篇

农业小气候

小气候与农业生产的关系十分密切，小气候在很大程度上影响作物的生长发育、产品质量和产量。反过来作物的不同栽培方式、不同的发育时期又影响和改变小气候特征。因此，学习小气候形成的规律，掌握不同小气候特点及调整方法，是合理利用农业气候资源、调节和改善小气候、生产优质、高产、高效农产品的理论基础。

第十章　小气候与农业小气候

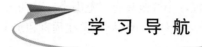

学 习 导 航

➡ **基本概念**

小气候、农田小气候、活动面、活动层。

➡ **基本内容**

1. 小气候的特点。
2. 农田小气候形成的物理基础。
3. 农田小气候的一般特征。
4. 农业技术措施的小气候效应。
5. 地形小气候、水域小气候的特点。
6. 果园小气候的特点与调节。
7. 防护林带的防风效应及温度、湿度效应。

➡ **重点与难点**

1. 各类农田小气候的气候效应。
2. 各类农田小气候的调节措施。

第一节　小气候的特点

　　小气候是指因下垫面性质不同而形成的与大气候不同的近地气层和土壤上层的气候。不同的下垫面，就形成不同的小气候。小气候有独立小气候和非独立小气候，前者是指在某种下垫面上形成而未受周围条件影响；非独立小气候形成时既受本身下垫面的影响，同时还受相邻地段另一种下垫面的影响，是属于过渡性质的，如边缘效应。

　　相对于大气候，小气候特点主要表现在个别气象要素和个别天气现象（如光、温、风、湿等）的不同，不影响整个天气过程，小气候具有"范围小、差别大、稳定性强"三大特点。

　　1. 范围小　是从空间尺度上来说的，小气候现象在垂直和水平方向上都很小（表10-1）。

表 10-1　各种气候的尺度范围

研究对象	水平尺度（m）	垂直尺度（m）
作物气候	$10^{-2} \sim 10^{2}$	$10^{-2} \sim 2$
坡地、水域等小气候	$10 \sim 10^{4}$	$10^{-1} \sim 3$
大气候	$2 \times 10^{5} \sim 10^{7}$	$10^{5} \sim 2 \times 10^{5}$

　　由表10-1可以看出，小气候与大气候相比是非常小的。如作物小气候，其水平尺度比大气候小9个量级，比垂直尺度小7个量级。

　　2. 差别大　差别大是由于小气候范围尺度很小，局地差异不易被大规模空气混合，即任何一种天气过程只能加剧或缓和其差异，而不能使差异发生根本性的改变。因此，气象要素相差很大（垂直和水平方向上），距离活动面越近影响越大，并且有脉动性，尤其在相邻活动面之间有条明显的分界线，过渡带不明显或不存在，如水泥路面和水稻田地表面温度差异就很明显，这种情况在大气候中是不可能发生的，大气候中不同的气候区之间往往有一个过渡带。

　　3. 稳定性强　是指小气候规律相对很稳定，由于尺度小、差异大、不易混合，各种小气候现象较稳定，只要下垫面不变，其差异不会发生逆转。

> ◆ **想一想：** 夏季，湿地比周围旱地气温低，相对湿度大，贴地层0.5m高度冷湿效应最强，随着高度的增加，冷湿效应逐渐减弱。这是为什么呢？

　　小气候研究的内容主要有：研究各种不同下垫面的气候特征；研究这些特征的成因，进行热量、水汽等交换的情况；研究这些特征如何影响人类的生产活动，而人类生产活动反过来又如何影响小气候的。

　　由于下垫面的性质和构造是多种多样的，小气候可分为许多类型，如农田小气候、谷地小气候、坡地小气候、水域小气候、防护林小气候、保护地小气候等。

　知识链接

神　农　架

　　神农架位于中纬度北亚热带季风区，气温偏凉而且多雨，年平均气温为12℃，年降水量900～1 000mm。由于一年四季受到湿热的东南季风和干冷的大陆高压的交替影响，以及高山森林对热量、降水的调节，形成夏无酷热、冬无严寒的宜人气候。当南方城市夏季普遍是高温时，神农架却是一片清凉世界。

神农架的气候随海拔每上升100m，气温降低1℃左右，季节相差3～4d。随海拔增高渐次选现暖温带、中温带、寒温带等多种气候类型，境内不同地点的温度从冬季最低温度－20℃至夏季最高温度37℃。9月底到次年4月为神农架的冰霜期。"山脚盛夏山顶春，山麓艳秋山顶冰，赤橙黄绿看不够，春夏秋冬最难分"是神农架气候的真实写照。神农架立体小气候明显，"东边日出西边雨"的现象常有发生。其气候时空变化较大，有"六月雪，十月霜，一日有四季"之说。

第二节　农田小气候形成的物理基础

农田小气候是以农作物为下垫面所形成的小气候，或者说是以农田为研究对象的小气候，也称为作物小气候或农田小气候。它是农田贴地气层（一般指2m）、土壤层和作物群体之间物理和生物两种过程相互作用的结果。农田小气候不仅受土壤性质、地形方位等自然条件的影响，还随作物种类、品种、种植密度、株型、生育期的变化而改变，还因农业技术措施不同而异。因此，它随时间和自然条件的变化以及受人类各项活动的影响甚为显著。

一、活动面和活动层

1. 活动面　热量和水分等交换最显著的物体表面称为活动面。如前面所讨论的地面热量平衡中的地面、水面、冰面及地面上一切作物表面都是活动面，活动面在小气候的形成上起着非常重要的作用。在活动面上可以把一种形式的能量转化为另一种形式的能量，因而它能影响活动面以上的空气层和活动面以下物体的热状况；活动面还可以把一种形态的水改变为另一种形态的水，因而直接影响活动面以上空气层和活动面以下物体的湿度，同时也间接地影响它们的温度；活动面还可以改变流过其上的气流结构，因而影响贴地气层中热量、水分及二氧化碳的分布。

下垫面特性和构造不同，则活动面的位置不同。在裸地上，土表就是活动面；在有作物的农田、果园和森林，一般有两个活动面，一个位于植株高度2/3的地方，或冠层中枝叶密集处，另一个位于土壤表面。一般的，我们把土壤表面称为内活动面，而把作物冠层称为外活动面。农田中作物生长初期和后期（茎、叶枯黄时），内活动面起作用；在作物生长旺盛时期外活动面起主要作用。

2. 活动层　在作物层中，辐射能的吸收和放射、热量和水分的交换不仅发生在活动面上，而且发生在具有一定厚度的作物层中，这一层称为活动层。

对活动面适当进行改造，可以调节贴地气层和土壤上层的热量、水分与二氧化碳的分布；用耕作措施可以改造农田内活动面；而栽培措施可以改造农田的外活动面。

二、活动面中的辐射差额

太阳辐射到达作物层以后，一部分被叶面吸收，一部分被叶面反射，还有一部分透过茎、叶深入下层，而反射、吸收、透射三种作用在整个作物层中是多次反复进行的。

不同作物或同种作物的不同生长期，单个叶片对太阳辐射的反射、吸收和透射能力是不同的。一般的，随着叶片由绿变黄，反射率逐渐增大；叶片厚、叶内含水量多的则吸收率大而透射率小，由表 10-2 可以看到：绿色叶片吸收率超过 50%，白叶的吸收率减少约 7%；反射率随叶片颜色的深浅和蔬菜种类变化不大，一般为 25% 左右。进入作物层中的太阳辐射，由于叶片排列方式不同或种植密度不同，则叶片对太阳辐射的吸收、反射及长波辐射交换都有明显的差异。叶片朝上的一面，不但接受来自上方太阳直接辐射和散射辐射，还受到上层叶片背面的再反射和长波影响；同时，叶片背面要受到下层叶片反射而来的短波辐射与长波辐射的作用。一句话，在农田作物层中，辐射交换具有多次反射或辐射的特点。观测资料表明：植株上部茎、叶的分布密度主要影响太阳辐射能进入作物层中的射入量和反射量；而下层茎、叶分布密度主要受来自下方的辐射影响。所以，农田中的辐射还与作物群体结构有着密切关系。

表 10-2　甘蓝、黄瓜不同叶色的反射率、吸收率与透射率

蔬菜名称	叶片颜色	反射率（%）	吸收率（%）	透射率（%）
甘蓝	绿叶	23	56	21
甘蓝	绿色嫩叶	25	51	24
甘蓝	白叶	30	46	24
黄瓜	绿叶	23	52	28

由此可见，农田的辐射因子是形成小气候的能量基础。可以这样说，由于小范围地表状况和性质的不同，引起辐射收支的差异，从而形成了各种类型的小气候。

三、活动面的热量平衡

农田中活动面热量收支差额的变化，是引起活动面温度变化的直接原因，而活动面的温度变化又是邻近气层、土层和作物温度变化的源地。农田中温度、湿度和风的分布与变化都受活动面或活动层热量平衡状况的影响。前面我们已讨论过有关地面（裸地上）的热量平衡，其方程式为

$$R=P+B+LE$$

农田同裸地相比，农田活动面的热量平衡就比较复杂，其方程式为

$$R_T=P+B+LE_C+P_T+LA+Q_T+Q_C$$

式中：P——活动面与大气的湍流交换；

B——活动面与土壤的热量交换；

LE_C——农田总蒸发耗热；

P_T——活动面向土面的乱流交换；

LA——同化二氧化碳所消耗的热量（A 为单位时间、单位面积上同化二氧化碳的数量，L 为同化单位质量二氧化碳所消耗的热量）；

Q_T——作物增温所吸收的热量；

Q_C——作物通过茎、叶传导的热量。

但是在农田中 P_T、LA、Q_T、Q_C 均很小，所以，农田活动面的热量平衡方程式可简化为

$$R_T = P + B + LE_C$$

同裸地相比，形式是一样的，但农田中由于作物大量需水及人工灌水，表现在各个分量上有很大区别。

四、活动层中的乱流交换

农田中作物层的热量、水汽及二氧化碳的输送与裸地一样，主要靠大气中的乱流交换来完成，乱流输送使上述物理属性从高值区指向低值区，输送的结果使其空间分布趋于一致。因此，农田中乱流交换的强弱，对于农田作物层中温度、湿度及二氧化碳的分布与变化具有重要影响。此外，花粉、病虫孢子和其他微粒的输送也与乱流交换有关。乱流交换能力比扩散输送能力大几千倍，由于扩散作用进入农田的二氧化碳远远满足不了需要，通常所说农田作物层中要保持一定通风透光条件，其通风的意义就在于使植株间有一定程度的空气乱流。

与裸地不同的是，作物层中乱流涡旋体的大小与程度，不仅取决于植株层中风的分布，而且在很大程度上与植物的群体结构有关。农田中的乱流涡旋体近似于卵形，其大小随枝叶阻拦程度而变化。在密植的农田中，大量存在较小的涡旋体，其运动速度也比较慢，以致热量、水汽的垂直输送强度都比较小。在作物生长初期，植物覆盖度比较小，农田和裸地的乱流状况几乎没有差别，因此两者小气候特点也比较接近；到了作物生长盛期，植株已经封行，乱流强度和涡旋体的大小均与裸地有较大的差异，从而形成了小气候特征。愈近地面，乱流交换作用愈受限制，所以在近地气层中，温、湿度和风的垂直梯度迅速增大，由于乱流交换作用的不规则性，形成作物层中气象要素的变化具有明显的脉动性。

第三节 农田小气候的一般特征

由于作物种类繁多，随作物生育期的发展，植株生长高度和密度的不同变化，农田活动面的性质有明显差异。农田热量平衡同裸地光、温、湿、风等分布与变化有很大的区别。

一、农田中光的分布

当太阳光到达作物层，由作物群体进入作物层时，受到茎、叶的反射、吸收和透射，引起光线自上而下依次减弱。门司（Monsi）和左伯（Sanki）1953 年研究指出：假定叶片的空间分布是均匀的，排列是随机的，叶片能吸收全部入射光，天空散射是相同的，则光能在植物群体中的垂直分布，符合比尔-朗伯特（Beer-Lambert）指数定律，即

$$I = I_0 e^{-KF}$$

式中：I_0——到达株顶的光照度；

　　　I——株顶向下至某一高处的光照度；

　　　e——自然对数的底；

　　　F——株顶向下至某一高度的累计叶面积指数；

　　　K——作物群体的消光系数，K值是表示作物群体的一个特征，其大小决定于作物的生育期、种植密度、叶片排列状况、叶片倾角和太阳高度角等。

作物群体的透光率与适宜的叶面积系数之间的关系见表 10-3。

表 10-3　小麦高产群体各发育期适宜透光率和适宜叶面积系数

项　　目	起身期	拔节期			孕穗期
		始期	中期	末期	
透光率（%）	40~45	20~25	8~10	6~8	4~5
叶面积系数	1.6~1.8	2.5~2.8	4.4~4.7	4.7~5.2	5.4~6.0

一般情况下，田间漏光损失大，光能利用不充分，总产量不高，说明种植密度过稀；反之，田间郁蔽，透光不良，总产量也不高。研究表明：只有当叶面积系数按算术级数增加，而光的透过量按几何级数减少时，作物单株产量和总产量才有可能都高。因此，要求在作物生育盛期，光照度随植株高度降低而减弱的速度应比较适中，不能出现急剧减弱的现象，如水稻要求叶挺、棉花要求宝塔型、小麦要力求紧凑型，就是为了保证农田光照分布比例适当，初期和后期，只要保证上部有足够的光照，就不致影响作物的产量。

二、农田中温度的分布

农田中温度的垂直分布主要决定于农田中的辐射、乱流交换和蒸散。

在作物生长初期，植被覆盖面小，农田中外活动面未形成，热量收支状况与裸地相似，农田中温度的垂直分布变化也与裸地相似。

在作物生长盛期，即封行后，农田外活动面形成。白天，由于作物茎、叶对内活动面的隐藏作用，内活动面附近白天温度低，蒸发耗热少，乱流交换少，株间近似等温。而外活动面所得到太阳能量多于内活动面，外活动面热量收支差额为正，其附近温度高，不断有热量向上、向下输送。中午前后，外活动面稍高处出现温度最高值，向上向下逐渐降温。夜间内外活动面附近都因有效辐射起主导作用，热量收支差额为负，使温度降低。内活动面由于受到茎叶阻挡降温慢，而外活动面上部无茎、叶阻挡，有效辐射大，加上夜间植被上部冷却，冷空气下沉到外活动面附近，造成外活动面稍高处出现温度最低值。另外，外活动面，白天蒸腾降温强烈，夜间水汽凝结放热延缓降温，造成白天最高温度和夜间最低温度并不真正出现在外活动面上。

在作物生长后期，部分叶片枯落，外活动面逐渐消失，农田中温度垂直分布又和裸地相似。

一般情况下，农田中作物层和裸地相比，夏季和白天，农田比裸地温度低；冬季和夜间，农田比裸地温度高。

三、农田中湿度的分布

农田中的湿度变化，除决定于温度和农田蒸散外，还决定于乱流交换强度。

农田中绝对湿度的分布，在生育初期与裸地相似；到作物生长盛期，茎、叶密集的活动层就是蒸腾面，这时，同温度分布相似，午间，靠近外活动面绝对湿度大；清晨、傍晚或夜间，外活动面有大量露或霜形成，绝对湿度比较小；生长后期，农田绝对湿度的分布和裸地几乎一样，即白昼随高度降低，而夜间则相反。

农田中的相对湿度，不仅决定于空气中水汽含量（绝对湿度）的变化，也决定于气温的变化，是比较复杂的。一般情况下，在作物生长初期，和裸地相近，在作物生育盛期，白天在茎、叶密集的活动层附近，相对湿度最高，地表附近次之，夜间外活动面和内活动面的气温都比较接近；到生育后期，白昼相对湿度和生育期相近；而夜间地面温度较低，最大相对湿度又重新出现在地表附近。

四、农田中风的分布

在作物的整个生育期中，农田株间风速的分布，主要随作物生长密度和高度而变化。此外，还同栽培措施有关系。

在农田中，风速因受到农作物的阻挡、摩擦作用而大大减弱，尤其在密植田中，通风性更小。资料证明：农田中20cm 处风速只有裸地的12.5%，在 150cm 处，风速仍比裸地小 22%。在高秆作物田中，风速在垂直方向上的变化呈"S"形分布（图 10-1），这种分布规律是由作物本身的结构所造成的，在作物基部，相

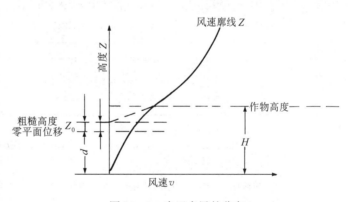

图 10-1　农田中风的分布

对风速有一个次大值，这是因为农田外的气流能通过茎、叶较稀的基部；在作物中部茎、叶比较密集，风速削弱大；在作物上部，茎、叶较稀，风速随高度变化剧烈。

五、农田中二氧化碳的分布

农田中二氧化碳的含量和变化主要决定于大气中二氧化碳的含量、作物呼吸作用释放的二氧化碳量及作物光合作用所消耗的二氧化碳量，同时还与风速、乱流交换等有关。

一般情况下，白天，从清晨至中午，由于作物光合作用吸收了二氧化碳，使得在作物密集的高度上二氧化碳的浓度最低，而且从凌晨到中午，二氧化碳最低值所出现的高度不断下降；午后可降至最接近地面的地方，这种变化在静风条件下尤为明显。夜间，从傍晚到清

晨，由于作物的呼吸作用释放二氧化碳，因此，农田中二氧化碳的浓度由下而上不断递减。

第四节　农业技术措施的小气候效应

为充分利用一地气候资源，发挥农业生产潜力，在农业生产过程中采取不同的农业技术措施来改善一地的小气候特征。主要农业技术措施是耕作措施和栽培管理措施。

一、耕作措施

具体的耕作措施有耕翻、镇压和垄作等措施，以此改善土壤耕作层的结构和水、肥、气、热，同时注意合理的作物布局和品种搭配，适当的间作套种来改善农田小气候。具体效应见表10-4。

◆ 想一想："锄下有火、锄下有水"有道理吗？

表10-4　耕作措施的气象效应

耕作措施	气象效应
耕翻	1. 使土壤疏松，增加透水性和透气性，提高土壤蓄水能力，对下层土壤有保墒效应 2. 使土壤热容量和导热率减小，削弱上下层间热交换，增加土壤表层温度的日较差 3. 低温季节，松土层有降温效应，下层有增温效应，高温季节，松土层有升温效应，下层有降温效应
镇压	1. 减小透气和透水性，增加土壤毛管水量，加速土壤水分蒸发 2. 增加土壤热容量和导热率，减小土壤日较差 3. 在土壤干燥时，可以保持土壤水分
垄作	1. 使土壤疏松，小气候效应同耕翻 2. 增加了土表与大气的接触面积，白天增加对太阳辐射的吸收面，热量聚集在土壤表面，温度比平作高；夜间垄上有效辐射大，垄温比平作温度低 3. 蒸发面大，上层土壤干燥疏松，下层土壤湿润，有利于排水防涝 4. 有利于通风透光
间套作	1. 间套作变平面受光为立体受光，增加光能利用率；同时可以延长光合作用时间，增加光合面积，延续、交替合理利用光能，增加复种指数，提高光能利用率 2. 间套作可以增加边行效应，改善通风条件，加强植株间乱流交换，调节二氧化碳供应，提高光合效率 3. 间套作时，上茬作物对下茬作物能起到一定的保护作用

二、栽培措施

作物的行间、行向、种植密度与方式、农田灌溉、覆盖及化学药剂等措施也可以改善农田小气候。具体效应见表10-5。

表 10 - 5   栽培措施的气象效应

栽培措施	气象效应
种植行向	1. 改善作物受光时间和辐射强度，因为不同时期太阳方位角和照射时间随季节而不同 2. 在确定行向时要注意行向和作物生育关键期时盛行的风向接近，从而调节农田中二氧化碳、温度、湿度
种植密度	1. 选择适宜的种植密度，保证作物生长盛期有适宜的叶面积指数，增加光合面积和光合能力 2. 调节田间温度、湿度
灌溉	1. 调节田间辐射平衡。由于灌溉后土壤湿润，颜色变暗，一方面使反射率减小，同时也使地面温度下降，空气湿度增加，导致有效辐射减小，使辐射平衡增加 2. 调节农田蒸散，在干旱条件下，灌溉使蒸发耗热急剧增大 3. 影响土壤热交换和土壤的热学特性
覆盖	1. 保温防寒，提高湿度 2. 防杂草萌生
化学药剂	1. 喷增温剂便于土壤表面形成连续性薄膜，抑制土壤水分蒸发、保持土壤水分，达到增温的目的 2. 喷洒降温剂（又称为反光剂），能增强作物叶面和土壤表面反射能力，达到降低作物叶面和土壤表面的温度

第五节   地形、水域小气候

知识链接

唐代诗人白居易游庐山看到的情景：山下四月份，花朵已经凋谢，而山上寺庙里的桃花才刚刚盛开。于是，他写下了《大林寺桃花》，"人间四月芳菲尽，山寺桃花始盛开。长恨春归无觅处，不知转入此中来。"

这种同一大范围内的不同气候状况，平原和山区的显著差异是怎么回事呢？

一、地形小气候

（一）坡地小气候

地形对小气候的影响很大，不同地形将形成不同的小气候。与平地形成一定的角度的地面称为坡地。坡地以坡向、坡度的不同对小气候产生很大的影响，形成坡地小气候（图 10 - 2）。

1. 辐射   不同坡向所接收太阳辐射能差异很大，南坡最多，由南向两侧递减，北坡最少。同一坡向因季节和坡度不同而不同，对中纬度地区，夏季最大，冬季最小，同一季节，在一定的坡度范围内，其辐射量随坡度的增加而增加。南北坡之间的差异大，冬半年大于夏

图 10 - 2   坡地小气候

半年，坡向对辐射总量的影响较小，所以差异也小。

2. 温度 坡向对温度的影响不仅与纬度、季节有关，而且还受土壤、植被、天气条件的制约。纬度越高，影响越大；冬季影响大，夏季影响小，土壤干燥，植被稀少，天气晴朗，不同坡向的温度差异大，对土壤温度影响更大。南坡地温最高，北坡地温最低，西坡略高于东坡，就气温而言，南坡贴地气温高于北坡，其差异随着高度的增加而减小，东西两坡介于南北坡之间。

一年之内，最暖的方位是西南坡，但在夏季，因午后多对流性天气，最暖的方位移至东南坡，最冷的方位终年都是北坡。

3. 湿度 前面已学习了地形雨，多发生在迎风坡面。但对于小山，降水的多少与风速有关，背风坡风速小，降水量大，并且最大降水量出现在背风坡的两侧面。坡地土壤湿度分布与温度相反，南坡温度高，蒸发量大，土壤干燥，北坡温度低，蒸发少，土壤湿度大；东坡和西坡介于南北坡之间。同坡向随着坡度的增加土壤湿度减小。

坡地小气候的一般特点可归结为：因坡向、坡度的不同，存在明显的分布规律，南坡光照条件、温度条件优于北坡，北坡的水分条件优于南坡。因坡度不同，中纬度的地区南坡在一定的坡度范围内，每增加1°，其辐射能的吸收等于水平面上向南移动一个纬度；北坡则相反。

(二) 谷地小气候

1. 温度 在谷顶，白天风速大，湍流强，地面热量损失较多，温度不能上升得很高；夜间空气冷却下沉，四周较暖空气前来补充，温度不会降得很低，所以气温日较差较小。但在谷底，白天风速小，湍流弱，在太阳辐射强烈影响下，气温上升得很高；夜间因辐射冷却和四周山坡上冷空气下沉的影响，温度下降得很低，气温日较差大（图10-3）。

在山谷中，气温沿坡地的分布情况与天气条件有密切关系。一般云量越多，风速越大，气温沿坡的变化越小。在风速较小的晴天夜晚，冷空气下沉，谷底部形成"冷气潮"。气温由谷底沿山坡向上增高，但出现最高气温往往不在谷顶而在山坡的上半部，因气温较高而形成"暖带"，在"暖带"中霜冻最轻，生长季最长。"暖带"以下，特别是"冷气潮"中，晚霜冻结束最晚，霜冻程度也重，"暖带"以上随着高度的增加，生长期也逐渐缩短，霜冻也增多。

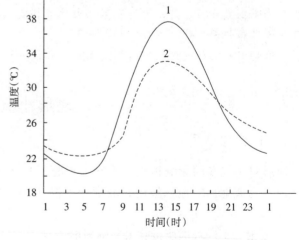

图10-3 起伏地形气温日变化
1. 山谷 2. 山顶

"暖带"的位置随天气条件而改变，但在一定时间内它有一个平均高度，在这个高度上"暖带"出现频率最大。当坡地上有障碍物时，阻止冷空气沿坡下沉。如山坡上的树木能挡住冷空气下沉，则在这些障碍物的上面可形成第二"冷气潮"，且霜冻加重，使谷中的霜冻大为减轻。

2. 湿度 在起伏的地形中，坡地上排水良好，土壤比较干燥；在谷底，因降水或融雪时的径流向此汇集，土壤最湿；在山顶，土壤最干。

一般低洼地绝对湿度最大，高坡地最小；白天，相对湿度是高坡地大于低洼地，夜间则相反。

3. 风 在起伏地形中，由于山谷风等局地环流的影响，再加上一般环流经过时受到地形的影响，风速变化很大。特别是在环流较弱的晴天，局地环流发展最盛时，不同部位的风向差异更为明显。

二、水域小气候

江、河、湖、冰川、沼泽、水库等自然水体和人工水体，统称为水域。以这些水面及其沿岸地带为活动面而形成的小气候，称为水域小气候。

由于水面反射率小于陆地，在同样的太阳辐射条件下，进入水体的太阳辐射比进入陆地的多10%～30%，白天有效辐射小于陆地，夜间大于陆地；水体总辐射与陆地总辐射相差不大，但反射率小，因此，水体净辐射大于陆地。水体蒸发耗热大，在热量交换中是主要能量支出项，蒸发耗热比热交换大10～20倍，水面上空气乱流白天指向水面以补充蒸发耗热，夜间是由水面指向空气。水面附近上空的空气湿度大于陆地上空的空气湿度。

由于水域对其岸边进行热量和水汽的输送，促使陆地出现温和湿润的小气候特征。水域岸边初霜推迟，终霜提前，无霜期延长。我国新安江水库建成后，岸边无霜期比以前延长20多天。

水域的面积越大，深度越深，则对岸边陆地的影响越大，在其下风岸陆地，受水域的影响比上风岸的陆地大。

第六节　果园小气候

在一定的大气候背景下，由于果树的树种、树龄、树冠结构与形态、郁闭程度及管理技术等综合影响下所形成的小气候环境。

一、果园小气候的特点

1. 光 树冠、叶幕结构和叶的形态都影响果园的光照条件。自然生长的果树，叶和果实多集中于树冠外围，只有少数叶和果实分布在树冠的内腔（图10-4）。

树冠内光照分布大致可以分为4层：第一层的光照度为70%以上，第二层为50%～70%，第三层为30%～50%，第四层小于30%。随着树龄的增加，树冠不同部位光照度差别愈来愈大，进入内腔的光照度越来越少。光照不足，使内腔出现小枝完全光秃的部位，这种部位占树冠总体积的比例还随着树龄的增加而加大，如20～30年生的树，其内腔部位占树冠总体积的30%，甚至可达50%。当

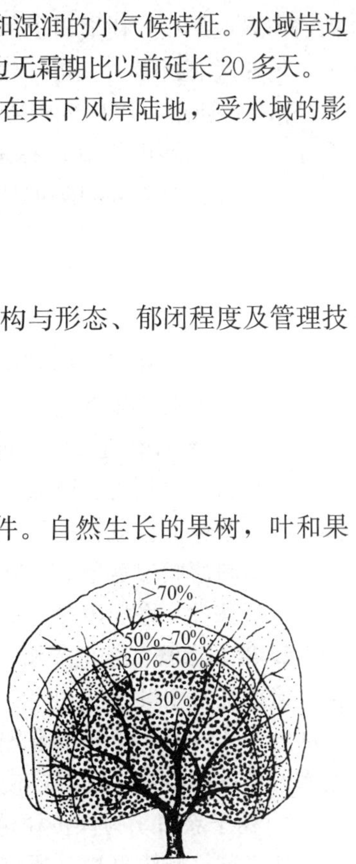

图10-4　单株果树中光的分布

然经过修剪，树冠的无效部分可降低，冠内的光照条件可以得到改善。此外，树冠内不同高度上太阳辐射的透光率也不一样，从树冠活动面以上部位到活动面以下部位太阳辐射透射率逐渐减小，其比值从高于80%降到40%以下。

2. 温度 果园内的温度决定于辐射强弱，及枝条、叶片的疏密和部位等状况。资料表明，主枝条与主干角度大，树体温度低；反之，树体温度高。夏季日光直射在果树及果实上，使果实温度上升。温度过高时抑制果实的膨大，导致日灼病的发生。不同方位树皮温度有所不同，如最高温度出现的时间就有自东向南西北逐渐滞后的现象。在果园生产中要注意对水体和山体小气候的利用。

3. 湿度 果园内的空气湿度受土壤水分、果树大小、树体蒸腾强弱和天气类型等的影响。雨季园内南面空气湿度比北面大2%，在旱季，北面比南面大3%～4%；雨季过后的晴天园内湿度比裸地大5%，旱季和有风的天气，两者差异较小，为2%～3%。冠内相对湿度垂直梯度较大。湖泊、河、海等大水体，对附近果园小气候有调节作用，因此使某些树种和果树的栽培界限向北推移。果园覆盖草被也可以调节果园内的湿度，特别是在旱季果园内有利于果树生长。

4. 风 果园内正常的风速对调节温度、湿度有利，大风有害。风灾危害大树较重，小树较轻，短果枝较轻，长果枝较重。果园内风速的分布，决定于果树种植密度、树龄、冠形、种植行向，种植行向与风向平行时，则风速增大，但较裸地仍小1/3～1/2。枝叶密集的冠内风速最小，树冠以上风速随高度而增大，地表附近的风速几乎为零，地表至第一侧枝下，风速又有所增大。防护林是调节果园风速、减轻风害的有效措施。据测定，林外风速为11.8m/s，通过防护林在林高4倍处风速为4.5m/s，14倍处为5.9m/s，因此，园内水分蒸发减少，空气湿度提高，林地土壤水分比无林地土壤水分高4.7%～6.4%，相对湿度高10%。此外，北方果园防护林还具有改善果园积雪和防止土壤冲刷的作用。

二、果园小气候的调节

果园小气候直接影响果树的生长发育、产量和品质，通过人工措施调节小气候环境，满足果树所需要的气候条件，从而提高果品产量和质量。常见的调节措施如下：

1. 果园地面覆盖法 目前使用的有两种方法：一是用碎草、马粪等有机物覆盖；二是用各种塑料薄膜覆盖。覆盖法夏季有降低地温，减少高温对根系灼伤的作用，冬季有减缓地温下降，减少低温危害的作用。另外，覆盖可以减小地表径流，增加地下水含量，提高土壤湿度；塑料薄膜覆盖地面，除有明显的增温保湿外，还可用薄膜的反射光改善树冠下层和内膛的光照条件，增加产量，提高品质。

2. 果园灌溉 合理灌溉不仅影响果树当年生长和结果，而且还会影响果树的寿命。灌溉直接增加了土壤湿度和空气湿度，从而调节了果园的地温和气温。因此，根据作物需要和温度的变化情况，要确定合理的灌溉时间和灌溉指标。滴灌是20世纪60年代发展起来的新技术，目前不少地区已推广使用，效果显著。

3. 树干涂白 为保护树体，在冬、春季或夏季，给树干涂刷白色保护剂，以降低树干和主枝温度，减轻日灼。据测，涂白的树干比不涂白的树干南侧的温度降低7.5℃。

4. 修剪整形 科学的修剪整形可以改善果树通风透光条件和温度、湿度条件。

5. 兴建果园防护林　大量实践证明，果园防护林不仅可以减轻大风危害，而且也可以改善温度状况，对防止果树冻害有重要作用。

第七节　防护林带的小气候

在多风地区的农田上营造防护林，不仅能减弱风沙对作物的危害，而且也可改善农田水分循环和防止干旱的有效措施。由于护田林的存在，调节了农田温度、湿度，形成了特殊的护田林小气候。

一、防护林的防风效应

防护林具有很好的防风效果，林带越高，则其影响的范围越广，林带作用远近效果，常用林带树高（H）的倍数来表示。

> ◆ **想一想：** "树木成林，雨水调匀""造林镇风沙，一片好庄稼""林带用地一条线，农田受益一大片"，有道理吗？

风近林带时，速度减慢，而当气流通过和越过林带以后，并不立刻下降到地面，也不是立刻恢复其强度。所以，在林带后面形成弱风带。一些研究认为在离开林带树高 $20H$ 的距离内，风速有明显减弱。如林带树木平均高度为 10m，那么在林带的背风面，离林带 200m 的距离内，风速将要减小，在林带附近距林带不超过 70m 的地方，风速减弱得最多。

林带的防风效应在很大程度上决定于林带的结构。根据林带的透风系数或林带纵断面的疏透度，把林带分为紧密结构、松疏结构和疏透结构三种。

1. 紧密结构林带　从上到下都有稠密的带状森林，在长叶时期，林带就像一道绿墙，这种林带气流几乎不能穿透，风主要从林带上方越过。在不远处即很快到达地面，恢复原风速（图 10-5）。

2. 松疏结构林带　林带有很大的孔隙和开口，一般缺少灌木层，树冠以下为光秃的树干，这种林带气流穿透顺利（图 10-6）。

3. 疏透结构林带　林带结构介于紧密结构林带与松疏结构林带之间，具有不同程度和分布比较均匀的孔隙，中等强度的气流经过这样的林带时，大致不改变气流的主要方向。气流穿绕枝叶时的摩擦和引起枝叶摇摆消耗动能，更重要的是大规模气流经过林带后变成许多小涡旋，它们彼此摩擦，消耗动能，使风速减弱（图 10-7）。

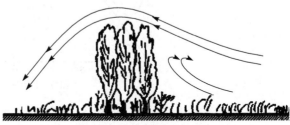

图 10-5　紧密结构林带

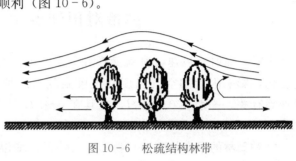

图 10-6　松疏结构林带

图 10-8 表示不同结构林带风速的影响。以空旷草地上 5m 高处的风速为 100%。

风向对林带的防风距离也有很大影响，当风向与林带斜交（交角为锐角）时，林带防风距离比风向与林带正交时要小，但如交角大于 45°，防风距离随交角的变化不显著。林带的宽度也是组成林带结构的主要因素。在营造防护林时，为了少占地，通常林带宽度为 5～8m，栽植 4 行。如果一个地区，林带树木较多，形成林网，防风效应就更好。

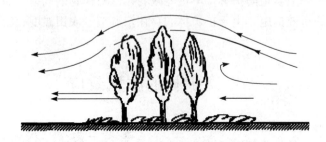

图 10-7 疏透结构林带

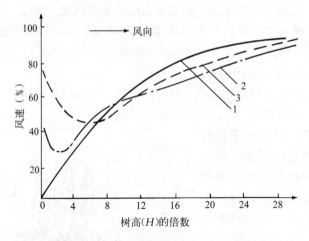

图 10-8 不同结构林带背风侧风速
1. 紧密结构林带 2. 松疏结构林带 3. 疏透结构林带

二、林带对田间温度、湿度的调节

林带对辐射、风速、乱流交换和蒸发等的影响，使防护林附近的热量平衡各分量发生变化，影响附近的空气温度和土壤温度。这种影响和林带的结构、天气状况、气候条件等有关，一般在 $0\sim10H$，尤其在 $0\sim2H$ 范围较明显，直到 $20H$ 仍能观测到温度的差异。

1. 护田林的温度效应 一般天气条件下，增温效应不明显，白天林带内气温比空旷地稍高，夜间由于林带使冷空气停滞不动，林带内气温稍低于空旷地，但在冷平流天气下，林网内气温比旷野高。据对新疆护田林的研究，当寒潮过境时，在背风面 2～

$4H$ 处保温应为 $5.5 \sim 5.6℃$，在 $6 \sim 8H$ 处为 $0.8℃$。通常林网中的日平均气温比旷野高 $2℃$ 左右，在暖平流天气下，林网中的温度比旷野低 $0.5 \sim 1.0℃$，特别在 $1 \sim 5H$ 处最为明显。

2. 护田林的湿度效应 林带内由于风速和乱流交换减弱，护田林中蒸散明显减小。中国北方防护林的观测结果表明，林网内的蒸发能力平均降低 $10\% \sim 25\%$，林网内空气湿度一般比旷野高，相对湿度高 $2\% \sim 10\%$，这种效应在干旱条件下更为显著。冬季林带保护的农田，可保持较厚的积雪，它既可减弱越冬作物冻害，又可使土壤获得较多的水分，再加上农田土壤蒸发的减小，所以护田林农田土壤墒情较好。

三、林带能很好地防御干热风

干热风主要是高温、低湿，并伴有一定风力等级而形成的大气干旱现象。主要发生在 5 月中下旬，这时正是华北冬麦区进入灌浆乳熟期，对小麦产量影响很大。在防御干热风的各种措施中，以营造防护林的效果最为显著。这主要是因为：由于林网的存在，林内农田风速大大降低，同时由于林木遮挡和蒸腾作用，改善了风的性质，使温度有所降低，湿度有所增加；林网内风速和乱流交换作用减弱，使农田内的空气保持相对稳定，林木和作物蒸腾到空气中的水分不易向外输送，林网减少土壤水分的蒸发，使土壤保持适宜的湿度。由于林网的存在，改善了林网内的小气候条件，一般林网内气温比对照低 $2.8℃$，相对湿度高 10.5%，从而减弱了干热风危害程度。

营造防护林也有占地和遮阳的问题，但总的情况是益大于弊。另外，占地和遮阳问题也可通过林网、水渠、道路等合理规划，以尽量减少林带的不利影响。

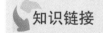 知识链接

"北回归线上的绿洲"——南昆山

南昆山位于广东省惠州市龙门县西南部，$23°38'N$，$114°38'E$，总面积 $129km^2$，平均海拔 $500m$，主峰天堂顶海拔 $1\,228m$，南昆山森林覆盖率达 98.2%，北回归线穿山而过，因此得名"北回归线上的绿洲"。1984 年经广东省政府批准建立南昆山自然保护区，1993 年 10 月 4 日经国家林业部门正式批准为国家森林公园，2007 年经国家旅游局批准为国家 AAAA 级旅游景区。

南昆山生态旅游区自然资源丰富，生态系统完整，是典型的森林型生态旅游区。南昆山常年气温 $23℃$，雨量充沛，气候宜人，三伏时节，这里比"珠三角"城市气温低 $6 \sim 8℃$，故有"南国避暑天堂"之美誉。根据 2006 年中南林业科技大学森林旅游研究中心对南昆山的观测结果：南昆山国家森林公园具有山地小气候、森林小气候、水域小气候等多种气候类型，园区内夏季凉爽，春、秋季宜人，冬季温暖，旅游舒适期长，是夏季避暑、冬季避寒的理想场所。丰富、优越的气候类型为旅游开发者提供了丰富的旅游气候资源。

思 考 与 练 习

1. 农田小气候有何特点？
2. 以禾谷类作物为例，说明作物生长发育不同时期活动面的更换。
3. 简述农田中二氧化碳的时空分布特点及在农业生产上的意义。
4. 简述垄作和套作的小气候效应。
5. 简述耕翻和镇压的小气候效应。
6. 简述灌溉的小气候效应。
7. 果园中风和乱流在时空上有何分布特征？
8. 防护林带对田间湿度和温度有何影响？

第十一章　保护地小气候

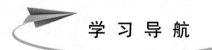

学习导航

➡ **基本概念**

　　地膜覆盖、改良阳畦、塑料大棚、日光温室。

➡ **基本内容**

　　1. 地膜覆盖的原理及其小气候的特点。
　　2. 改良阳畦小气候的特点及调节措施。
　　3. 塑料大棚小气候的特点及调节措施。
　　4. 日光温室的结构、基本原理、小气候特点及调节措施。

➡ **重点与难点**

　　1. 各类保护地的小气候特点。
　　2. 种类保护地的小气候调节。

在气候不适宜或不利于作物生长的季节或场所，人们为了进行作物栽培，利用覆盖物的光学和热学特性、密闭程度和空间结构，以及利用风障所产生的动力和热力效应，可在不同程度上改变农田的辐射输送和湍流交换，形成适宜于农业生产的小气候条件，创造各种人工设施，如地膜覆盖、改良阳畦、塑料大棚、温室等，这些用来克服不良气候条件的人工设施称为保护地。我国传统的保护地生产历史悠久，近年来，随着生产的发展和科学技术的提高，保护地在农业生产和科学研究中的应用愈来愈广，目前主要用于蔬菜、花卉等经济价值较高的作物栽培。由于各地自然条件、发展历史及生产习惯不同，保护地类型有许多种，常见的有地膜覆盖、改良阳畦、大棚和温室等。

第一节　地膜覆盖小气候

地膜覆盖是用薄而透明的塑料薄膜直接覆盖于土壤表面的一种保护地栽培方式。不仅用于蔬菜栽培，而且还广泛应用在西瓜、花生、棉花、甘蔗等经济作物生产上。在纬度较高的地区，玉米生产也大面积使用地膜覆盖，甚至还用到果树栽培上，不仅用在平原上，而且在山区也开始推广使用。大量实践证明，地膜覆盖是一种很有前途的栽培技术。

一、地膜覆盖的基本原理

聚乙烯薄膜具有良好的透光性和气密性，太阳辐射投射到地膜上，一部分被反射，一部分被吸收，绝大部分透过地膜被土壤吸收转化为热能。土壤增温后，以长波方式向外辐射能量，但地膜有较强的阻止长波辐射散失的能力，从而使膜下地温升高，地膜的气密性强，不仅抑制了土壤水分蒸发，减小了潜热的损失，而且在膜下凝结水形成时释放潜热，提高地温。

二、地膜覆盖的小气候特点

1. 增强近地面株间的光照度　田间观察证明，地膜覆盖有明显的反光作用，其反光能力与膜的颜色有关。如表 11-1 所示，地膜的反光作用，改善了作物下部光照条件，对作物产量、品质的提高有积极意义。

表 11-1　不同颜色地膜反光能力比较（观测高度为 10cm）

膜　色	反射光照度（lx）
乳白	29 008
银灰	20 665
透明	16 278
绿色	7 390
黑色	7 295
露地	10 128

2. 提高耕层地温 地膜覆盖的地块 0～20cm 日平均地温比露地增高 2～4℃（表 11-2）。

3. 增加土壤湿度 地膜不仅抑制了土壤水分的外散，而且蒸发在地膜内形成凝结，返回土壤，使土壤湿度增高。据测定，春天盖膜 6d 后 5～20cm 土壤湿度比露地增加 8%～23.7%。52d 后，5cm 土壤湿度比露地高 34.5%，但 10～20cm 的土壤湿度反而比露地低 9.8%～29.1%，易引起作物早衰，必须灌水。

表 11-2 地膜覆盖对不同深度地温影响

土深（cm）	地膜覆盖温度（℃）	露地（℃）	增温（℃）
0	21.9	17.4	4.5
5	20.3	16.7	3.6
10	18.6	14.9	3.7
15	17.5	14.2	3.3
20	16.8	13.9	2.9

4. 促进土壤养分转化，增加土壤肥力 地膜覆盖由于土壤温度高，保水力强，利于微生物活动，加快了有机物质的分解，便于作物吸收，阻止土壤养分随土壤水分蒸发和被雨水或灌水冲刷而淋溶流失，从而增加了土壤肥力，利于作物生长，由于地膜覆盖抑制土壤水分外散，使近地气层水汽减少，空气湿度下降。

近来许多国家在农田中施用增温剂，以提高地温。在农田喷洒增温剂作用主要有两方面：一是在水面或土壤表面、植物叶面覆盖一层单分子或多分子膜，从而大大抑制农田中的水分蒸散，减少耗热；二是改变下垫面颜色，增加辐射收入，从而达到增温目的，这一措施和覆盖塑料薄膜增温的道理相似。

第二节 改良阳畦

改良阳畦是在阳畦的基础上改进而来，坐北向南，北有后墙，东、西有山墙，南有柱、柁、檩、竹片等构成棚，上用塑料薄膜覆盖，夜加盖草苫，它比阳畦空间大，便于操作和管理，同时改良阳畦所产生的小气候条件比阳畦对栽培作物更有利。

一、改良阳畦的小气候特点

1. 光照 改良阳畦采光面与阳光构成的角度大，一般光的反射损失只占 13.5%，进入畦内的光照比阳畦多，随着薄膜污染或老化而使畦内光照度下降，光照时间随着自然光照和揭草苫早晚而变化。

2. 温度 畦内地温明显高于露地，据观测资料，10cm 最高地温比露地高 13.8℃，10cm 最低地温比露地高 15.5℃，日平均温度比露地高 14.2℃，畦内地温局部差异明显，中部最高且变化小，前缘与东西端低，且变化大。改良阳畦白天不仅增温快，而且保温能力强天，白天拉开草苫后，畦内升温很快，上午平均每小时气温升高 7℃，13 时前后达最高峰，最低温度出现在凌晨,气温日较差大。改良阳畦的温度效应在不加温而有草苫的条件下如果管理得当,畦内最低气温可比露地增高13～15℃。

3. 湿度　改良阳畦由于密封条件好,水汽不易外散,因此,昼夜形成高湿环境,在管理时应加以注意。

二、改良阳畦小气候调节

改良阳畦的小气候调节措施主要有:选用透光性好的薄膜,使用中应保持膜面清洁,提高透光率;布局时,应加以注意使其不受遮阳物的影响,保证畦内光照度;适时揭草苫,增加光照时间,提高畦内湿度;提早扣膜烤地,增施有机肥料,增加畦内地热贮存,适时放风,调节气温,在最低气温达0℃之前,应加草苫覆盖,保持畦内湿度;根据作物需要和畦内环境条件,确定放风、浇水指标。

第三节　塑料大棚

塑料大棚是以竹木、钢筋、钢管作拱形的骨架,其跨度一般为10～12m,中高2m以上,长30～60m,棚面用0.1mm厚的聚乙烯薄膜用压膜线压紧,夜间不加盖草苫的一种保护地设施。在生产实用中多为竹木结构。

一、塑料大棚的小气候特点

塑料大棚内的光照、温度、湿度等气候要素综合环境状态,称为塑料大棚小气候。塑料大棚小气候受自然条件、棚体结构、棚内作物及人工管理等多种因素制约。

1. 光照　由于拱形物的遮阳,塑料薄膜的吸收和反射,棚内光照度低于棚外,一般大棚内1m高度处的光照度为棚外自然光照度的60%。钢架大棚遮阳少,光照优于竹木结构大棚。大棚内的自然光照因薄膜的性质而不同,无滴膜优于普通膜。棚内光照日变化与自然光照日变化一致。在垂直方向上,光照度自上而下减弱,棚越高,近地面光照越弱,如表11-3所示。水平方向上,不仅因太阳的位置而不同,而且随棚体走向而变化。南北延伸的大棚,午前东侧强于西侧,午后西侧强于东侧,日平均光照度两侧无大差异,东西延伸的大棚,南侧光照强于北侧,日平均光照差异显著。

表11-3　大棚内相对光照度垂直变化

距膜的距离（cm）	相对光照度（%）
30	61
70	35
200	25

2. 地温　生产中多以10cm地温作为大棚内作物适期定植的温度指标。在大棚的利用季

节，大棚地温有明显的日变化特点，早春5cm地温午前低于气温，午后与气温接近，傍晚开始高于气温，一直维持到次日日出。气温最低值一般出现在凌晨，但这时地温高于气温，有利于减轻作物冻害。5cm地温比10cm地温回升快，一般稳定在12℃以上的时间比10cm提早6d。棚内10cm地温最低值一般比露地高5～6℃。棚内地温也具有明显的季节变化。资料表明2月中旬至3月上旬，10cm地温高达8℃以上，能定植耐寒作物；3月中、下旬升高到12～14℃，可定植果菜类；4～5月棚内地温达22～24℃，有利于作物的生长，棚内地温比气温下降缓慢，有利于作物的延后栽培；10月至11月上旬，10cm地温下降到10～21℃，某些秋季作物可以生长，直到11月中、下旬，棚内的边缘为低温带，一般比中部低23℃以上。

3. 气温　大棚内气温增温十分明显，最高温度比露地高15℃以上，棚内外最高气温的差异因天气条件而不同，如表11-4所示，大棚内最低气温比露地高15℃，天气条件、土壤贮热、管理技术对棚内最低气温的影响很大。据河北、山东、河南观测资料证明，在密封条件下，露地最低气温为3℃时，棚内气温可达0℃，在生产上多把露地稳定通过3℃的日期，作为大棚内稳定通过0℃的日期。这一指标对确定和预防棚内作物冻害有一定的参考价值。初冬或早春，在一些特殊天气条件下，偶尔会出现棚内最低气温低于棚外的现象，这被称为"棚温逆转"。棚温逆转所产生的原因，目前认识尚不一致，但这种现象的出现，有时会给棚内作物造成冻害，必须采取预防措施。

表11-4　不同天气条件大棚内外温度比较（℃）

天气	地点		
	大棚内	大棚外	内外温差
晴天	38.0	19.3	18.7
多云	32.0	14.1	17.9
阴天	20.5	13.9	6.6

4. 湿度　大棚内土壤水分来自人工灌溉，空气中的水分来自土壤蒸发和植物蒸腾。由于薄膜气密性好，生产又在低温季节，通风量小，所以在大棚的生产时期多形成高湿环境。在正常生产的大棚内，相对湿度的日变化与气温相反，夜间高而稳定，白天随气温的升高而剧烈下降，最低值出现在13～14时，由于棚膜凝结水向地面滴落，造成浅层土壤湿度增高甚至泥泞，而下层往往干燥。

二、大棚小气候的调节

1. 光照调节　选用透光率高的薄膜，在使用中保持清洁，减轻老化；确定棚体合理走向，使棚内光照度均匀；确定合理的棚面造型，减少光的反射；既要棚体稳固，又要尽量减少骨架的遮阳满足特殊需要，如扦插育苗、软化栽培，可用不透光材料遮阳。

2. 温度调节　选用优质薄膜，增加进入棚内的太阳辐射；提前扣膜烤地，增加地热贮存，周围开挖防寒沟，减少热量外传，缩小边缘效应；用草苫或旧膜在四周设防寒裙，使最低温度提高 12℃，棚内设二道幕，使温度提高 2℃，棚内扣小棚，增温效应十分明显，通风是白天降温的主要措施，通风时间、通风量应根据天气和作物状况掌握。

3. 湿度调节 通风是降低湿度的主要措施，但通风与保温存在矛盾，要合理解决。高温时段，通风量要大，低温时段通风口要小或不通风；灌水可提高棚内湿度，地膜覆盖既可提高棚内地温，又可降低棚内湿度。

第四节 温室小气候

日光温室是不用人工加温，完全利用太阳能作为光热来源的温室。温室内形成了一种特殊的物理环境，它改变了辐射输送和湍流交换的状况和辐射、热量平衡，从而使温室内的农业气象要素状况与一般农田有异。温室的类型、结构、材料和温室内作物的品种、生长发育期等方面的差别对温室效应也有影响。由于不用燃料加温，具有明显的透光、增温、保温、保湿性能，因此又称为高效节能温室。

一、日光温室的结构与种类

日光温室坐北向南，东西延长，东西两端有山墙，北面有后墙，北侧屋顶是用各种保温而不透光的材料筑成，只有南面是用竹木或钢铁骨架构成的，用玻璃或薄膜等透明屋面，在这个屋面上夜间要加盖草苫、防寒被等物防寒保温。因南层面的形式或具体结构不同，可分为拱形层面日光温室、一面坡日光温室和立窗式日光温室。许多地方所建造的日光温室，在尺寸大小和结构上，都有各自的特点，所以又形成了以地方名称命名的日光温室，如辽宁的海城式日光温室、河北的永年式日光温室、内蒙古的通辽式日光温室等。图 11-1 为鞍山市日光温室的结构。

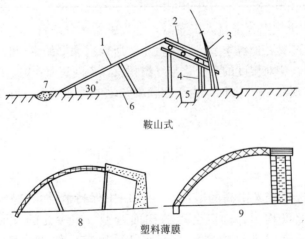

鞍山式

塑料薄膜

图 11-1 日光温室结构示意
1. 玻璃层面 2. 土屋面 3. 风障 4. 后墙 5. 人行道
6. 栽培床面 7. 防寒沟 8. 竹木薄膜温室 9. 钢筋薄膜温室

二、日光温室的基本原理

日光温室具有很好的透光、增温、保湿，冬季不加温就可以生产多种叶菜和果菜，其基本原理是：

1. 温室效应 采光面可以让大部分太阳辐射透过，被室内土壤吸收转化为热能，土壤又以长波辐射方式向外辐射能量，但薄膜对地面长波辐射透过性较差，室内形成辐射能的累积，使地温和气温升高。

2. 密封效应 温室设计、建造，要求高度密闭，薄膜气密性强，抑制了对流、乱流热交换。

3. 多层覆盖 夜间加盖薄膜外的草苫、牛皮纸被或无纺布，导热能力很差，热量不易外传，墙体为泥土组成，向外传热很少。

4. 土壤贮热 温室土壤贮存大量热量，白天传到深层，夜间不断释放，使气温下降缓慢。

三、日光温室的小气候特点

1. 辐射 一般情况下，与室外比较，温室内太阳辐射收入的总量减少，但辐射平衡的收入相对增加，支出相对减少。影响温室内的辐射状况的原因主要有：①由于覆盖物的遮挡，地面辐射（包括土壤、作物体表面和温室构架的长波辐射）受阻，很少逸出室外。如太阳辐射不断透入，而地面辐射不得逸出，辐射得热就不断积累，从而使温度不断升高，形成所谓温室效应。太阳辐射在进入温室前有部分被覆盖物的表面所吸收和反射，其比例与覆盖物材料的化学成分和厚度有关；透射率一般可达 80%～90%。此外，覆盖物上的水滴和微尘也影响透射率。②温室顶面覆盖物对太阳辐射的光谱通过有选择性，只容许某种波长范围的光谱全部透过，另一些波长范围的光谱则有不同程度的减弱。如新玻璃能透过一小部分紫外光，而旧玻璃则完全不能。③温室的方位和顶面角度对太阳入射角的影响。温室覆盖物本身造成的太阳辐射损失并不大，但因季节、时间不同而引起太阳入射角变化所产生的影响却相当大。在中纬度地区，冬季用坡度大的顶面有利吸收太阳辐射。

2. 光照 日光温室内光照度小于自然光照，一般为室外的 60%～80%。室内光照度分布不均匀，以中柱为界，分为前坡下的强光区和后坡下的弱光区。中柱前南 1m，光照的水平梯度变化较小，是温室光照条件最好的地方；前坡下光照度自上而下减弱，且比室外快，在冬季晴天的条件下，大多数温室内光照度可达 3 000lx 以上，进入 3 月，中午前后要达 5 000lx 以上，能满足大多数作物生长的需要。后坡及两山附近光照弱，在后坡下，从南向北逐渐减弱。

3. 温度 昼夜温度都高于室外。白天的增温程度、夜间的降温速度和温度的日变化，决定于温室的大小。温室大则比表面积（单位容积所具有的表面积）小，冷却效应也小，保温性能较好。有的温室白天最高温度可比室外提高 20℃ 以上。当温度超过作物所能忍受的界限时，可用通风措施降低室内温度。顶面加盖草帘和室内设置小型覆盖，可提高室内最低温度。室内近地气层温度的分布，在日出后从一定高度起随高度增加而上升，到顶部附近温度最高；夜间仍呈上高下低的辐射型分布。

日光温室完全靠吸收太阳辐射增温，因此室内温度有明显的日变化特点，并与室外温度变化趋势相同，在管理较好的日光温室内，冬季 0～20cm 地温平均可保持 12℃ 以上；温室内温度的水平梯度较大，中柱以南 3m 宽的范围是一个高温区；室内气温的变化，因天气条件而不同，晴天增温显著，阴天增温较少。最低温度出现在刚揭草苫之后，中午前气温上升很快，最高温度出现在 13 时。冬季室内气温不低于 10℃，1 月最高气温可达40℃以上，室内气温的垂直变化很大，热空气集中在上部，在 2m 高的小空间内，上下温差在 4～5℃。在水平方向上，由于结构原因，前部最低气温比中部低 2～3℃，近前沿处气温日较差最大，由于采用多层覆盖，温度夜间下降缓慢，下降 4～7℃，在有风或阴天时下降2～3℃。

4. 湿度　日光温室结构严密，放风量小，空气湿度大，夜间相对湿度经常在 90％ 以上，且变化小，白天随着气温升高湿度下降，但仍保持在 80％ 左右，14 时前后或放风时，短时下降 60％～70％。

四、日光温室小气候调节

1. 温室内光照的调节　温室内对光照的要求：一是要求光照充足，二是要求光照分布均匀。高纬度地区的冬季或冬季多阴天地区，温室需要用补光加以调节；夏季光照过强或进行

◆ **想一想**：采用哪些措施可以增加日光温室的光照？

软化等特殊方式栽培时，要用遮阳方法进行调节。遮阳方法简单易行，但补光的方法因成本高，还不能普遍进行。目前温室，太阳光的透射率，一般只有 40％～60％，在结构和管理上还有很多不合理的地方，改进的潜力很大。如用无滴膜，并及时清洗玻璃与薄膜表面的灰尘，改进屋面角度减少反射角，屋架尽量使用钢材减少遮光面积，充分利用反射光，不仅能增加温室光照度，还能改进其室内的照度分布。在后墙或中柱悬挂反光幕，能将投射于北墙的阳光反射到床面的北部和中部，改善温室内的光照条件。

2. 温室内温度的调节　为了提高温室内温度，可以用加温设备进行加温，但在目前我国能源紧张的条件下，还不够大面积推广，一般仍采取充分利用阳光，加强温室保温措施，达到提高温度的目的。为了减少土壤横向散热损失，可在内侧设防寒裙；在温室底脚的外侧设置防寒沟，沟中保温物以树叶为最好，保温期限长；后墙和东西山墙可砌成空心墙，后坡和墙外均用导热率低的秸秆与土分层覆盖；在室内加设小拱棚，可使床面保温；在玻璃或薄膜外夜间加盖草苫、纸被，增加多层覆盖保温效果也好。

3. 温室内湿度的调节　通风排除湿气，暖湿空气集中在温室上部，一般开上风口除湿效果好。

知识链接

有色农膜的作用

农用薄膜的颜色不同，对光谱的吸收和反射规律也不同，因而对作物的生长及对杂草、病虫害、地温的影响也就不一样。生产上可根据作物的不同要求，选用适当颜色的农膜，达到增产增收和改善品质的目的。

蓝色膜：保温性能好，透光率在弱光照条件下高于普通膜，在强光条件下低于普通膜。主要适用于水稻育秧，有利于培育矮壮秧苗，还可用于蔬菜、棉花、花生、草莓、菜豆、茄子、甜椒、番茄、瓜类等蔬菜和其他经济作物，可较好地起到防除杂草的作用。用于草莓等园艺作物覆盖栽培，可获得明显的增产和增质效果。

黑色膜：透光率低，能防除杂草，保水性能好，但增温性不如普通膜。在杂草严重的地方覆盖，能使杂草得不到必要的阳光而死亡。杂草严重的地块或高温季节栽培夏萝卜、白菜、菠菜、秋黄瓜、晚番茄，选用黑色膜效果较好。

绿色膜：能使植物进行光合作用的可见光透过率减少，而绿光增加，可起到防除杂草的作用，又比黑色膜透光率高，增温性介于黑色膜与透明膜。多用于草莓、瓜类等经济作物上。

紫色膜：可使紫色光透过率增加。该膜主要适用冬、春季温室或塑料大棚的茄果类和绿叶类蔬菜栽培，可增进品质，提高产量。

红色膜：能最大限度地满足某些作物对红色光的需求。生产实践证明：在红色膜下培育的水稻秧苗生产旺盛；甜菜含糖量高；胡萝卜直根长得更大；韭菜叶宽而肉厚，收获期提前，产量增加。

黄色膜：能使黄色光增加。据试验，用黄色膜覆盖芹菜和莴苣、植物生长高大，抽薹推迟，豆类生长壮实；覆盖黄瓜，可促进现蕾开花，增加产量1~1.5倍，覆盖茶树，茶叶品质上乘，产量提高。

银灰色膜：反射紫外线能力强，能驱避蚜虫，对由蚜虫携毒迁飞传染的病毒病有积极的防治作用，而且能保水、保肥、抑制杂草，增温性介于透明膜与黑色膜。主要适用于夏秋蔬菜、瓜类、棉花和烤烟栽培，有良好的防病、防蚜虫和白粉虱及改良品质的作用。

银色反光膜：又称为镜面反射膜，具有反光作用。主要用于温室蔬菜栽培，可悬挂在温室内栽培畦北侧，改善温室内的光照条件。用于果园地覆盖，能使果树生长茂盛，果实着色好，成熟早，增产效果显著，尤其是在缺乏阳光的地方使用，效果更好。

银黑双面膜：由银灰色和黑色两种地膜复合而成。覆盖时银面朝上，黑面朝下，能避蚜防病和除草保水。主要用于夏、秋季蔬菜、瓜类等经济价值较高的作物防病抗热栽培。

黑白双面膜：由黑色和乳白色两种地膜复合而成。覆盖时白面朝上，黑面朝下，能降低地温、保水、抑草，适宜夏、秋季抗热栽培。具有良好的降地温作用，保水与除草效果也很好，用该膜进行地面覆盖栽培萝卜、白菜、莴苣等喜凉蔬菜，夏季可良好生长。

思 考 与 练 习

1. 地膜覆盖能改善小气候的基本原理是什么?

2. 地膜覆盖的善小气候效应如何?

3. 用薄膜育苗时要注意什么问题?

4. 为什么塑料大棚一般建成南北延长的?

5. 日光温室能改善气候的基本原理是什么?

6. 日光温室的小气候有什么特点?

7. 如何调节温室小气候?

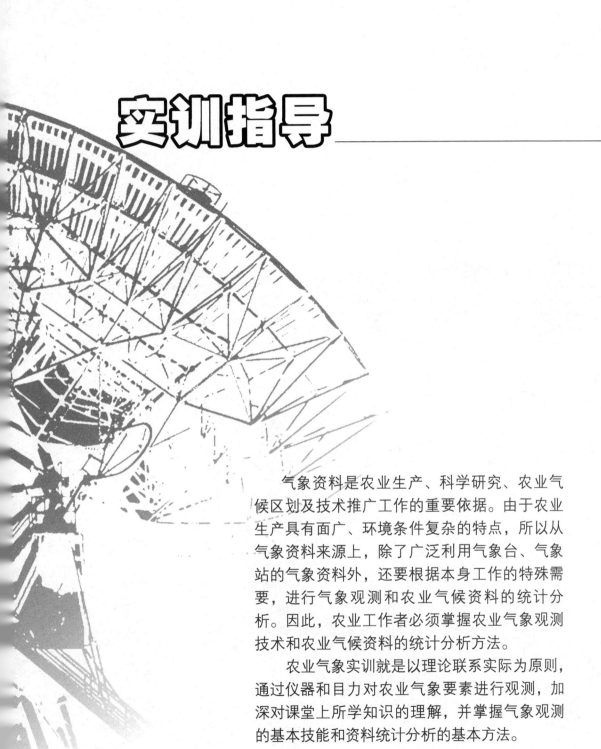

实训指导

气象资料是农业生产、科学研究、农业气候区划及技术推广工作的重要依据。由于农业生产具有面广、环境条件复杂的特点，所以从气象资料来源上，除了广泛利用气象台、气象站的气象资料外，还要根据本身工作的特殊需要，进行气象观测和农业气候资料的统计分析。因此，农业工作者必须掌握农业气象观测技术和农业气候资料的统计分析方法。

农业气象实训就是以理论联系实际为原则，通过仪器和目力对农业气象要素进行观测，加深对课堂上所学知识的理解，并掌握气象观测的基本技能和资料统计分析的基本方法。

实训一 气象观测工作简介

✿ 实训目的

了解气象观测的意义、原则和要求，观测场地的选择与建立以及场内仪器的布置等，为进行实习做好准备。

✿ 实训内容

（一）气象观测的意义和原则

大气中不断地发生各种物理现象和物理过程（如云、雨、风、雷电等），为了掌握这些物理现象和过程的基本规律和特点，必须从事大量系统、连续的气象观测工作，以便积累资料，进行分析研究，从而得出正确的结论。气象观测就是用气象仪器或视力对大气中物理现象及其变化过程进行系统连续的观察和测定。并将观测到的结果进行计算和整理，为天气预报、气候分析、科学研究和国民经济各部门提供可靠的气象情报和资料。

气象观测是气象工作的基础。它必须符合代表性强、比较性好、准确性高的原则。为此，在选择观测场所、所用仪器及安置、观测时间、程序和方法等方面，都要参照国家颁布的《地面气象观测规范》标准，并结合专业需要开展气象观测工作。

（二）观测场的选择与建立

1. 观测场地的选择 观测场是取得地面气象资料的主要场所。地点应设在能较好地反映本地大范围气象要素特点的地方。避免局部地形的影响。观测场四周必须空旷平坦，避免设在陡坡、洼地或邻近有丛林、公路、水体（水库、湖泊、河海）及高大建筑物的地方，在城市或工矿区，观测场应选择在当地最多风向的上风方。观测场边缘与四周孤立障碍物的距离至少是该障碍物高度的 3 倍，距离成排的障碍物，至少是该障碍物的 10 倍，距离较大的水体的最高水位线，水平距离至少 100m，观测场四周 10m 范围内不能种植高秆作物，以保证气流通畅。为专业服务的气象台站，观测场地的选择，应根据专业需要和仪器设备情况来确定。

2. 观测场的建立 观测场的大小应根据观测项目和仪器设备情况而定。一般为 25m×25m，在受条件限制时可为 16m（东西向）×20m（南北向）。场地应该平整，不要有任何洞穴、坑洼和凸起的地方，并应保持均匀草层，草高不超过 20cm，场内不种植作物。场内要铺设 0.3～0.5m 宽的小路（不用沥青铺面），观测场四周应用约为 1.2m 的稀疏白漆栅栏（木制或铁制）围起来。以保持场内空气流通及保护场内的仪器设备。观测场门开设在围栏的北面。在有积雪时，除小路上的积雪可以清除外，应保护场地积雪的自然状态（图实-1）。

3. 观测场内仪器的布置 观测场内的仪器布置，要做到互不影响，便于观测操作，具体要求是：

① 高的仪器安置在北面，低的仪器顺次安置在南面，南北布设成列，东西排列成行。

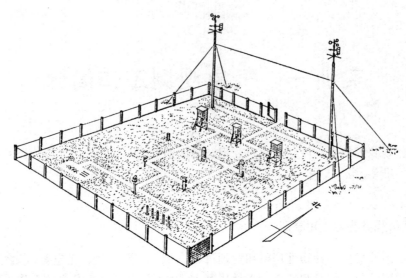

图实-1 气象观测场

② 仪器之间南北距离不小于 3m，东西间距不小于 4m。仪器距围栏不小于 3m。
③ 仪器安置在紧靠小路的南面。观测人员应从北面接近仪器。

(三) 气象观测的基本规则

1. 观测时间和次数 根据国家气象部门规定，定时观测分每日四次制和每日三次制两种。每日四次制观测在北京时间 02、08、14、20 时进行。日照以日落为日界，其他以北京时 20 时为日界。

2. 观测程序和项目 为使观测资料更有比较性，观测程序应尽量统一，把短时间内变化不大的气象要素如云、能见度等项目先观测，把容易变化的气象要素如：温度、湿度、气压等尽可能接近正点观测。一般气象站，在每次定时观测正点前 30min 左右巡视观测场及所用仪器，注意湿球温度表球部湿润状态和冬季湿球溶冰等准备工作。在正点前 20min 开始观测，正点前 2min 结束。具体观测程序，由台站视仪器多少和布置状况等自行确定，但对一个台站，必须统一，尽量少做变动。关于定时观测程序和项目，可参考表实-1。

表实-1 定时观测程序和项目

观 测 时 间		观 测 项 目
时	分	
1、7、13、19	30	巡视仪器及观测准备，特别注意湿润湿球及溶冰
1、7、13、19	45～60	云状，云量，能见度，天气现象，风速，风向，地温，气温，湿度，气压。温度计、湿度计、气压计读数，并作时间记号
8		降水，冻土，雪深，雪压
14		温度计，湿度计，气压计换自记纸

（续）

观 测 时 间		观 测 项 目
时	分	
20		降水，蒸发，最高、最低气温和地面最高、最低温度，并调整以上温度表。雨量计换自记纸
日 落 后		更换日照纸

3. 观测记录要求　观测人员必须具有高度的责任心和严肃的科学态度。严格遵守地面气象观测规范，认真对待每次观测，每个数据。严禁漏测、迟测等事故发生，绝对禁止涂改和伪造观测记录。每次观测要立即把观测结果记录下来，记录要用黑色铅笔，不要用钢笔或圆珠笔，记录应准确，字迹要工整清楚。观测完毕后还应立即对各种数据进行初步整理。

✿ **实训作业**

绘制本校或本地气象观测场仪器布置图并分析说明，观测场的选择建立和仪器安置是否符合要求。

实训二　自动气象站

✿ 实训目的
了解自动气象站的概念、功能和组成结构及自动气象站的工作原理。

✿ 实训内容

一、自动气象站概念

1. 自动气象站定义　自动进行地面气象观测的气象仪器设备。

2. 自动气象站的功能

（1）数据采集　自动气象站的数据采集功能就是采集要观测的气象要素值。通常是由传感器将气象要素量（如气温）感应转换成一种电参量信号（电压、电流等）。再由采集器按一定的采集速度（假设 1s 采 1 次）获得代表这个采集时刻气象要素量（气温）的电量信号值（电压或电流采集值）。

（2）数据处理　自动气象站的数据处理功能就是将采集到的代表气象要素量（如气温）的电量信号值（电压或电流采集值）经运算处理转换成要观测的气象要素值（如气温采样值和气温观测值）。这种运算处理一般包括测量、计数、累加、平均、公式运算、线性处理、选极值等。这些运算处理都由自动气象站的采集器来完成。

接有微机终端的自动气象站将观测数据传送给微机终端后，可通过微机终端的业务软件对观测数据做进一步的业务处理（如数据显示、存储和质量控制、编发气象报告、编制气象报表等）。

（3）数据存储　自动气象站的数据存储功能是将经处理获得的各气象要素采样值和（或）气象要素观测值按规定的数据格式存储在存储器内。该存储器包括容量有限的内部存储器和通过采集器存储卡接口连接的大容量外接存储卡（器）。前者由于容量有限，通常用来存储规定的主要观测数据资料；后者随着存储器技术的发展，存储容量越来越大，可以根据用户的要求选配不同容量的存储卡（器）来满足用户提出的观测数据存储要求。

接有微机终端的自动气象站将观测数据传送给微机终端后，观测数据可进一步存储在微机终端的存储器内。

自动气象站的存储是实时存储；微机终端的存储可以是非实时存储，即由于某种原因使微机终端有段时间未能存取数据时，事后微机终端可通过调取所需的数据再补充进行数据存储。

（4）数据传输　自动气象站的数据传输功能是将各种观测数据按规定的格式编制成数据文件、报文，通过采集器通信接口将观测数据传送给连接的终端设备，也可经连接的各种通信传输设备传送给指定的用户。

（5）数据质量控制　数据质量控制功能是为保证观测数据质量，采集器所要完成的观测数据差错检测和标示工作，一般包括采样值的质量控制和观测值的质量控制。通常是检查数据的合理性和一致性，再根据检查的结果对被检查的数据按规定的条件做出取舍和标示处理。

（6）运行监控 运行监控功能是用户可通过输入规定的命令调看自动气象站一些关键节点的状态数据（如传感器状态、采集器测量通道、传输接口、供电电压、机箱内温度和系统时钟等），以帮助判断设备的运行情况和出现故障的可能部位。

3. 自动气象站的组成结构 自动气象站是一个自动化测量系统，由硬件（设备）和软件（测量运作程序）两部分组成。

自动气象站的硬件包括传感器、采集器（中央处理机）和外部设备。

自动气象站的软件包括采集软件和业务软件。前者在采集器内运行，后者则在配接的用户微机终端上运行。

二、自动气象站的硬件组成结构

一个典型的自动气象站一般包括传感器、采集器（也称为中央处理机）和外部设备三部分。自动气象站的一种最简单的组成结构，如图实-2所示。

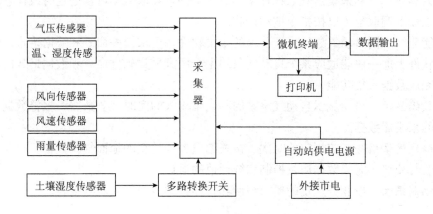

图实-2 自动气象站组成结构方块

1. 传感器 传感器是能感受规定的被测量并按照一定的规律转换成可用输出信号的器件和装置。自动气象站用的传感器感受的被测量就是气压、温度、湿度等气象要素量，转换成的输出信号包括电压、电流、频率等模拟电信号或数字信号。要求传感器对气象要素量的感应和转换是唯一确定的。

传感器按《地面气象观测规范》的要求安装在地面观测场的固定位置上，用屏蔽电缆连接到采集器上。屏蔽电缆走线应尽量缩短其长度。

2. 采集器 采集器也称为中央处理机（系统）。采集器从传感器采集数据，然后由内部的微处理器按规定的算法进行运算处理和质量控制，生成各气象要素观测值，再以规定的数据格式将这些观测值存储在存储器内，并能按规定响应传输要求。

采集器要完成数据采集、处理、存储、传输和系统运行管理功能。因此采集器一般由传感器接口电路、微处理器、存储器和通信接口等主要模块来组成。

3. 外部设备 自动气象站的外部设备是指除传感器和采集器以外自动气象站所配属的设备，通常主要包括供电电源、业务终端、通信传输设备等，也把附属的实时时钟和监控检测设备归为外部设备。

三、自动气象站的软件结构功能

支撑自动气象站运行的软件系统通常由采集软件和业务软件组成。

1. 采集软件　采集软件是在采集器内运行，用于完成气象观测数据的采集、质量控制、数据处理、数据存储、运行状态检测和观测数据传送的软件。

2. 业务软件　业务软件是在业务终端或自动气象站网中心站运行的软件，用于实现接收和显示采集器的观测数据，输入人工观测数据，进行数据资料质量控制处理，编发观测数据文件和地面气象观测报告，整理、编制地面气象报表，传送和存储观测资料和系统运行状态监控等。

3. 业务软件的功能

（1）业务运行参数设置　将软件运行所要求的各种台站参数、报表编制数据、操作管理信息等事先存入相应的数据库文件作为软件完成后面功能的基础。

（2）数据获取　从采集器获取各种观测数据文件，获取数据可以是定时或任意时刻，获取方法可以命令调取也可以按指令被动接收。

为了能兼容不同自动气象站生产厂家的采集软件，要求统一命令和数据格式。否则就需要在业务软件上加一块能适应某个自动气象站生产厂家采集软件命令和数据格式的数据传送模块，来完成数据采集功能。

（3）数据显示　自动显示自动气象站的和人工输入的实时观测数据、报警数据、查询数据和调入的采集器数据。

（4）编发气象报告　按规定的时次、格式编发各种类型的地面气象报告。

（5）资料处理　完成数据质量控制和统计值的运算。

（6）编制报表　按业务规定的要求编制和打印各类地面气象观测报表。

四、DYYZ-Ⅱ型自动气象站的工作原理

（一）系统工作原理

自然环境气象参量的变化，引起各气象要素传感器变化，使得相应的传感器输出的电信号产生变化。气压、温度、湿度、地温、风向、风速和雨量诸要素传感器所感应的不同物理量，经过相应的电路，转换成标准的电压模拟量和数字量，然后由数据采集器 CPU 按时序采集、计算，得出各个气象要素的实时值，可供实时显示。采集器每分钟向数据处理微机发送数据，数据处理微机每分钟即可更新一次数据，正点数据存盘。同时以统一规格的数据形式进行显示、存储、打印，这就是Ⅱ型自动气象站的简单工作原理，其结构如图实-3 所示。

（二）传感器工作原理

1. 气压传感器　采用芬兰 Vaisala 公司生产的 PTB220 气压表作为测量气压的传感器，（图实-4）。该传感器为石英真空电容式气压传感器，具有良好的复现性和稳定性。电容的真空间隙受外界压力而变化，石英电容量随之变化。通过精密 RC 振荡电路，使气压变化与频率变化产生对应关系，通过测量频率而实现对气压的测量。

2. 温度/湿度传感器（Vaisala 温湿传感器）

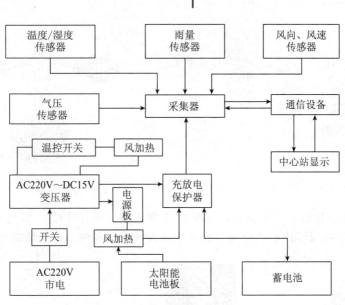

图实-3　自动站原理框

（1）温度传感器　采用 Pt100 型铂电阻作为测量温度的传感器，铂电阻具有较高的稳定性和良好的复现性。随温度变化，铂电阻的阻值也发生变化，在一定测量范围内，温度和阻值是呈线性关系的。配备精密的恒流源使模拟电压和温度呈线性关系，通过 A/D 转换，经采集器 CPU 解算处理，得到相对应的温度值，外形结构如图实-5 所示。

图实-4　气压传感器　　　　　　　　图实-5　温度/湿度传感器

（2）湿度传感器　采用湿敏电容作为湿度测定传感器。由于空气湿度变化使湿敏电容值改变，在一定测量范围内，空气相对湿度和湿敏电容值是对应关系，经电路转换为湿度与频率对应关系，经 F/V 转换将标准模拟电压送给 A/D 后，再经采集器的 CPU 解算处理，得到相应的湿度值。

3. 风向传感器　选用单叶式风向标作为测风向的传感器，采用七位格雷码盘进行光电转换，将轴角位移转换为数字信号，经采集器的 CPU 根据相应公式解算处理，得到相应的风向值。外形结构如图实-6 所示。

4. 风速传感器　采用三杯回转架式风速传感器作为测量风速的传感器，利用光电脉冲原理。风杯带动码盘转动，光敏元件受光照后输出脉冲，经采集器 CPU 根据相应的风速计算公式解算处理，获得相应风速值，如图-7 所示。

5. 雨量传感器　采用称量翻斗式雨量传感器测定降水量，通过上翻斗、计量翻斗和计数翻斗（干簧管触点闭合）获得数字量，每一个脉冲信号表示降水量 0.1mm，经采集器的 CPU 解算处理，得到相应降水量值。外形结构如图实-8 所示。

图实-6 风向传感器   图实-7 风速传感器

6. 草温/雪温、地表、浅层地温、深层地温传感器 采用 Pt100 铂电阻作为测定草温/雪温、地表、浅层和深层地温传感器，原理与测温传感器相同，外形结构如图实-9 所示。

图实-8 雨量传感器   图实-9 地温传感器

（三）数据采集器工作原理

1. 数据采集器构成 数据采集器由接口单元、信号处理、电源变换、单片机部分、通信控制、显示及键盘单元和存储单元构成，其原理如图实-10 所示。

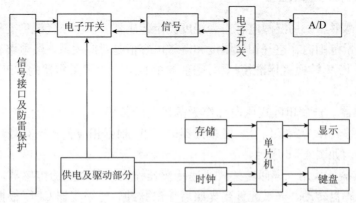

图实-10 采集器原理框

2. 数据采集器工作原理 在系统采集软件的支持下，数据采集器的中央处理器（CPU）按时间顺序对气温、湿度、风向、风速、降水、气压等信号依次进行定时采集、运算、处理、显示、存储和通信。

3. 数据采集器采样和处理

① 数据采集器对气压、温度、湿度、信号每 10s 采集 1 个样本，1min 采集 6 个样本，剔除 1 个最大值，剔除 1 个最小值，余下 4 个样本作为该分钟的平均值，并在其中选取极值。

② 数据采集器对风向风速信号以每秒钟采集 1 个样本。计算 3s、1min 和 2min 滑动平均。以 1min 为步长，计算 10min 滑动平均。最大风速及相应的风向出现的时间从 10min 平均值中挑取。极大风速及其相应的风向和出现的时间，从滑动过程中的 3s 平均值中挑取。

③ 数据采集器对雨量信号采样速率小于 1m/s，可实现记录 1h、3h、6h、24h 累计雨量值，采集器实时显示的雨量为当前 1h 累计值。

（四）室外转接盒工作原理

Ⅱ 型自动气象站共有 15 支传感器，其中 14 支传感器安装在室外观测场。14 支传感器分别由各自专用信号电缆接入室外转接盒。气温、草温/雪温、地温传感器信号通过电子开关选通与湿度信号经 7 芯电缆（信号 1）接入数据采集器。风向，风速，雨量传感器信号经转接盒汇接后，经 19 芯电缆（信号 2）接入数据采集器。外形结构如图实-11 所示。

图实-11　外转接盒

（五）电源系统工作原理

1. 供电系统　供电系统由 1 支 13.8V、3A 充电器、1 块 38Ah 免维护蓄电池、电压电流表、报警电路板和机箱组成。在 220V 交流电下，充电器自动给蓄电池浮充电，确保供电系统在 220V 交流电断电时，Ⅱ 型自动站能够连续正常工作 72h。当蓄电池电压低于 11V 时，供电系统会自动报警提示。外形结构，如图实-12 所示。

2. UPS 电源系统　UPS 电源系统由 1 000VA UPS 电源主机，4 块 65AH 免维护蓄电池及电池柜组成，确保 220V 交流电中断时计算机打印机可以工作 4h，外形结构如图实-13 所示。

图实-12　供电系统

图实-13　UPS 电源

实训三　日照时数和光照度的观测

✿ 实训目的

了解日照计和照度计的构造原理；掌握日照时数和光照度的观测方法。

✿ 实训内容

（一）日照时数的观测

太阳在一地实际照射地面的时数，称为日照时数。测定日照时数的仪器一般用暗筒式（又名乔唐式）日照计。日照时数以小时（h）为单位，取一位小数。

1. 构造原理　如图实-14 所示，暗筒式日照计就是利用阳光通过仪器上的小孔射入筒内，使涂有感光药剂的日照纸上留下感光迹线，以此来计算日照时数的。

2. 仪器安置　暗筒式日照计应安置在开阔的、终年从日出到日落都能受到太阳光照射的地方。通常安置在观测场南面的柱子上，高度以便于操作为宜。安置时底座要水平，座面上要精确测定南北（子午）线，并划出标记。再把仪器安置在台座上，筒口对正北（利用座面上南北线标记）。牢固地将日照计底座加以固定。然后，转动筒身使支架上的纬度记号线对准纬度盘上当地纬度值。

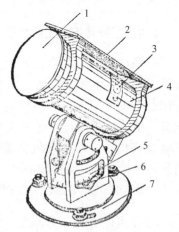

图实-14　暗筒式日照计

1. 筒盖　2. 隔光板　3. 进光孔
4. 圆筒　5. 纬度刻度盘
6. 纬度刻度线　7. 底座

3. 观测方法

（1）日照纸涂药　日照纸的感光剂用枸橼酸铁铵（又名柠檬酸铁铵），显影剂用赤血盐（铁氰化钾），前者易感光吸水，后者有毒，故应防潮，在暗处收藏妥善保管。

用枸橼酸铁铵与清水以 3：10 的比例配成感光液，用赤血盐与清水以 1：10 的比例配成显影液。两种药液配好后分别装入褐色瓶中放于暗处保存备用。每次配量不可过多，以能涂刷 10 张日照纸的用量为宜，以免日久失效。涂药时取等量的两种药液均匀混合，在暗处或夜间红灯光下进行。涂药前，先用脱脂棉把需涂药的日照纸表面擦净，去掉表面油脂使纸吸药均匀，另用脱脂棉蘸药液薄而均匀地涂在日照纸上，涂好药的日照纸，应在暗处阴干后暗藏备用，严防感光。涂药后用具应洗净，用过的脱脂棉也不能再次使用。

（2）换纸　每天日落后换纸，即使全日阴雨无日照记录，也应照常换下，以备日后查考。将涂有感光药液填好年、月、日的日照纸（图实-15），放入暗筒内，并将日照纸上的 10 时线与暗筒正中线对齐，压纸夹交叉向上，将纸压紧，盖好筒盖。

（3）记录整理　换下的日照低，应依感光迹线的长短，在其下描划铅笔线。然后将日照纸放入足量的清水中浸泡 3～5min 拿出，（全天无日照的纸，也应浸漂）；待阴干后，再复验感光迹线与铅笔线是否一致如感光线比铅笔线长，则应补描上这一段铅笔线，然后按铅笔线计算各时日照时数。日照纸上每小格为 0.1h，一大格为 1h，计算时应准确到小数一位。如某时 60min 都有日照，则记为 1.0 如果全天无日照时数记 0.0。

4. 检查与维护　每月应检查一次仪器的水平、方位、纬度的安置情况，发现问题及时纠正。日出前应检查日照计的小孔有无小虫、尘沙堵塞或被露、霜遮住。

图实- 15　暗筒式日照纸

（二）光照度的观测

测定光照度的仪器用照度计。照度计被广泛地应用于各种自然光和人造光源的光照度测定，其规格型号很多。下面仅介绍仪器的一般构造原理和观测方法。

1. 指针式照度计

（1）构造原理　照度计是利用光电效应的原理，根据感光电流的大小测定光照度的。它主要由光电池（有硅光电池和硒光电池两种）、电流表和量程开关组成（图实- 16）。照度计量程开关一般有四挡或六挡，范围 0～200 000lx。

（2）观测方法　观测时，将电流表置于水平，若指针不指零点，可计旋动调整螺旋使之指向零点，然后将光电池导线插头插入座孔内，手持光电池手柄，放于待测位置，注意光电池要与光线垂直。然后，首先将量程开关旋至最大量程，当选用量程合适时，电流上指针的示度乘以本量程标明的倍数，即为当时的光照度。备有滤光罩的仪器当光照度超过 1 000lx 以上时，必须戴滤光罩方能进行观测，读数计算时，电流表上指针的示度乘以滤光罩的倍数即为当时的光照度。测量时，可用手遮住光电池数次，读取平均测量值，测量时间以 0.5～1min 为宜。测定后，将量程开关旋至"关"的位置上，拔下导线插头，将光电池罩盖好。

图实- 16　指针式照度计

（3）仪器维护

① 照度计是一种精密仪器，在携带使用或运输过程中，需避免震动。②存放时要放在清洁干燥、无腐蚀气体、无强大磁场的地方。③光电池、滤光罩严禁用手触摸或用硬物磨擦，以免被沾污或划伤影响其准确度；电流表的有机玻璃表盖不得用力揩擦，以免引起静电感应。如有灰尘可用毛刷拂去。

2. 数字式照度计（ST80C 型）

（1）仪器结构　仪器由测光探头和读数单元两部分组成（图实- 17），二者通过电缆用插头和插座连接。读数单元左侧的各按键作用分别为：

电源：按下此键为电源接通状态，抬起此键为电源断开状态。

保持：按下此键为数据保持状态，抬起此键为数据采样状态。测量时应抬起此键。

照度：进行照度测量时应按下此键，同时注意将"扩展"键抬起。

扩展：根据用户要求选配附件后进行功能扩展。使用扩展功能测量时按下此键，同时注意将"照度"键抬起。

×1、×10、×100、×1 000：4个量程按键。

(2) 操作方法 使用时，先按下"电源""照度"和任一量程键（其余键抬起），再将探头插入读数单元的插孔内。完全遮盖探头光敏面，检查计

图实-17 数字式照度计（ST80C型）

数单元是否为零，然后将探头置于待测位置，根据光的强弱选择适宜的量程按键，此时在显示窗口上显示的数字与量程因子的乘积即为照度值（单位：lx）。注意："照度"和"扩展"键切勿同时按下。如欲将测量数据保持，可按下"保持"键，注意不能在未按下量程键前按"保持"键。读数完成后应将"保持"键抬起，恢复到采样状态。测量完毕将电源键抬起（关）。如果显示窗口的左端只显示"1"，表明照度值超载，或表明在按下量程键前已误将"保持"键按下了，此时应按下更大的量程键或抬起"保持"键，故应正确操作。

"电源""保持"键为自锁键，"照度""扩展"及4个量程键为互锁键。当显示窗口左上方出现"LOBAT"或"←"符号时，应更换机内电池。

(3) 仪器维护 仪器长期存放应在温度20～40℃、相对湿度<85%的洁净环境中，避免仪器受强烈振动或摔打引起的损坏。

✿ **实训作业**

1. 进行一次日照观测，整理暗筒式日照纸并计算结果。

2. 在露天情况下测定几种条件的光照度。

实训四　空气温度和土壤温度的观测

✿ 实训目的

了解各种常用温度表、温度计的构造原理，掌握空气温度和土壤温度的观测方法。

✿ 实训内容

（一）空气温度的观测

空气温度是以离地 1.5m 高处的空气温度为标准的。其观测项目有：定时气温、日最高气温、日最低气温及气温的连续记录。

1. 气温观测仪器的构造原理

（1）干球温度表（普通温度表）　用来测定空气任一时刻的温度。根据水银的热胀冷缩的特性而制成。构造上分感应部分、毛细管、刻度磁板、外套管等四部分（图实-18）。

（2）最高温度表　用来测定一定时段内的最高温度。测温液是水银。它的特殊构造是在球部内有一玻璃针伸入毛细管，使球部与毛细管间形成窄道（图实-19），当温度升高时，球部水银体积膨胀，挤入毛细管，而温度下降时球部水银收缩，但毛细管内的水银，由于通道狭窄摩擦力大的作用，不能缩回球部。因此它能指示某时段内的最高温度。

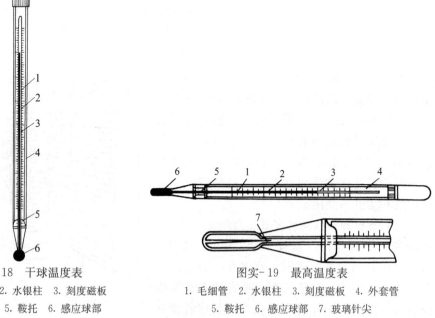

图实-18　干球温度表
1. 毛细管　2. 水银柱　3. 刻度磁板
4. 外套管　5. 鞍托　6. 感应球部

图实-19　最高温度表
1. 毛细管　2. 水银柱　3. 刻度磁板　4. 外套管
5. 鞍托　6. 感应球部　7. 玻璃针尖

（3）最低温度表　用来测定一定时段内的最低温度。它的测温液是酒精。毛细管内有一哑铃形游标（图实-20）当温度下降时，酒精便收缩下降，由于酒精柱顶端表面张力的作用，带动游标下降；当温度上升时，酒精膨胀，酒精柱经过游标周围慢慢上升，而游标仍留在原来的位置上，因此它能指示出某时段内的最低温度。

（4）温度计　是用来自动连续记录气温变化的仪器（图实-21），它的感应部分是双金属片。双金属片是由两种膨胀系数不同的金属片焊接而成的。双金属片一端固定在仪器外部支架上，另一端通过杠杆和自记笔相连，笔尖内装有特制的

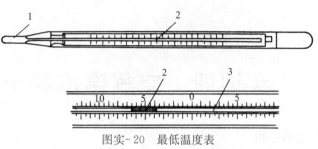

图实-20　最低温度表
1. 感应部分　2. 游标　3. 酒精柱

墨水。自记笔尖和裹在自记钟上的自记纸接触，自记纸上的水平线表示温度，通常每格表示1℃。自记钟内装有钟表机械，能使圆筒不断转动（分日转或周转两种）。当气温变化时，双金属片发生形变，通过杠杆作用，自记笔便在自记纸上记录出气温随时间变化的曲线。

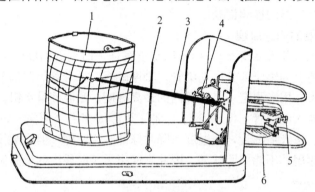

图实-21　温度计
1. 自记钟　2. 笔挡　3. 笔杆　4. 杠杆
5. 调整螺旋　6. 双金属片

2. 气温观测仪器的安置　测定气温和空气湿度的仪器安置在百叶箱中（图实-22）。

（1）百叶箱　其作用是防止太阳辐射对仪器的直接辐射和地面对仪器的反射辐射，保护仪器免受强风、雨、雪等的影响，并使仪器的感应部分有适当的通风，能真实地感应外界空气温度和湿度的变化。

（2）百叶箱内仪器的安置　百叶箱分为大、小两种。小百叶箱内安置干球、湿球、最高、最低温度表和毛发湿度表。箱内有一固定的铁架，干球温度表、湿球温度表垂直插在铁架横梁两端的环内，干球温度表在东，湿球温度表在西。球部中心距地1.5m。湿球温度表球部包扎一段纱布，纱布下端浸入水杯内。杯口距湿球3cm。毛发湿度表固定在铁架横梁中央。最高、最低温度表安置在铁架下横梁的弧形钩

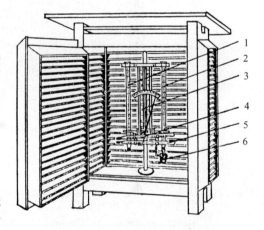

图实-22　小百叶箱内仪器的安置
1. 干球温度表　2. 湿球温度表　3. 毛发湿度表
4. 最高温度表　5. 最低温度表　6. 水杯

上。最高温度表在上，最低温度表在下，球部向东，球部中心离地面分别为 1.53m 和 1.52m。大百叶箱内水平安置温度计和湿度计。温度计在前，感应部分中心离地 1.5m，湿度计在后位置稍高。

3. 气温的观测方法　观测时按照干球温度表、湿球温度表、毛发湿度表、最高温度表、最低温度表、温度计、（读数做时间记号）的顺序进行。干球温度表、湿球温度表每天观测 4 次（02 时、08 时、14 时、20 时）最高、最低温度表每天 20 时观测 1 次。

① 各种温度表读数要准确到 0.1℃，如某日 14 时气温 22℃ 应记为 22.0℃，温度在 0℃ 以下时，数值前加"一"号。

② 各种温度表读数要迅速准确，先读小数后读整数，尽量缩短观测时间。

③ 各种温度表观测时必须保持视线和水银柱顶齐平以免因视差而使读数偏高或偏低。观测最低温度表时，视线要平直对准游标远离球部一端。

④ 各种温度表读数时，读完一遍后再复读一次，避免发生误读或颠倒零上、零下的错误。

⑤ 最高、最低温度的调整：最高、最低温度表观测后应立即调整。最高温度表的调整方法是：用手握住温度表表身，球部向下，臂外伸 30° 用大臂前后甩动，直至水银柱示度接近当时的气温，然后放回原处，先放球部后放表身，以免水银柱滑动；最低温度表的调整方法是：将球部抬起，使游标滑到酒精柱顶端，放回原处，先放顶部后放球部，以免游标发生移动。

⑥ 温度计读数：读数记录后做时间记号。每天 14 时换纸，换纸时先做终止时间记号。拔开笔档，取下自记纸，记上终止时间。然后上好钟机发条，将填写好日期的新自记纸裹在钟筒上，卷紧，水平对齐，底边紧贴筒底缘并以压纸条固定。转动钟筒使笔尖对准记录开始时间，拔回笔档做时间记号，盖上盒盖。

4. 日平均气温的统计

① 若一天进行 4 次观测，则日平均气温为 4 次观测的平均值。

② 若 02 时不观测，一天仅在 08 时、14 时、20 时进行三次观测，则日平均气温可用下式求出：

$$日平均气温 = \left[\frac{1}{2} （日最低气温＋前一天 20 时气温）＋08 时气温＋14 时气温＋20 时气温 \right] \div 4$$

（二）土壤温度的观测

地温指地面和地中不同深度的土壤温度。地面温度是指直接与土壤表面接触的温度表所指示的温度，包括地面温度、地面最高温度、地面最低温度。浅层地温包括离地面 5cm、10cm、15cm、20cm 深度的地中温度，还有深层地温。

1. 地温观测仪器的构造原理

（1）地面温度表　用于观测地面温度。包括地面温度表（又称为 0cm 温度表）、地面最高温度表和地面最低温度表。这三支温度表与测定气温的干球、最高和最低温度表基本相同，只是由于地面温度变化幅度很大，因此表上的刻度范围较大。

（2）曲管地温表　用来测定浅层土壤温度。构造原理基本同普通温度表，只是表身下部伸长，且长度不一，球部与表身呈 135° 角。水银曲管地温表分为 5cm、10cm、15cm、20cm

深度共四支（图实-23）。

（3）插入式地温表　插入式地温表是将普通温度表装在特制的金属套管中。在管壁侧面的开口处读数。水银球部在金属套管尖端处。观测时插入土中数分钟后即可读数。多用于野外和小气候观测。

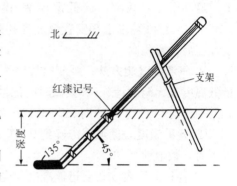

图实-23　曲管地温表及安置

2. 地温观测仪器的安置　地面温度表和曲管地温表的观测地段在观测场南部地面上。面积为 4m× 6m，地表要疏松平整无杂草并与观测场整个地面相平。地面三支温度表须水平安放在地段中央偏东的地面上。按地面温度表、最低温度表、最高温度表的顺序自北向南平行排列，球部向东，并使其位于南北向的一条直线上，表间相距 5cm，在放置仪器的位置上要成一浅槽，将球部和表身一半埋入土中，一半露出地面。露出地面的球部和表身要保持清洁。

曲管地温表安置在地面最低温度表西边约 20cm 处，自东向西 5cm、10cm、15cm、20cm 的顺序排列，球部向北东西排列整齐，表间相距 10cm，表身与地面 45°夹角，露出地面的表身须用叉形木架支住（图实-23）。

为了保护地温表场地不被践踏，在地温表北部放置了制踏板。

3. 地温的观测方法　地温的定时观测顺序按地面、地面最低、地面最高、5cm、10cm、15cm、20cm 的地温顺序进行。各种地温表的观测方法与气温相同。但由于仪器安置不同，所以观测时还应注意以下几点：

① 观测地面温度时，应站在踏板上俯视读数，不准把地温表取离地面。观测曲管地温表时要特别注意视线与水银柱顶保持垂直。

② 冬季有积雪时，地面温度表应水平安置在积雪表面上，使球部一半埋入雪中。

③ 在夏季高温的日子里，在08时观测记录后，应将地面最低温度表取回，垂直放在荫蔽处。到20时观测前放回原处（游标需调整）。

④ 冬季易发生冻折曲管地温表的地区，在临近土壤冻结时，应将曲管地温表全部收回，待第二年解冻后再重新安装观测。当地面温度降到－36℃以下时，将地面温度表和最高温度表收回，只读地面最低温度表酒精柱顶端和游标的示度。

此外，深层地温的观测，用直管地温表。其观测方法和注意事项与普通温度基本相同，这里不再介绍。

4. 日平均地温的统计（见气温）

✿ **实训作业**

1. 观测地温和气温记入记录簿。

2. 根据观测记录，分别绘出 02、08、14、20 时的土壤温度变化曲线并指出分布类型。

3. 统计温度自记纸并将结果记录下来。根据自记纸记录的温度连续变化曲线说明空气温度在一天中的变化规律。

实训五 空气湿度的观测

✿ 实训目的

了解测定空气湿度的常用仪器：干球温度表、湿球温度表、通风干湿表、毛发湿度表和毛发湿度计，掌握湿度的观测方法。

✿ 实训内容

（一）干、湿球温度表

1. 测湿原理 干、湿球温度表是由一套两支型号相同的温度表构成的。干球温度表测的是空气温度，湿球温度表的读数和空气湿度有关，湿球温度表的感应球部包扎有特制的纱布且处于湿润状态。当空气未饱和时，湿球温度表球部表面的水分不断蒸发，消耗湿球及球部周围空气的热量，使湿球温度下降，干、湿球温度表示度出现差值，称为干湿差。空气湿度越小，干湿差越大；反之，则干湿差越小。此外，蒸发速度还与气压、风速等有关。根据这些因子之间的关系，可建立下式：

$$e = E_w - Ap(t - t_w)$$

式中：e——空气的水汽压；

t——干球温度；

t_w——湿球温度；

p——气压；

E_w——湿球温度下的饱和水汽压；

A——干湿表系数。

《湿度查算表》就是根据这个计算式计算结果而编制的。在实际工作中，只要测得 t、t_w、p 值，借助于《湿度查算表》，从相应表中即可查得水汽压（e）、相对湿度（r）和露点（t_d）等。

2. 湿球温度表的使用 湿球温度表示度的准确性与包扎用纱布、纱布的清洁度及湿润用水的纯净度有关。

（1）湿球纱布包扎（图实-24） 用统一规定的吸水性良好的纱布，包扎时把湿球温度表从百叶箱中取出，洗净手后，用清洁的水将球部洗净，然后用长约 10cm 的新纱布在蒸馏水中浸湿，平贴无皱地包卷在水银球上，纱布的重叠部不要超过球部周围的 1/4；包卷好后，用纱线把高出球部上面的纱布扎紧，再用纱线把球部下面的纱布紧靠着球部扎好，不宜过紧；最后剪掉多余的纱线。图实-24a 为温度在 0℃以上的包扎法，b 为温度在 0℃以下时的包扎法。

冬季，湿球纱布开始结冰后，取走水杯，并在湿球下端 2～3cm 处剪断。湿球纱布应保持清洁、柔软和湿润，一般

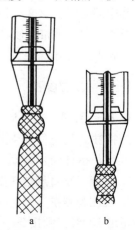

图实-24 湿球纱布包扎示意

应每周换一次纱布。

（2）**湿球用水** 湿球球部下面的纱布浸在一个带盖的水杯中，水杯中装满蒸馏水。

（3）**湿球溶冰** 湿球结冰，不能用水杯供水时，在每次观测前均须湿润湿球纱布。用一杯相当于室温的蒸馏水，将湿球纱布浸入水杯中，使湿球纱布上冰层完全溶化；然后把水杯移开，用杯沿除去纱布头上的水滴。

3. 观测和记录 湿球温度表的观测和记录与干球温度表相同。如果溶冰后再观测，则需待湿球示度稳定不变时才能读数。读数后，用铅笔侧棱试试纱布软硬，确定湿球纱布是否冻结。如已冻结，应在湿球读数右上角记"B"字，供查算湿度用。

气温在−10℃以下时，停止观测湿球温度，用毛发湿度表或湿度计测定湿度。

4. 空气湿度的查算 这里只介绍使用球状干、湿球温度表测定百叶箱内（平均风速0.8m/s）干、湿球温度，使用《湿度查算表》（乙种本的表1、表2、表5）查算湿度的方法，步骤如下：

①用观测的 t、t_w 值在乙种本的表1（湿球结冰）或表2（湿球未结冰）中查出 n 值（气压订正参数）。

②用 n 值和 p 值（个位数四舍五入）在乙种本的表5中查出湿球温度订正值 Δt_w。

③用 t 及 $t_w + \Delta t_w$ 再查表1或表2，得 e、u 及 t_d 值。

例：$t=15.0℃$，$t_w=9.8℃$，$p=1\,034.0hPa$，求 e、u、t_d。

在表2中，由 t、t_w 查得 $n=12$；

在附表5中，由 n、p 查得 $\Delta t_w=-0.5℃$；

订正后的湿球温度 $t_w=9.8℃-0.5℃=9.3℃$；

在表2中，再由 t（15.0℃）和订正后的 t_w（9.3℃）查得 $e=7.9hPa$，$u=46\%$，$t_d=3.6℃$。

当湿球结冰、干湿表型号不同或遇到特殊情况时，需使用查算表中其他各表，具体可见《湿度查算表》（附录2）使用说明。

（二）通风干湿表

通风干湿表装有干球温度表和湿球温度表，与干、湿球温度表测空气湿度类似，不过，它的感应部分气流速度约为2.5m/s。

通风干湿表携带方便，精确度较高，用于野外测定气温和空气湿度（详见实训十一，农田小气候观测与分析）。

（三）毛发湿度表

1. 构造原理 毛发湿度表的感应部分是脱脂毛发，它具有随空气湿度变化而改变其长度的特性。当空气相对湿度增大时，毛发伸长，指针向右移动；反之，当空气相对湿度降低时，指针向左移动。

2. 安装 垂直悬挂在温度表支架的横梁上，表的上部用螺丝固定。

3. 观测和维护 观测时视线要通过指针并与刻度盘垂直，读取整数，不估计小数。如指针超出100%，则按90%～100%的刻度尺距离外延估计读数，并加括号"（）"。毛发湿度表精度较差，只有当气温降到−10℃以下时才作正式记录使用，所以应在换用毛发湿度表的前一个月用干、湿球温度表进行订正，用回归法作订正线，以备订正时使用。禁止用手触摸毛发，以免污染，影响其正常感应。

(四) 毛发湿度计

1. 构造原理　毛发湿度计有感应、传递放大和自记装置等三部分组成，形同温度计。感应部分由一束脱脂毛发组成，当相对湿度增大时，发束伸长，杠杆曲臂使笔杆抬起，笔尖上移；反之，笔尖下降。这样，随时间便连续记录出相对湿度的变化曲线。

2. 安装　安置在大百叶箱内温度计的后上方架子上，底座保持水平。

3. 观测和维护　观测及订正方法与温度计类似。读数取整数。

如果毛发脱钩，立即用镊子使其复位。每季度用洁净毛笔蘸蒸馏水清洗毛发一次。

✿ 实训作业

1. 对照仪器熟悉其构造原理和使用方法。

2. 独立完成空气湿度的观测，熟练应用《湿度查算表》查算空气湿度。

实训六　降水和蒸发的观测

✿ 实训目的

掌握降水和蒸发的观测方法。

✿ 实训内容

（一）降水观测

降水观测包括记录降水起止时间、确定降水种类、测定降水量和求算降水强度，这里主要介绍降水量的观测。

常用的降水量观测仪器有雨量器、虹吸式雨量计和翻斗式雨量计，这里主要介绍前两种。

1. 雨量器

（1）构造　如图实-25所示，为一金属圆筒。目前我国所用的是器口直径为20cm的雨量器，包括承雨器、储水筒、漏斗和储水瓶。

承雨器为正圆形，器口为内直外斜的刀刃形，以防止落到承雨器以外的雨水溅入承雨器。

量杯为特制的、有刻度的专用量杯。专用量杯上的刻度，是根据雨量器口径与量杯口径的比例确定的，每一大格为1.0mm，每一小格为0.1mm。不同口径雨量器的量杯不能混用。

（2）安装　将雨量器水平地固定在观测场上，器口距地面高度为70cm。

（3）观测和维护　一般每天08时和20时观测。在炎热干燥的日子里，降水停止后就要及时补充观测，以免水分蒸发过快，影响观测的准确性；若降水强度大，也应增加观测次数，以免雨水溢出储水瓶影响观测的准确性。

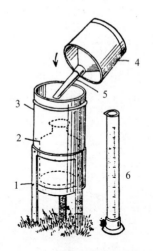

图实-25　雨量器及雨量杯
1. 座架　2. 储水瓶　3. 储水筒
4. 承雨器　5. 漏斗　6. 雨量杯

观测时，将瓶内的水倒入量杯，用食指和拇指夹住量杯上端，使量杯自由下垂，视线与杯中水的凹月面最低处平齐，读取刻度。

若观测时仍在下雨，则应该启用备用雨量器，以确保观测记录的准确性。

降雪时，要将漏斗、储水瓶取出，使雪直接落入储水筒内，还可以将承雨器换成承雪器。

对于固体降水（如降雪），则必须用专用台秤称量，或加盖后在室温下等待固态降水物融化，然后，用专用量杯测量。不能用烈火烤的方法融化固体降水。

记录时，当降水量<0.05mm或观测前虽有微量降水，因蒸发过快，观测时没有积水，

量不到降水量，均记为 0.0mm；当 0.05mm≤降水量≤0.1mm 时，记为 0.1mm。

注意清洗承雨器和储水瓶。

2. 虹吸式雨量计

（1）构造原理　虹吸式雨量计是连续记录液态降水量和降水时数的自记仪器。由承雨器、浮子室、自记钟和虹吸管等组成。

（2）安装　安装在雨量器附近，承水器口离地面的高度以仪器自身高度为准，器口应水平。

（3）使用方法　从记录纸上直接读取降水量值。有降水时（自记迹线≥0.1mm），必须每天换纸一次。

若没有降水，只要 8～9d 换纸一次即可，不过每天在以往换纸时间，人工加入 1.0mm 的水量，以抬高笔尖，避免每天迹线重叠。

自记记录开始和终止的两端须作时间记号，可轻抬自记笔根部，使笔尖在自记纸上划一短垂线；若记录开始或终止时有降水，则应用铅笔作时间记号。

如果自记纸上有降水记录，而换纸时没有降水，应在换纸前加水作人工虹吸，使笔尖回到零线；若换纸时正在降水，则不作人工虹吸。

对于固体降水，除了随降随融要照常观测外，要停止使用，以免固体降水物损坏仪器。

（二）蒸发观测

蒸发观测是指测定蒸发量。常用的仪器是小型蒸发器。

1. 构造　如图实-26 所示，为一口径 20cm、高约 10cm 的金属圆盆，口缘做成内直外斜的刀刃形，并附有铁丝罩以防鸟兽饮水。

2. 安装　安装在雨量器附近，终日受阳光照射的位置，并安装在固定铁架上，口缘离地 70cm，保持水平。

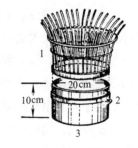

图实-26　小型蒸发器
1. 铁丝罩　2. 倒水小嘴　3. 金属圆筒

3. 观测和维护　每天 20 时进行观测，用专用量杯测量前一天 20 时注入的 20mm 清水（即今日原量）经 24h 蒸发后剩余的水量，并作记录。然后倒掉余量，重新量取 20mm（干燥地区和干燥季节须量取 30mm）清水注入蒸发器内作为次日原量。蒸发量计算公式如下：

$$蒸发量＝原量＋降水量－余量$$

有降水时，应取下金属网罩；有强降水时，应随时注意从器内取出一定的水量，以防溢出，并将取出量记入当日余量中。

因降水或其他原因，致使蒸发量为负值时，则记为 0.0；蒸发器内水量全部蒸发完时，记为＞20.0（如原量为 30.0mm，记为＞30.0）。

结冰时，用称量法测量（方法和要求同降水部分）。注意清洗蒸发器，倒净剩余水，换用干净水。

✿ 实训作业

1. 对照仪器熟悉其构造原理和使用方法。

2. 独立完成降水量、蒸发量的测定并记录。

实训七 气压和风的观测

✿ 实训目的

掌握气压和风的观测方法。

✿ 实训内容

（一）气压观测

测定气压的仪器，有水银气压表、空盒气压表和气压计等。

1. 水银气压表 水银气压表有动槽式和定槽式两种，下面介绍动槽式水银气压表的使用。

（1）构造原理 动槽式水银气压表是根据水银柱的质量与大气压力相平衡的原理制成的，其构造如图实-27所示，主要由内管、外套管、水银槽三部分组成。

（2）安装 将气压表安装在温度少变的气压室内，室内既要保持通风，又无太大的空气流动，光线要充足，但又要避免太阳光的直接照射，气压室要求门窗经常关闭着。

（3）观测和记录 观测附属温度表。转动调整水银面螺旋使槽内水银上升直至恰与象牙针相接；调整游尺，先使游尺稍高于水银柱顶端，然后慢慢下降直到游尺的下缘恰与水银柱凸面顶点刚刚相切为止。

读数并记录：先在刻度上读取整数，然后在游尺上找出一条与标尺上某一刻度相吻合的刻度线，则游尺上这条刻度线的数字就是小数读数。

由于水银气压表的读数常常是在非标准条件下测得的，须经仪器差、温度差、重力差订正后，才是本站气压，未经订正的气压读数仅供参考。

2. 空盒气压表

（1）构造原理 空盒气压表是利用空盒弹力与大气压力相平衡的原理制成的。空盒气压表不如水银气压表准确，但其使用和携带都比较方便，适于野外考察。其构造如图实-28所示。

（2）观测和记录 打开盒盖，先读附温；轻击盒面（克服机械摩擦），待指针静止后再读数；读数时视线应垂直于刻度面，读取指针尖所指刻度示数，精确到0.1；读数后立即复读，并关好盒

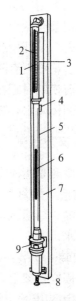

图实-27 动槽式水银气压表
1. 水银柱 2. 游标尺 3. 刻度标尺
4. 调节游标尺螺旋 5. 金属外套管
6. 附属温度表 7. 挂气压表木板
8. 调节水银面螺丝
9. 观察水银面窗口

图实-28 空盒气压表

盖。空盒气压表上的示度经过刻度订正、温度订正和补充订正，即为本站气压。

（3）气压计 气压计是连续记录气压变化的自记仪器，其构造和其他自记仪器一样，分为感应、传递放大和自记装置三部分。感应部分由一组空盒串联而成，以膜盒组弹性力与大气压力平衡。其使用方法与温度计类似。

（二）风的观测

风的观测包括风向和风速。常用的测风仪器有电接风向风速计和轻便风向风速表。前者用于台站长期定位观测；后者多用于野外流动观测。在没有测风仪器或仪器出现故障时，可用目测风向风力。这里主要介绍电接风向风速计和目测风向风力，轻便风速表的使用参见实训十一。

1. EL 型电接风向风速计

（1）EL 型电接风向风速计 是由感应器、指示器和记录器组成的有线遥测仪器。

（2）安装 感应器安装在牢固的高杆或塔架上，并附设避雷装置，风速感应器（风杯）中心距地高度 10～12m；指示器、记录器平稳安放在室内桌面上，用电缆与感应器相连接。电源使用交流电（220V）或干电池（12V）。

（3）观测和记录 打开指示器的风向、风速开关，观测 2min 风速指针摆动的平均位置，读取整数记录。风速小时开关拨到"20"挡上，读 0～20m/s 标尺刻度；风速大时开关拨到"40"挡上，读 0～40m/s 标尺刻度。观测风向指示灯，读取 2min 的最多风向，用 16 个方位记录。静风时，风速记"0"，风向记"C"；平均风速超过 40m/s，则记为"＞40"。

记录器部分的使用方法与温度计基本相同。从自记纸上可知各时风速、各时风向及日最大风速。

2. 目测风向、风力 根据风对地面或海面物体的影响而引起的各种现象，按风力等级表估计风力，并记录其相应风速的中数值。

根据炊烟、旌旗、布条展开的方向及人的感觉，按 8 个方位估计风向。

注意：目测风向风力时，观测者应站在空旷处，多选几个物体，认真观测，尽量减少主观的估计误差。

✿ 实训作业

1. 对照仪器熟悉其构造原理和使用方法。

2. 独立完成气压、风的测定并记录。

实训八　作物生长期长短的确定与积温的统计

在农业生产上为了充分利用一地的热量资源或研究某一作物对热量条件的要求，常常需要求算日平均气温稳定通过限界温度 0℃、5℃、10℃、15℃、20℃等重要界限温度的起止日期、持续日数和积温。在统计过程中，首先要确定稳定通过某界限温度的起始日期和终止日期，然后统计其持续日数和积温。其主要方法有：五日滑动平均气温法和直方图法。

✿ 实训目的

通过实训掌握作物生长期长短的确定方法和积温的统计。

✿ 实训内容

（一）五日滑动平均气温法

以五日滑动平均气温法来确定某界限温度的起始日期和终止日期，然后计算其持续日数和积温。

1. 收集资料　收集某地某年逐日平均气温资料。

2. 统计

（1）起始日期的确定　某界限温度的起始日期，是从春季第一次气温出现高于某界限温度之日起，向前推 4d，按日序依次计算出每连续 5d 的平均气温，从中选出第一个 5d 平均气温大于或等于某界限温度并在其后不再出现 5d 平均温度低于该界限温度的连续 5d，那么在这连续 5d 的时段中，挑出第一个日平均气温大于或等于该界限温度的日期，此日期为气温稳定通过该界限温度的起始日期。

例如：某地某年的气温稳定通过界限温度为 5℃的起始日期的确定。从该地的春季的气温资料中（表实-2），首先找出春季日平均气温最后一个连续 5d 都小于 5℃的时段，从中找出第一次高于 5℃的日期，3 月 15 日，然后向前推 4d，从 3 月 11 日起依次求算每连续 5d 的平均气温（表实-3）。

表实-2　某地某年逐日平均气温资料

月 日期	1	2	3	4	5	6	7	8	9	10	11	12
1	−2.5	−2.8	6.1	11.8	21.4	17.3	23.9	25.3	27.0	20.7	12.0	8.1
2	−0.7	−2.1	6.3	14.9	22.5	20.0	23.4	24.5	25.2	21.3	11.1	5.5
3	1.5	−1.7	5.2	18.0	24.5	24.0	20.2	24.9	24.2	19.6	10.6	5.5
4	0.2	−3.7	4.6	14.7	19.4	27.0	23.7	25.1	21.6	18.1	12.1	1.8
5	0.9	−4.4	5.6	10.3	19.6	26.1	26.9	24.5	18.9	13.8	6.8
6	3.2	−4.8	6.8	7.4	15.0	26.2	27.5	24.8	22.9	20.6	14.1	4.8
7	1.6	−3.6	7.0	11.9	16.6	26.4	26.9	24.6	21.7	22.7	12.8	3.5
8	−0.1	−3.6	6.6	12.1	17.7	27.7	25.8	25.2	20.0	16.4	7.0	4.0

月\日期	1	2	3	4	5	6	7	8	9	10	11	12
9	−0.9	−3.4	5.1	9.3	18.8	24.3	26.1	25.4	21.0	12.3	13.0	5.4
10	−2.3	1.5	1.3	11.5	20.9	23.0	24.7	26.2	21.3	15.0	12.4	7.4
11	−2.3	0.8	0.1	13.4	17.8	20.0	26.1	25.0	24.2	15.0	12.3	7.0
12	2.1	1.1	1.3	12.5	22.1	27.3	22.9	25.4	24.0	14.9	11.4	0.9
13	0.3	−0.9	2.8	7.1	24.6	28.0	22.5	26.2	21.7	15.8	5.7	−3.5
14	2.0	−1.7	4.7	8.6	20.4	28.4	25.8	25.6	22.3	16.9	6.5	−0.3
15	1.4	1.0	5.8	14.1	18.1	28.6	28.1	24.2	20.3	17.6	8.0	−0.8
16	1.7	3.8	7.4	13.8	16.0	22.0	26.5	24.1	20.1	17.3	10.2	0.5
17	−2.1	2.9	9.5	18.2	17.5	24.7	27.0	24.6	18.8	16.1	8.7	1.5
18	−2.6	5.2	8.3	23.1	17.4	22.4	27.4	24.7	20.6	16.1	9.7	0.7
19	−1.9	4.0	9.2	19.6	18.6	23.2	27.4	24.0	21.1	15.6	9.6	−0.3
20	1.5	2.9	7.3	14.1	20.7	23.5	25.8	24.1	18.9	15.0	11.3	3.3
21	0.7	1.9	1.1	13.0	22.8	25.9	28.1	25.2	18.9	12.1	11.3	3.7
22	0.6	4.0	2.4	13.8	21.6	26.2	29.0	25.5	17.6	12.6	10.9	3.8
23	2.5	5.7	7.4	13.4	24.1	24.1	30.1	25.3	17.7	13.1	10.8	0.4
24	0.4	6.7	4.5	10.5	25.2	21.6	33.6	24.1	20.5	14.8	7.3	−2.1
25	0.7	9.0	4.2	11.5	22.6	24.6	28.4	23.4	21.7	11.1	6.0	−1.3
26	3.2	7.0	8.7	11.8	20.1	25.9	29.8	24.7	18.1	11.8	9.7	−4.2
27	1.1	7.2	11.3	15.3	20.6	26.6	29.1	23.9	18.8	10.3	6.7	−1.9
28	1.1	6.9	12.5	17.0	27.2	29.3	23.3	23.2	20.3	13.3	7.5	−2.8
29	−1.9	9.6	12.0	19.1	27.3	29.9	23.0	24.2	18.8	11.1	12.5	−2.6
30	−7.0		10.7	20.4	27.2	25.9	23.9	27.0	18.6	11.2	11.9	3.2
31	−4.8		10.6		22.9		25.1	24.3		8.3		2.7

表实- 3 气温稳定通过 5℃ 的初日求算表

项目\日期(月/日)	日平均气温(℃)	时段(日)	5d滑动平均气温(℃)	项目\日期(月/日)	日平均气温(℃)	时段(日)	5d滑动平均气温(℃)
3/11	0.1	11~15	2.9	3/19	9.2	19~23	5.5
3/12	1.3	12~16	4.4	3/20	7.3	20~24	4.6
3/13	2.8	13~17	6.0	3/21	1.1	21~25	4.0
3/14	4.7	14~18	7.1	3/22	2.4	22~26	5.4
3/15	5.8	15~19	8.0	3/23	7.4	23~27	7.2
3/16	7.4	16~20	8.3	3/24	4.5	24~28	8.2
3/17	9.5	17~21	7.1	3/25	4.2	25~29	9.7
3/18	8.3	18~22	5.7	3/26	8.7		

第一个 5d 从 3 月 11~15 日，第二个 5d 从 3 月 12~16 日，依次计算下去。从求算表中

可以看出，3月22～26日5d平均气温值为5.5℃，而且在以后任何一个连续5d平均气温均大于5℃，再在这个时段中（3月22～26日），挑选出第一个日平均气温大于或等于界限温度为5℃的日期，即3月23日，其日平均温度为7.4℃。所以，该地区该年春季气温稳定通过界限温度为5℃的起始日期就是3月23日。

（2）终止日期的确定　某界限温度的终止日期，是从秋季第一次出现低于该界限温度之日起，向前推4d，然后按日序依次求算每连续5d的平均气温，直至5d平均温度低于该界限温度。在连续5d平均温度高于该界限温度的时段中选出最后一个5d时段，再在这个时段中，挑出最后一个日平均气温大于或等于该界限温度的日期，此日期即为气温稳定通过该界限温度的终止日期。例如：某地某年气温稳定5℃的终止日期的确定。从该地秋季气温资料中找出第一次低于5℃的日平均气温是12月4日，由此向前推4d，从11月30日开始依次求算每连续5d平均气温（表实-4）。第一个5d从11月30日～12月4日，第二个5d从12月1～5日，依次计算下去。从求算表中可以看现，12月3～7日这5d平均气温是4.5℃，12月2～6日是5d平均温度连续高于该界限温度的最后一个时段，在这个时段（12月2～6日）中，挑选出最后一个日平均气温5℃的日期，即12月5日，其日平均气温是6.8℃。所以，该地区该年秋季气温稳定通过5℃的终止日期就是12月5日。

表实-4　气温稳定通过5℃的终止日期求算

日期(月/日) 项目	日平均气温（℃）	时段（日）	5d滑动平均气温（℃）
11/30	11.9	30～4	6.6
12/1	8.5	1～5	5.6
12/2	5.5	2～6	6.1
12/3	5.5	3～7	4.5
12/4	1.8	4～8	
12/5	6.8	5～9	
12/6	4.8	6～10	
12/7	3.5	7～11	
12/8	4.0	8～12	

（3）生长期　起止日期之间的持续日数，就是生长期。上例中该地生长期，从3月23日到12月5日，包括起止日期在内的持续日数为258d。

（4）积温

① 活动积温：把起止日期（包括起止日期）之间高于界限温度的日平均气温求和，即得活动积温。

②有效积温：把起止日期之间的高于界限温度的日平均气温减去下限温度后求和，即得有效积温。

（二）直方图法

直方图法是利用某地多年的月平均气温资料，绘制该地月平均气温变化的直方图，再在直方图的基础上绘制温度的变化曲线，然后再根据直方图和年温度变化曲线来计算某地平均生长期的长短和统计其积温。

1. 直方图的绘制

(1) 收集资料　收集或查询某地多年的月平均气温资料。如北京地区 1951—1970 年 20 年各月平均气温资料（表实-5）。

表实-5　北京地区 1951—1970 年 20 年各月平均气温

月份	1	2	3	4	5	6	7	8	9	10	11	12
平均温度（℃）	−4.7	−2.3	4.4	13.2	20.2	24.2	26.0	24.6	19.5	12.5	4.0	−2.8

(2) 确定坐标　横坐标表示月份，各月份所占格数，按该月份日数来定；纵坐标表示月平均温度。

(3) 绘制直方图　以各月份为底边，将各月月平均温度值为长边，绘制竖直并排的长方形图即空心直方图。以北京地区 1951—1970 年各月平均气温资料（表实 5-6）为例，所绘直方图见图实-29。

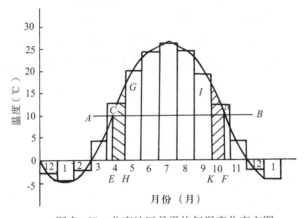

图实-29　北京地区月平均气温变化直方图

(4) 绘制曲线　阶梯状直方图只能反映出各月温度的平均状况，而不能反映一年中温度的连续变化，所以应根据直方图绘制温度的年变化曲线。在绘制曲线时，应注意，在保证每个直方图被割去的面积和被划入的面积相等，曲线平滑的前提下，曲线可以不一定通过每个直方图的中点，最冷月为正值时，被割去的是一个弧形面积，而被划入的是两个近乎三角形面积，最冷月为负值时，则被去的两个近乎三角形面积，而被划入的是一个弧形面积；最热月被割去的是两个近乎三角形面积，而被划入的是一个弧形面积；曲线顶点未必居于最热月的中间，最低点也未必居于最冷月的中间，当最热月的相邻月份温度不相等时，其顶点偏相邻月平均温度较高的一侧，而最冷月中的最低点，则应偏于相邻月平均温度较低的一侧。

2. 统计

(1) 起止日期　根据所绘直方图和气温的年变化曲线，在纵坐标 10℃ 处引一条平行于横坐标的直线 AB，该直线与气温年变化曲线相交于 C、D 两点，再由 C、D 两点向横坐标引垂线交横坐标于 E、F 两点，E、F 两点的横坐标分别是气温稳定通过 10℃ 的起始日期和终止日期。从 E 点所处位置可以计算出，北京地区气温稳定通过 10 的初日平均为 4 月 5 日；由 F 点所处位置可以计算出，终止日期为 10 月 23 日。

（2）**持续日数**　计算从气温稳定通过界限温度的起始日期到终止日期，包括起始日期在内的总天数。如北京地区平均持续日数由 4 月 5 日到 10 月 23 日为 202d。

（3）**活动积温**　活动积温是指高于界限温度的日平均气温的总和，也就是求气温稳定通过界限温度的起止日期之内的活动积温，如图实- 29 所示，由年变化曲线所围成的起止日期之内的积温就是它的面积，它可以近似地看成是许多梯形面积所组成的，每个月都是一块梯形面积，中间各月梯形面积等于各月直方图的面积，直方图的长为各月平均温度，宽为各月天数；起始月份，则要按照求梯形面积的方法进行统计，各月面积的总和就是起始日期内的活动积温。

（4）**有效积温**　有效积温就是平均温度高于生物学最低温度的温度总和。有效积温在图中的面积是直线 AB 和曲线所成的面积，该面积的求算方法可以在活动积温的统计基础上进行，中间各月为直方图面积，此时直方图的长为各月平均温度减去下限温度，宽为各月天数，起始月份为三角形面积。

✿ **实训作业**

1. 收集当地某年的逐日平均气温资料，利用五日滑动平均法，求该地该年气温稳定通过 5℃ 的起始日期和终止日期及生长期的长短。

2. 收集当地多年的月平均气温资料，绘制月平均气温变化直方图和年温度变化曲线，并根据曲线求界限温度为 5℃、10℃ 的起始日期、生长期和生长活跃期及多年平均活动积温和平均有效积温。

实训九　变率和保证率的求算

✿ 实训目的

掌握变率和保证率的统计方法，学会保证率曲线图的绘制。

✿ 实训内容

（一）变率

变率是反应气象要素变化程度的物理量，主要有绝对变率、相对变率和平均相对变率。

1. 绝对变率　是指某要素某年（季或月）的实际数值（x_i）与该要素同期多年平均值（$\bar{x}$）之差（计算公式见第三章第四节）。绝对变率是实际值距平均值的差值，因此又称为距平。计算结果保留一位小数。绝对值越大，说明变动就越大。可见，绝对变率可以是正值，也可以是负值。

绝对变率表示的是该气象要素在某段时间内所发生的情况与平均值的差异幅度，但在农业生产上，往往需要了解该地该要素在多年内可能发生的平均变动大小，这是绝对变率无法表达的情况，要用平均绝对变率来反映。

2. 平均绝对变率（$\bar{d}$）　是某个气象要素的绝对变率的多年平均值。它可以反映该地该要素多年平均的变动情况，但不能反映具体某年的变动情况。计算公式见第三章第四节，计算结果保留一位小数，数值越大，说明变动就越大。

由于各年的绝对变率有正、负之分，正负抵消，总和为零，影响平均绝对变率的准确性，所以，计算时将每年绝对变率的绝对值参加统计。

绝对变率和平均绝对变率，虽然可以反映该地该要素的变动情况，若要比较同一个地方两个要素（如降水量和气温）之间的变率，它们就无能为力了。其大小还受该要素平均值大小的影响，有时会产生在两个地方同一气象要素的多年平均值不相同；相反，同一要素平均绝对变率相同的两个地方，该要素的变动幅度可能存在较大的差异。如甲、乙两地，甲地的多年平均降水量为 3 000.0mm，乙地的多年平均降水量为 30.0mm，假设甲、乙两地的平均绝对变率均为 10.0mm，那么乙地平均变动幅度在 20.0～40.0mm，但对于甲地来讲，这么小的变动幅度（10mm），几乎可以忽略不计。为了避免这些缺点，就必须利用相对数（即相对变率）来表示。在实际工作中，说明变动情况时，较常用的方法就是相对变率。

3. 相对变率（u_i）　就是某年某个气象要素的绝对变率（d_i）与该要素的多年同期平均值（$\bar{x}$）的百分比（计算公式见第三章第四节）。

相对变率用百分数表示，可以是正值，也可以是负值，百分数越大，说明该要素的变动程度就越大。

如同绝对变率那样，相对变率也只能反映个别时段上该要素的变动情况，若要了解该要素在不同时段上的变动程度，或相同时段、不同地方的变动程度，或相同时段、相同地方、不同气象要素的变动程度，用平均相对变率比用相对变率更合适。

4. 平均相对变率（$\bar{u}$） 就是指某个气象要素的平均绝对变率（$\bar{d}$）与该要素的多年同期平均值（$\bar{x}$）的百分比（计算公式见第三章第四节）。也可以用下式计算：

$$\bar{u}=\frac{\bar{d}}{x}\times100\%$$

计算结果所用的百分数为正值，不存在负值形式，百分数越大，变动就越大。它不仅可以简便地进行相互比较，而且可以反映出该要素变动的特征，成为实际工作中较常用的指标。

（二）保证率

保证率是反应某气象要素某界限值可靠程度大小，具体统计方法是把高于或低于某界限值的所有频率求和。保证率越大，说明该地区气象要素（如降水量）大于（或小于）某一数值的可靠程度越高；反之，则可靠程度越低。保证率的统计，对分析一个地区农业气候资源和农业气象灾害，具有重要的参考价值。求算保证率的常用方法为分组法。

1. 收集资料 收集某地某要素多年的年（季或月）的气象资料，收集的资料年代越长求算的保证率越准确。以上海市 1873—1972 年的 100 年降水资料（表实- 6）为例，用分组法进行保证率的统计分析。

表实- 6   上海市 100 年（1873—1972）降水资料（mm）

年代\年	0	1	2	3	4	5	6	7	8	9
187—				974.8	1 006.8	1 588.1	770.7	1 008.9	1 206.8	1 271.5
188—	1 101.9	1 341.2	1 331.0	1 085.4	1 184.4	1 113.4	1 203.9	1 170.7	955.4	1 462.3
189—	947.8	1 416.0	709.2	1 147.5	935.0	1 016.3	1 031.6	1 105.7	849.9	1 233.4
190—	1 008.6	1 063.8	1 004.9	1 086.2	1 022.5	1 330.9	1 439.4	1 236.5	1 088.1	1 288.7
191—	1 115.8	1 217.5	1 320.7	1 078.1	1 230.4	1 480.0	1 269.9	1 049.2	1 318.4	1 192.0
192—	1 016.0	1 508.2	1 159.6	1 021.3	986.1	794.7	1 318.3	1 171.2	1 161.9	791.2
193—	1 143.8	1 602.0	951.4	1 003.2	840.4	1 061.4	958.0	1 025.2	1 265.0	1 196.5
194—	1 120.7	1 659.3	942.7	1 123.3	910.2	1 398.5	1 208.6	1 305.5	1 242.3	1 572.3
195—	1 416.9	1 256.1	1 285.9	984.8	1 390.3	1 062.2	1 287.3	1 477.0	1 017.9	1 217.7
196—	1 197.1	1 243.0	1 018.8	1 243.3	909.3	1 030.3	1 124.1	811.4	820.9	1 184.1
197—	1 107.5	991.4	901.7							

2. 列出排序表 根据要求若求高于某界限值的保证率时，由大到小进行排序；若求低于某界限值的保证率时则由小到大进行排序。本例的排序表如表实- 7 所示。

3. 分组 分组的关键是确定组数、组距和组限。

（1）组数 即分组的数目。它必须根据该要素的变动范围和统计要求的精确度来确定，确定的组数不同，统计出的保证率就不同。确定组数的一般原则是组数 N 要满足 $2.5\lg n\leqslant N\leqslant5\lg n$ 为参考（n 为样本总数），本例 $n=100$，求得 $5\leqslant N\leqslant10$，所以分 5～10 组为参考，根据资料集中或分散情况可多可少，组数越多越精确。当 $N=5$ 时就足够了，若是 $N=10$，虽然精度更高，但统计太麻烦，达不到分组简化计算的目的；但是，当 $N=5$ 时，组数太少，绘出的保证率曲线误差大，精度达不到一般要求，不够准确。所以，本例考虑到原始资料变化范围为 950mm，可以取 10 组，即 $N=10$。

表实-7　降水量由大到小排序 （mm）

1 659.3	1 602.0	1 588.1	1 572.3	1 508.2	1 480.0	1 477.0	1 462.3	1 439.4	1 416.9
1 416.0	1 398.5	1 390.3	1 341.2	1 331.0	1 330.9	1 320.7	1 318.4	1 318.3	1 305.5
1 288.7	1 287.3	1 285.7	1 271.5	1 269.9	1 265.0	1 256.1	1 243.3	1 243.0	1 242.3
1 239.4	1 236.5	1 233.4	1 230.4	1 217.7	1 217.5	1 208.6	1 206.8	1 203.9	1 197.1
1 196.5	1 192.0	1 184.4	1 184.1	1 171.2	1 170.7	1 161.9	1 159.6	1 147.5	1 143.8
1 124.1	1 123.3	1 120.7	1 115.8	1 113.4	1 107.5	1 105.7	1 101.9	1 088.1	1 086.2
1 085.4	1 078.1	1 063.8	1 062.2	1 061.4	1 049.2	1 031.6	1 030.3	1 025.2	1 022.5
1 021.3	1 018.8	1 017.9	1 016.3	1 016.0	1 008.9	1 008.6	1 006.8	1 003.2	991.4
986.1	984.8	974.8	958.0	955.4	951.4	947.8	942.7	935.0	910.2
909.3	901.7	849.9	840.4	820.9	811.4	794.7	791.2	770.7	709.2

（2）组距　即每一组的上限值与下限值之差。但上限值与下限值只有在组数、组距确定后才能选定，因而，要先求出组距，在确定组距时，为了便于分组统计。一般要视计算结果而取 50.0mm、100.0mm、150.0mm、200.0mm 等整数，如本例算出组距是 95.0mm，组距可取 100.0mm 或 150.mm（注意：在同一资料中，各组组距必须相等）。

（3）组限　即确定各组的上限和下限（当求的是高于某界限的保证率时，一组中较小值称为下限，较大值称为上限，一般适用于对那些有利于农业生产的因素统计，如降水量的统计；当求的是低于某界限的保证率时，一组中较大值称为下限，较小值称为上限，一般适用于对那些不利于农业生产的因素统计，如涝灾保证率的统计）。仍以上述降水量为例，那么，第一组的下限应小于降水原始资料中的最小值，即应小于所收集资料的最小值 709.2mm，可取 700.0mm；最后一组的上限应略大于降水原始资料中的最大值，即应大于 1 659.3mm，可取 1 700.0mm。由于降水量是连续性的资料，所以，上限、下限也要保留一位小数，而且上一组的下限值应与下一组的上限值相差 0.1mm，统计频数时将那些恰好等于这一组限值的原始资料归属于下一组。如表实-8 中第二列。

表实-8　每组频率和各界限保证率统计

组　序	组限（上限～下限）	每组频数	每组频率（%）	保证率（%）
1	1 700.0～1 600.1	2	2	2
2	1 600.0～1 500.1	3	3	5
3	1 500.0～1 400.1	6	6	11
4	1 400.0～1 300.1	9	9	20
5	1 300.0～1 200.1	19	19	39
6	1 200.0～1 100.1	19	19	58
7	1 100.0～1 000.1	21	21	79
8	1 000.0～900.1	13	13	92
9	900.0～800.1	4	4	96
10	800.0～700.1	4	4	100

（4）统计频数和频率

$$某组频数＝落入该组内的降水量样本次数$$

$$某组频率＝\frac{该组频数}{总资料数}×100\%$$

统计结果见表实-8，以百分数表示的数据一般是取整数，如保证率。以百分数表示的数据作为中间结果，不是最终结果时，最好保留一位小数，以免计算过程中四舍五入的误差。

（5）计算保证率　计算保证率时将各组频率由大到小的顺序依次累加（有的因素从小到大进行累加），即得到累积保证率，简称保证率。累积的最后结果（即第一组的保证率）可能＞100％，可能＜100％，这是计算过程中四舍五入的误差。因而，累积的最终结果，不管数值为多少，均应写为100％。可见，端点数据是不准确的。

（6）绘制保证率曲线及应用　在直角坐标上，将各组下限值作为横坐标，（若是从小到大进行累加频率，则应以各组的上限值作为横坐标，但不管是哪一种形式的累加，都不能采用中间值作为横坐标），以保证率作为纵坐标。

以表实-8中各组的下限值和对应的保证率作为坐标值，即以（700.0，100％），（800.0，96％），…，（1 500.0，5％），（1 600.0，2％），加上端点（1 700.0，0％）来进行描点，将各点连成一光滑曲线（有的点连接不到时，可平均分布在曲线两旁，并使得各点到曲线的距离相等，尽量短），就得到保证率曲线。曲线的始、终端尽量与横轴平行以免被误解为保证率有＞100％或＜0％的可能，如图实-30所示。

在保证率曲线的应用上，通过保证率曲线，可以查出某界限降水量可靠程度的大小，反过来说，也可以查出任一可靠程度的界限降水量。

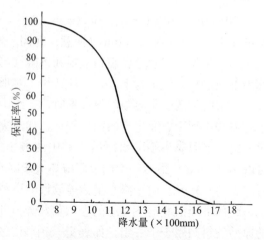

图实-30　上海降水保证率曲线

✿ 实训作业

收集当地的30年以上的年降水资料，统计各界限降水频率和保证率，绘制降水保证率曲线，并根据曲线求算：降水保证率为80％的界限降水量；统计年际间降水绝对变率、相对变率和平均相对变率，并找出最大变率。

实训十 农业气候要素等值线图的绘制与分析

在一张空白的地图上，根据各站的气候资料，将数值相等的各点连接成线就是等值线，绘制有气候要素等值线的地图就是等值线图。等值线图较为直观，不需要很多的文字说明，就能了解某气候要素的分布和变化情况。

✿ 实训目的

学会利用农业气候要素资料绘制等值线图的方法，并针对所绘等值线图，分析该要素的分布及变化情况。

✿ 实训内容

1. 等值线图的绘制原则

① 在同一条等值线上，其数值处处相等。

② 等值线不能相交，不能分支，不能在图中中断。

③ 等值线之间的间隔数值必须相等，其间隔数值的大小应根据气候要素的最大值和最小值及地区范围的大小来确定。一般情况积温等值线的间隔数值是 200.0℃，年降水量等值线图的间隔数值是 100.0mm，但也要考虑地形及地区内气候要素的分布特点。

④ 等值线一侧的数值必须高于另一侧的体数值。

⑤ 等值线的闭合区域，要在右上角标明该等值线所代表的具体数值。图实-31 为等值线错误的绘法。

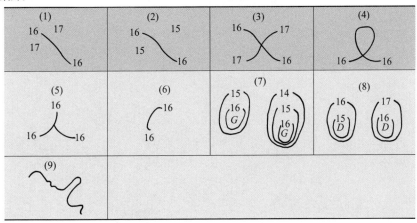

图实-31 等值线错误的绘法

2. 等值线的绘制方法

（1）收集资料

① 收集所研究范围内的某气候要素资料，收集的资料要求有足够记录年代，一般要求20 年以上，而且越长越好；同时各台站的记录年数要相等，而且起止年份也要相同，这样

才能够使各台站的资料具有可比性。

② 详细了解该地区地形特点和气候要素特点。

③ 选择合适比例尺的地图作为绘制等值线的底图，图中最好有地形、河流、湖泊的标志。

（2）填图　将各台站的气候要素用铅笔填在具有标记的台站图上。

（3）绘图　根据各台站的气候要素资料，参考地形等自然条件，用铅笔绘制等值线图，并标明绘图时间、绘图人、使用资料来源及年限等。

3. 等值线图的分析　气候要素在该区域范围内的分布趋势，即要素值随纬度（或随经度）的变化而变化，还是由哪个方向向哪个方向递增（或递减）。哪些是高值区，哪些是低值区，它们的数值分别是多少；最高、最低值的数值和所在的市（或县）名及其他们的差值。该气候要素的水平梯度较大与较小所在的区域。

✿ 实训作业

查找本省的同期年平均降水资料或高于 10℃ 的活动积温资料，绘制等降水量线和等积温线。

实训十一　农田小气候观测与分析

小气候具有范围小、差别大、稳定性强三大特点，使得各气象台、站的资料反映不出具体某一小地块的小气候特征，为此，还须进行小气候观测。

✿ **实训目的**

了解小气候观测地段的选择，确定观测高度、深度和观测时间的一般原则；熟练的利用常见仪器进行小气候的观测；掌握小气候资料的初步整理与分析，增强在农田中进行科学实验的能力。

✿ **实训内容**

（一）小气候观测的基本原则

小气候是指近地层（0~2m）的光、温、湿和风的状况，以及土壤上层、表层的热状况和水分状况。目前小气候观测还没有统一的观测规范和手册，因而，观测种类多种多样，各单位根据需要、任务和研究目的来确定观测项目、仪器设置、观测方法和资料整理方法等。因此，在进行农田小气候观测时，首先是任务必须明确，要求具体，避免人力和物力的浪费；其次是所测数据资料能客观地反映农田小气候的特征。

1. 观测地段的确定原则　由于小气候和农田小气候特征受观测地段下垫面性质（如地形、地势、土壤分布及农业技术措施等）的影响，在选择小气候和农田小气候观测地段时，应考虑以下原则：

（1）测点的代表性原则　即所选地段能代表当地一般情况，或根据研究目的要求确定观测地段。

（2）测点的比较性原则　是根据研究内容进行对比观测的因子允许有差异，其他条件要力求一致，如研究地膜覆盖的小气候效应，除观测地段与对照有地膜与无地膜差异外，其他条件如地形、地势、土壤特性、作物种类及耕作措施等均应一致，否则，就不能客观地分析出地膜覆盖的小气候效应。

（3）测点面积的确定原则　该地段与周围活动面的特性差异越大，所选观测地段最小面积就应当越大，反之，可适当小些。如在广阔平坦地区，活动面性质近于一致时，观测地段最小面积为 10m×10m 就可以了。

（4）测点的布置原则　农田小气候观测测点一般分为基本测点和辅助测点两种。基本测点主要是测点，基本测点应选在观测地段中最有代表性的点上，其观测项目、高度、深度要求比较齐全和完整，观测时间要求固定，观测次数要求多些。辅助测点是为某一特殊项目而设置的测点，目的是补充基本测点的不足和更加完全地了解基本测点的小气候特征，辅助测点可以是流动的，也可以是固定的，重点的观测项目、观测高度和深度应与基本测点一致，辅助测点的多少应根据人力和仪器的条件而定。

2. 测点相关数据的记载　测点确定后，必须对测点的客观条件进行描述和记载，主要

有以下几个项目：

（1）编号　即对所有测点统一编号，以免观测记载产生混乱或各测点资料的混杂。

（2）测点的地理位置　标明所在纬度、经度和海拔高度。

（3）测点的地形遮蔽情况　绘制测点的地形遮蔽图，记载测点周围的水域、村庄、工矿、山脉、森林等自然景物的面积大小、相对位置的高度和离测点距离等详细情况。

（4）土壤状况　包括土壤种类、湿润程度以及土壤物理特性。

（5）植被情况　包括森林种类（阔叶林、针叶林、混合林）、农作物种类以及栽培措施和生长发育状况。

（6）天气条件　记载当时的天气条件以及观测温度时的太阳视面状况。

（二）小气候的观测仪器

小气候观测所用的仪器要求是：小巧玲珑，便于携带；示度清晰，便于读数；性能稳定，便于对比；精度较高，便于分析。

1. 通风干湿表

（1）结构与原理　仪器结构如图实-32所示。干、湿球温度表感应部分分别在图实-32a、b的双层防护管内，防护管借助于三通管和两支温度表之间的中心圆管与风扇相通。工作时用插入通风器上特制的钥匙上发条，以开动风扇，在通风器的边沿有缝隙，使得从防护管口引入的空气经过缝隙排到外面去，从而在温度表感应部分周围造成了恒定速度的气流（2.5m/s），以促进感应部分与空气之间的热交换，减少辐射误差。

（2）观测方法　观测前先将仪器挂在测杆上（仪器的温度表感应部分离地面高度视观测目的而定），暴露15min（冬天30min），用玻璃滴管湿润温度表的纱布，然后上好风扇发条，规定的观测时间一到，就可读数。观测注意事项为：

① 玻璃滴管中的水不能超过标线，湿润纱布时，不能让水溢出而弄湿防护管。

② 上发条通风时，所上的发条不能过紧，应留一转，以免拉断发条。

③ 观测时观测者应站在下风向，以免使身体的热量影响感应部分；读数时，先干球后湿球，其他读数方法与百叶箱内的读数相同。

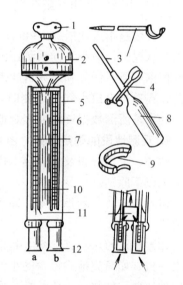

图实-32　通风干湿表的结构
1. 钥匙　2. 通风器　3. 铁挂钩玻璃滴管
4. 夹子　5. 护板　6. 湿球温度表
7. 干球温度表　8. 橡皮囊
9. 防风罩　10. 中央圆管
11. 三通管　12. 双重防护管

④ 每一个高度，要读取3次记录，在读完第一次记录后约30s即应连续读取第2、第3次记录，当读完一个高度的3次记录后，必须加上一次发条（3～4r），以保证仪器正常通风。

⑤ 当风速大于4m/s时，观测前安装仪器就应将防风罩套在风扇迎风面的缝隙处。在没有通风干湿表的条件下，可以做一个有不同梯度的挡罩，将干、湿球温度表平放在挡罩臂上

（感应部分在档罩的两片木制圆盘下方），使得感应部分不受阳光照射，档罩的作用与百叶箱相似。因此，观测值近似于百叶箱内干湿球的数值。但因为档罩四周风速不能控制，所以，以这种干、湿球温度所查算出的空气湿度不够准确。若用"遥测多点温度计"，观测更为方便。

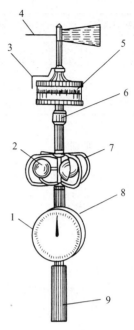

图实-33 轻便风速表
1. 风速表刻度盘 2. 风杯
3. 风向指针 4. 风向标
5. 方位盘 6. 制动小套
7. 十字护架 8. 风速按钮
9. 手柄

2. 轻便风向风速表 仪器结构如图实-33所示，由风向部分（包括风向标、风向指针、方位盘和制动小套）、风速部分（包括十字护架、风杯和风速表主机体）和手柄三个部分组成。

观测时，人应保持直立（若是手持仪器，要使仪器高出头部），风速表刻度盘与当时风向平行。观测者应站在仪器的下风方，将方位盘的制动小套管向下拉，并向右转一角度。启动方位盘，使其能自由转动，按地磁子午线的方向固定下来，注视风向指针约2min，记录其最多的风向，就是所要观测的风向。测风速可与测风向同时进行。在测风速时，待风杯旋转约0.5min，按下风速按钮，待1min后指针自动停止转动，即可从刻度盘上读出风速示值（m/s），将此值从风速检定曲线圈中查出实际风速（取一位小数），即为所测的平均风速。观测完毕，随手将方位盘自动小套管向左转一小角度，让小套管弹回上方，固定好方位盘。

3. 照度计 照度计是测量光照度的仪器，其使用方法见实训二。

（三）观测仪器的设置

在一个测点上观测不同项目的仪器设置，必须遵循仪器间互不影响、并尽量与观测顺序一致的原则。通风干湿表应离地面、地中温度表距离要1.5m左右，其他仪器间隔也要1.0m左右；轻便风速表要安装在上风位置上。在农田中，可安装在同一行间或两个行间，若作物行间很窄，地面温度表和地面最高、最低温度表也可排成一线。在垂直方向上，由于越靠近活动面，气象要素的垂直变化就越大。因此，设置的观测高度必须越靠近活动面越密，而不能机械地按几何等距离分布。农田中一些主要要素的观测参考高度（深度）及仪器种类见表实-9。

表实-9 农田小气候观测项目、所用仪器及记录要求

观测项目	观测高度、深度（cm）	常用仪器种类	记录单位及要求
辐射	0、20、2/3株高、作物层顶、150	各类辐射表	$J/(cm^2 \cdot min)$，两位小数
空气温、湿度	20、2/3株高、作物层顶、150	通风干湿表、普通温度表、温度计、湿度计及遥测仪器	温度:℃，取一位小数；相对湿度:%，取整数
地中温度	0、5、10、15、20、40、80	普通温度表、直管、曲管地温表、多点温度计遥测	取一位小数

（续）

观测项目	观测高度、深度（cm）	常用仪器种类	记录单位及要求
风向、风速	20、2/3株高、株高以上1m	轻便风向风速表	风向：十六方位，风速：m/s，定时观测取整数，其他取一位小数
光照度	地面、2/3株高、株顶上方	照度表	lx（勒克斯），取整数

（四）观测

观测顺序如图实-34所示。

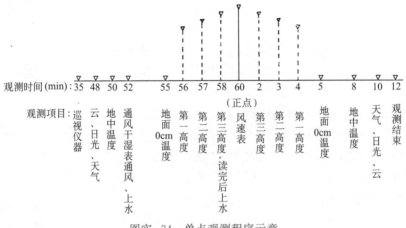

图实-34 单点观测程序示意

（五）资料的整理与分析

1. 基本资料的整理 一个测点的原始记录，在确定所测数据无误的情况下，将记录填写在资料整理表中，进行器差订正，并检查记录有无突变现象，根据日光情况和风的变化决定取舍，然后计算读数的平均值及湿度查算等工作，再根据报表资料绘制气象要素的时间变化图和空间变化分布图。

（1）气象要素时间分布图 以纵坐标表示要素值，横坐标表示时间，绘制而成。此图可以得出气象要素随时间变化的特点。

（2）气象要素空间分布图 以纵坐标表示高度或深度，横坐标表示气象要素值随高度（或深度）的分布情况和变化规律。

通过气候要素随时间和空间分布及变化规律，可以了解一测点气候要素的变化特点，并且对各测点资料进行分析，还可以从图中检查各记录的准确性和代表性。在时间变化图上，发现某一时间记录有突变等不连续现象，可从天气变化情况（如云况、日光等）寻找原因，然后对时间变化图进行订正。

2. 各测点资料的对比分析 在完成各测点的基本资料整理后，为在各测点的小气候特征中寻找它们的差异，必须根据研究任务，进行测点资料对比分析。如只有同裸地的资料比较，才能显示出农田小气候特征，只有同其他作物田的小气候资料进行对比，才能发现某一作物的小气候特征。在这种对比分析时，要特别注意自然地理环境条件以及天气情况的一致性。

（六）观测报告

当对比分析完成以后，就可以书面总结，其中要对测点情况、观测项目、高度（深度）、使用仪器和天气条件进行说明，对观测过程也要适当介绍，但中心内容是气象要素的定性和定量的对比描述，对产生的现象和特征，必须根据气象学的原理，说明物理本质，用表格和图解来揭示各现象之间的联系，从而得出农田小气候观测的初步结论。

✿ 实训作业

在教学实习时连续进行小气候的观测，并进行资料的整理、比较分析，并写出书面小结。

实训十二　干旱分析

干旱是对农作物特别是冬小麦影响较大的农业气象灾害。随着大气中温室气体含量的升高，我国气候出现变暖变干的总趋势，这种趋势对农业生产产生不利的影响。

✿ 实训目的

了解干旱的定量指标，会利用气象资料和土壤墒情资料分析干旱过程。

✿ 实训内容

（一）干旱灾害成因

1. 干旱宏观原因　干旱与人类活动所造成的植物系统分布、温度平衡分布、大气循环状态改变、化学元素分布改变等与人类活动相关的系统改变有直接的关系。

2. 农业干旱的成因　由于大气干旱或土壤干旱导致的作物干旱而引发的农业干旱，直接危及农作物生长发育及产量形成。

大气干旱是在大气温度高、相对湿度低、太阳辐射强烈，并伴有一定的风力情况下，植物蒸腾消耗的水分过多，即便是在土壤水分充足的条件下，根系吸收的水分也不足以补偿蒸腾的支出，造成作物体内水分平衡暂时失调，水分入不敷出。这种干旱往往是短暂的，但如果发生在作物生育中后期就会导致减产。

土壤干旱是由于土壤含水量少，土壤颗粒对水分的吸引力大，作物根系难以从土壤中吸收到足够的水分补偿蒸腾的消耗，体内的水分收支失去平衡，从而影响其生理活动的正常进行，导致作物受旱萎蔫，甚至死亡。

大气干旱与土壤干旱二者相互作用，长时间的大气干旱会导致土壤干旱，同样，土壤干旱也会加重近地气层的大气干旱，若两者同时发生，则危害加重。

（二）干旱分类

1. 气象干旱　根据不足降水量，以特定历时降水的绝对值表示。

2. 气候干旱　根据不足降水量，不是以特定数量，是以与平均值或正常值的比率表示。

3. 大气干旱　不仅涉及降水量，而且涉及温度、湿度、风速、气压等气候因素。

4. 农业干旱　主要涉及土壤含水量和植物生态，或者某种特定作物的形态。

5. 水文干旱　主要考虑河道流量的减少，湖泊或水库库容的减少和地下水位的下降。

（三）干旱指标与等级

1. 气象干旱　一般根据发生的时间段，分为冬旱、春旱、夏旱和秋旱等。根据连续无降水天数，将干旱分为 4 个级别（表实-10）。

表实- 10 连续无降水日数旱情等级划分

季节	地域	不同旱情等级的连续无雨日数（d）			
		轻度干旱	中度干旱	严重干旱	特大干旱
春季（3月至5月） 秋季（9月至11月）	北方	15～30	31～50	51～75	＞75
	南方	10～20	21～45	46～60	＞60
夏季（6月至8月）	北方	10～20	21～30	31～50	＞50
	南方	5～10	11～15	16～30	＞30
冬季（12月至2月）	北方	20～30	31～60	61～80	＞80
	南方	15～25	26～45	46～70	＞70

2. 气候干旱 根据降水量将干旱分为 4 个级别（表实- 11）。

$$D_P = \frac{P - \overline{P}}{\overline{P}} \times 100\%$$

式中：D_P——降水量距平百分率，%；

P——计算时段内降水量，mm；

$\overline{P}$——多年同期平均降水量，mm，一般采用近 30 年的平均值。

表实- 11 降水量距平百分率旱情等级划分

旱情等级	降水量距平百分率 D_P（%）		
	月尺度	季尺度	年尺度
轻度干旱	$-60 < D_P \leqslant -40$	$-50 < D_P \leqslant -25$	$-30 < D_P \leqslant -15$
中度干旱	$-80 < D_P \leqslant -60$	$-70 < D_P \leqslant -50$	$-40 < D_P \leqslant -30$
严重干旱	$-95 < D_P \leqslant -80$	$-80 < D_P \leqslant -70$	$-45 < D_P \leqslant -40$
特大干旱	$D_P \leqslant -95$	$D_P \leqslant -80$	$D_P \leqslant -45$

3. 农业干旱

① 根据0～50cm深度的土壤相对湿度将干旱分为 4 个级别（表实- 12）。

$$土壤相对湿度\ R = \frac{Q}{F_C} \times 100\%$$

式中：R——土壤相对湿度，%；

Q——土壤平均质量含水率，%，土壤质量含水率是指土壤含水量占干土重的百分比；

F_C——土壤田间持水量，%，田间持水量是指在地下水位较低情况下，土壤所能保持的悬着水的最大量。

表实- 12 土壤相对湿度旱情等级划分

旱情等级	轻度干旱	中度干旱	严重干旱	特大干旱
土壤相对湿度 R（%）	$50 < R \leqslant 60$	$40 < R \leqslant 50$	$30 < R \leqslant 40$	$R \leqslant 30$

② 根据农作物(冬小麦) 各个发育期和不同土壤质地的土壤含水量将干旱分为 4 个级别（表实- 13）。

表实-13　土壤含水量适宜指标和干旱指标（相对湿度，%，深度 0～50cm）

发育期	指标	沙土	壤土	黏土
播种—出苗	适宜	60～85	63～88	67～90
	轻旱	52.5～60	53～63	63～67
	中旱	45～52.5	45～53	52～63
	重旱	≤45	≤45	≤52
出苗—返青	适宜	55～85	58～88	63～90
	轻旱	50～55	52.7～58	60.5～63
	中旱	40～50	42～52.7	50.4～63.2
	重旱	≤40	≤42	≤50.4
返青—抽穗	适宜	60～85	60.4～88	71～90
	轻旱	50～60	55.4～60.4	63.2～71
	中旱	40～50	43～55.4	50.4～63.2
	重旱	≤40	≤43	≤50.4
抽穗—成熟	适宜	62～85	63.8～88	70.3～90
	轻旱	45～62	53.5～63.8	61.3～70.3
	中旱	40～50	43～53.5	47.3～61.3
	重旱	≤40	≤43	≤47.3

（四）干旱分析

1. 利用最长连续无降水日数进行分析　资料选取北方某地 2009 年 9 月—2010 年 6 月逐日降水量（表实-14），按照表实-10 的等级划分，从表实-14 中可以计算出自 10 月 13 日至 10 月 30 日连续 18d 无降水（含降水量 0.0mm），达到了轻度秋旱。之后 11 月 13 日至 11 月 27 日连续 15d 无降水，再度达到轻度秋旱。自 12 月 1 日至 2 月 5 日连续 67d 无降水，达到了严重冬旱。自 3 月 23 日至 4 月 11 日连续 20d 无降水，达到了轻度春旱。

2. 利用降水相对变率进行分析　资料选取北方某地 2009 年 9 月—2010 年 6 月逐日降水量（表实-14），及该地对应时间段（月份）1981—2010 年 30 年的月平均降水量（表实-15）。

表实-14　某地 2009 年 9 月—2010 年 6 月逐日降水量（mm）

年月 日期	2009 年				2010 年					
	9	10	11	12	1	2	3	4	5	6
1							0.0	0.0		
2										
3	0.0	0.0					0.0			
4	0.6						0.1		1.7	1.2
5							5.7		0.4	
6	9.0					0.3				
7	0.0	0.1				1.1				
8	1.3	0.1				0.0	0.0			1.4

（续）

日期\年月	2009年 9	10	11	12	2010年 1	2	3	4	5	6
9	0.7		0.0			1.2				23.5
10		0.0				2.6				
11	0.0	0.1	11.8			2.0				
12	0.0	2.0	25.6					1.3	0.0	
13	3.8								0.6	
14	6.3			0.0			8.1	3.7		
15	0.2		0.0	0.0			0.6			
16	0.2			0.0					2.6	
17	1.5								6.1	
18	6.1						0.4			
19	2.3									3.3
20	15.9				0.0			11.0		
21					0.0			36.3	0.3	
22							1.3		1.1	
23										2.5
24	5.9									
25	3.4									
26										
27						0.0			5.8	
28		0.4				2.4			0.6	
29							0.0			
30		0.0								0.0
31		7.0								
月计	57.2	9.3	37.8	0.0	0.0	9.6	16.2	52.3	19.2	31.9

表实- 15　某地 1981—2010 年平均降水量

月份	9	10	11	12	1	2	3	4	5	6
降水量（mm）	67.8	35.5	20.9	8.8	8.0	10.5	27.0	31.3	65.9	70.5

利用降水量旱情等级划分公式可计算出某地 2009 年 9 月—2010 年 6 月逐月及季的降水相对变率（表实- 16）。

表实- 16　某地 2009 年 9 月—2010 年 6 月降水相对变率

月（季节）	9	10	11	12	1	2	3	4	5	6	秋	冬	春
距平百分率（%）	−16	−74	81	−100	−100	−9	−40	67	−71	−55	−16	−65	−29

例如：2009 年 10 月降水相对变率：

$$D_P = \frac{P-\overline{P}}{\overline{P}} \times 100\% = \frac{9.3-35.5}{35.5} \times 100\% = -74\%$$

按照表实- 11 的等级划分，从表实- 16 中可以看出，2010 年 3 月和 6 月降水相对变率分别为−40%和−55%，达到了轻度干旱；2009 年 10 月、2010 年 5 月和冬季达到了中度干旱；

2009年12月和2010年1月达到了特大干旱。

3. 利用土壤相对湿度进行分析 资料选取北方某地2009年9月—2010年6月每旬逢8日测得的土壤相对湿度资料（表实-17）。按照表实-12的等级划分，从表实-17的0～50cm栏中可以看出：10月中旬至下旬，11月中旬至1月下旬，2月中旬至下旬，6月上旬、下旬分别达到了轻度干旱。而1月中旬、2月上旬、3月、5月上旬至中旬分别达到了中度干旱。11月上旬、4月上旬至中旬达到了严重干旱。

表实- 17 某地 2009 年 9 月—2010 年 6 月土壤相对湿度（%）

年 月 日	深度（cm）	0～10	10～20	20～30	30～40	40～50	0～30	0～50
2009	9月8日	63	63	57	60	65	61	62
	9月18日	69	66	57	63	64	64	64
	9月28日	62	61	57	65	67	60	62
	10月8日	36	42	41	50	52	40	44
	10月18日	40	44	46	56	64	43	50
	10月28日	32	42	51	62	74	42	52
	11月8日	27	37	36	43	55	33	40
	11月18日	62	58	50	53	58	57	56
	11月28日	50	48	55	70	72	51	59
	12月8日	41	46	57	70	73	48	57
	12月18日	38	49	52	73	63	46	55
	12月28日	36	45	53	61	66	45	52
2010	1月8日	30	44	56	71	71	43	54
	1月18日	42	43	46	49	54	44	47
	1月28日	31	49	56	57	61	45	51
	2月8日	27	40	47	50	48	38	42
	2月18日	48	47	51	66	72	49	57
	2月28日	39	50	58	61	73	49	56
	3月8日	40	43	46	56	52	43	47
	3月18日	40	43	40	44	48	41	43
	3月28日	42	37	37	45	48	39	42
	4月8日	27	30	37	45	50	31	38
	4月18日	22	32	42	45	52	32	39
	4月28日	50	57	58	70	72	55	61
	5月8日	33	40	42	55	58	38	46
	5月18日	45	43	41	50	53	43	46
	5月28日	71	64	62	74	71	66	68
	6月8日	35	46	56	71	68	46	55
	6月18日	69	64	68	64	65	67	66
	6月28日	44	53	55	65	65	51	56

4. 利用农作物（冬小麦）发育期干旱指标进行分析 资料选取北方某地2009年9月—2010年6月每旬逢8日测得的土壤相对湿度（壤土）资料（表实-17）。小麦各发育期对应

的时间段，见表实-18。

表实-18　某地冬小麦发育期时间段

发育期	播种～出苗	出苗～返青	返青～抽穗	抽穗～成熟
时段	10月12日～10月18日	10月19日～2月24日	2月25日～4月23日	4月24日～6月1日

按照表实-13的等级划分和表实-18冬小麦各发育期时段，从表实-17中可以看出，播种～出苗为中度干旱。出苗～返青，有2旬出现重度干旱（11月上旬和2月上旬），4旬出现中度干旱，5旬出现轻度干旱。返青～抽穗，有1旬轻度干旱，1旬出现中度干旱，连续4旬出现重度干旱。抽穗～成熟，有1旬出现轻度干旱，连续2旬出现中度干旱。

✿ **实训作业**

1. 收集当地逐日降水量，分析各类季节性干旱发生的程度。
2. 收集当地作物生长期内的逐日降水量，分析干旱发生的情况。

附录

附录1 日照时间表
（日出至日落间之时数）

月	北 纬								
	0°	10°	20°	24°	28°	32°	36°	40°	42°
	逐 月 日 照 总 时 数 （时）								
1月	374.8	358.9	342.2	334.9	327.3	318.9	309.7	299.4	293.7
2月平	338.4	329.8	321.2	317.5	313.6	309.4	304.7	299.6	296.8
（闰）	(350.4)	(341.6)	(332.7)	(328.9)	(324.8)	(320.4)	(315.6)	(310.3)	(307.4)
3月	374.4	373.1	372.0	371.6	371.1	370.5	369.9	369.3	368.9
4月	362.4	369.2	377.3	380.5	384.2	388.2	392.4	397.3	399.9
5月	374.6	388.9	404.2	411.0	418.3	426.1	434.8	444.4	449.8
6月	362.7	379.9	398.2	400.4	415.2	424.6	435.2	447.0	453.6
7月	374.7	391.0	408.0	415.6	423.8	432.6	442.4	453.5	459.6
8月	374.4	384.7	395.4	400.2	405.2	410.7	416.9	423.5	427.3
9月	362.2	364.4	366.3	367.1	368.1	369.3	370.5	371.8	372.6
10月	374.3	368.1	361.1	358.1	354.9	351.6	347.9	343.9	341.8
11月	362.6	349.2	334.6	328.3	321.6	314.5	306.7	297.9	293.1
12月	374.8	357.1	338.1	329.9	321.2	311.7	301.2	239.5	283.0
平年	4 410.3	4 414.3	4 418.6	4 421.1	4 424.5	4 428.1	4 432.3	4 437.1	4 440.1
（闰年）	(4 422.3)	(4 426.1)	(4 430.1)	(4 432.5)	(4 435.7)	(4 439.1)	(4 443.2)	(4 447.8)	(4 450.7)
月 日	逐 日 日 照 时 数 （时）								
1月1日	12.08	11.52	10.90	10.63	10.35	10.04	9.70	9.32	9.11
6日	12.10	11.53	10.93	10.67	10.40	10.10	9.77	9.40	9.19
11日	12.10	11.55	10.97	10.72	10.46	10.17	9.85	9.50	9.30
16日	12.08	11.57	11.02	10.78	10.53	10.25	9.95	9.62	9.43
21日	12.08	11.60	11.08	10.85	10.61	10.35	10.07	9.75	9.58
26日	12.08	11.62	11.14	10.93	10.71	10.47	10.21	9.91	9.75
2月1日	12.08	11.67	11.23	11.04	10.84	10.62	10.38	10.11	9.97
6日	12.08	11.70	11.30	11.13	10.95	10.75	10.54	10.30	10.17
11日	12.08	11.75	11.38	11.23	11.07	10.90	10.71	10.50	10.38
16日	12.08	11.78	11.47	11.34	11.20	11.05	10.88	10.70	10.60
21日	12.08	11.83	11.56	11.45	11.33	11.20	11.06	10.91	10.83
26日	12.08	11.87	11.65	11.56	11.46	11.36	11.24	11.12	11.05
3月1日	12.08	11.88	11.71	11.63	11.55	11.46	11.35	11.25	11.19

（续）

月 日	北 纬								
	0°	10°	20°	24°	28°	32°	36°	40°	42°
	逐 日 日 照 时 数（时）								
3月6日	12.08	11.95	11.80	11.75	11.69	11.62	11.54	11.46	11.42
11日	12.08	11.98	11.90	11.86	11.82	11.78	11.73	11.68	11.65
16日	12.07	12.03	12.00	11.98	11.96	11.94	11.92	11.90	11.89
21日	12.08	12.08	12.10	12.10	12.11	12.11	12.12	12.13	12.13
26日	12.07	12.13	12.20	12.23	12.26	12.29	12.32	12.35	12.37
4月1日	12.07	12.17	12.30	12.35	12.41	12.47	12.53	12.61	12.65
6日	12.08	12.22	12.40	12.47	12.55	12.63	12.72	12.83	12.88
11日	12.08	12.27	12.49	12.58	12.68	12.79	12.91	13.04	13.11
16日	12.07	12.30	12.58	12.69	12.81	12.95	13.09	13.25	13.34
21日	12.08	12.37	12.67	12.80	12.94	13.10	13.27	13.46	13.56
26日	12.08	12.40	12.76	12.90	13.07	13.25	13.44	13.66	13.78
5月1日	12.08	12.43	12.83	13.00	13.19	13.39	13.61	13.85	13.98
6日	12.08	12.48	12.91	13.10	13.30	13.52	13.76	14.03	14.18
11日	12.08	12.52	12.98	13.19	13.41	13.65	13.91	14.20	14.37
16日	12.08	12.55	13.05	13.27	13.51	13.77	14.05	14.36	14.54
21日	12.08	12.58	13.11	13.35	13.60	13.87	14.17	14.51	14.69
26日	12.08	12.60	13.17	13.42	13.68	13.96	14.28	14.64	14.83
6月1日	12.08	12.63	13.22	13.48	13.76	14.06	14.39	14.76	14.97
6日	12.08	12.65	13.25	13.52	13.81	14.12	14.46	14.85	15.07
11日	12.08	12.67	13.28	13.55	13.84	14.16	14.52	14.91	15.13
16日	12.08	12.68	13.29	13.57	13.87	14.19	14.55	14.95	15.17
21日	12.08	12.68	13.30	13.58	13.88	14.20	14.56	14.96	15.19
26日	12.08	12.68	13.29	13.57	13.87	14.19	14.55	14.95	15.18
7月1日	12.08	12.68	13.28	13.55	13.84	14.16	14.52	14.92	15.14
6日	12.08	12.65	13.25	13.52	13.81	14.12	14.46	14.86	15.07
11日	12.08	12.63	13.22	13.48	13.76	14.06	14.39	14.77	14.98
16日	12.08	12.62	13.18	13.43	13.70	13.99	14.31	14.67	14.87
21日	12.08	12.60	13.13	13.37	13.63	13.90	14.20	14.55	14.74
26日	12.08	12.57	13.07	13.30	13.54	13.79	14.08	14.41	14.59
8月1日	12.08	12.53	12.99	13.20	13.42	13.66	13.93	14.22	14.39
6日	12.08	12.50	12.92	13.11	13.32	13.54	13.79	14.05	14.20
11日	12.07	12.47	12.85	13.02	13.20	13.41	13.63	13.87	14.00
16日	12.08	12.42	12.77	12.92	13.08	13.26	13.46	13.68	13.80
21日	12.07	12.37	12.68	12.82	12.96	13.12	13.29	13.49	13.60
26日	12.08	12.33	12.59	12.71	12.83	12.97	13.12	13.29	13.33
9月1日	12.07	12.27	12.49	12.58	12.68	12.79	12.91	13.04	13.11
6日	12.08	12.23	12.40	12.47	12.55	12.63	12.72	12.83	12.88
11日	12.07	12.20	12.30	12.35	12.41	12.47	12.54	12.61	12.65
16日	12.08	12.13	12.21	12.24	12.27	12.31	12.35	12.40	12.42
21日	12.07	12.10	12.11	12.12	12.13	12.15	12.17	12.18	12.19
26日	12.08	12.05	12.02	12.01	12.00	11.99	11.98	11.96	11.96

（续）

月 日	北　　　　纬								
	0°	10°	20°	24°	28°	32°	36°	40°	42°
	逐　日　日　照　时　数（时）								
10月1日	12.07	12.00	11.93	11.89	11.86	11.82	11.78	11.74	11.72
6日	12.08	11.97	11.83	11.78	11.72	11.66	11.59	11.52	11.43
11日	12.07	11.92	11.74	11.67	11.59	11.50	11.40	11.31	11.25
16日	12.08	11.87	11.65	11.55	11.45	11.34	11.22	11.09	11.02
21日	12.07	11.83	11.56	11.44	11.31	11.18	11.04	10.88	10.80
26日	12.07	11.78	11.46	11.33	11.18	11.03	10.86	10.68	10.58
11月1日	12.08	11.75	11.37	11.21	11.04	10.86	10.66	10.44	10.32
6日	12.08	11.70	11.28	11.11	10.92	10.71	10.49	10.25	10.12
11日	12.08	11.67	11.21	11.01	10.80	10.58	10.34	10.07	9.92
16日	12.08	11.63	11.14	10.92	10.70	10.46	10.20	9.90	9.73
21日	12.08	11.60	11.08	10.85	10.61	10.35	10.07	9.75	9.57
26日	12.08	11.58	11.02	10.78	10.52	10.25	9.95	9.61	9.42
12月1日	12.10	11.55	10.97	10.72	10.45	10.17	9.85	9.49	9.30
6日	12.10	11.53	10.93	10.67	10.40	10.10	9.77	9.40	9.20
11日	12.10	11.53	10.90	10.64	10.36	10.05	9.71	9.33	9.12
16日	12.08	11.52	10.88	10.62	10.33	10.01	9.67	9.29	9.07
21日	12.10	11.50	10.88	10.61	10.32	10.00	9.65	9.27	9.05
26日	12.08	11.52	10.88	10.61	10.32	10.01	9.66	9.23	9.06

月	北　　　　纬								
	44°	46°	48°	50°	52°	54°	56°	58°	60°
	逐　月　日　照　总　时　数（时）								
1月	287.8	281.2	274.0	266.2	257.6	248.0	237.1	224.7	210.2
2月（平）	293.7	290.4	286.8	283.1	276.5	272.0	266.5	260.6	254.1
（闰）	(304.2)	(300.8)	(297.1)	(293.2)	(286.5)	(281.8)	(276.1)	(270.0)	(263.3)
3月	368.5	368.1	367.8	367.4	366.2	365.7	365.1	364.5	363.8
4月	402.6	405.6	408.9	412.5	415.2	419.3	424.0	429.2	435.1
5月	455.5	481.7	468.5	475.9	484.5	493.7	504.1	516.0	530.1
6月	460.7	468.4	476.8	486.2	498.2	510.2	521.1	540.5	560.3
7月	466.1	473.2	480.9	489.5	501.4	512.4	524.9	539.3	556.7
8月	431.3	435.5	440.2	445.3	453.0	459.3	466.5	474.5	483.5
9月	373.4	374.2	375.1	376.2	379.9	381.4	383.0	384.8	386.7
10月	339.4	336.9	334.1	331.3	330.3	327.0	323.4	319.3	314.8
11月	287.9	282.4	276.3	269.7	265.0	257.2	248.5	237.7	227.1
12月	276.1	268.5	260.4	251.4	242.3	231.1	231.4	203.6	186.2
平年	4 443.0	4 446.1	4 449.8	4 454.7	4 470.1	4 477.3	4 415.6	4 494.7	4 508.6
（闰年）	(4 453.0)	(4 456.5)	(4 460.1)	(4 464.8)	(4 480.1)	(4 487.1)	(4 525.2)	(4 504.1)	(4 517.8)

（续）

月　日	北　纬								
	44°	46°	48°	50°	52°	54°	56°	58°	60°
	逐　日　日　照　时　数（时）								
1月1日	8.89	8.65	8.39	8.10	7.82	7.45	7.03	6.55	5.98
6日	8.98	8.74	8.48	8.20	7.92	7.57	7.17	6.70	6.17
11日	9.09	8.86	8.62	8.35	8.07	7.73	7.67	6.92	6.42
16日	9.23	9.01	8.78	8.52	8.27	7.93	7.58	7.18	6.72
21日	9.39	9.19	8.97	8.73	8.48	8.18	7.85	7.48	7.05
26日	9.58	9.39	9.18	8.96	8.73	8.47	8.17	7.80	7.42
2月1日	9.82	9.65	9.45	9.26	9.05	8.82	8.55	8.25	7.90
6日	10.03	9.88	9.71	9.53	9.35	9.13	8.88	8.62	8.33
11日	10.25	10.12	9.97	9.82	9.65	9.47	9.25	9.00	8.77
16日	10.49	10.37	10.25	10.12	9.95	9.80	9.62	9.42	9.20
21日	10.74	10.64	10.53	10.42	10.28	10.13	9.98	9.82	9.65
26日	10.98	10.90	10.81	10.72	10.62	10.50	10.38	10.23	10.10
3月1日	11.12	11.05	10.98	10.90	10.80	10.72	10.60	10.50	10.37
6日	11.37	11.32	11.27	11.21	11.13	11.07	11.00	10.92	10.83
11日	11.62	11.59	11.56	11.53	11.48	11.43	11.40	11.33	11.27
16日	11.88	11.87	11.86	11.85	11.82	11.78	11.78	11.75	11.73
21日	12.14	12.14	12.15	12.16	12.17	12.17	12.17	12.17	12.18
26日	12.39	12.41	12.44	12.47	12.48	12.52	12.55	12.60	12.65
4月1日	12.69	12.74	12.79	12.84	12.88	12.95	13.02	13.10	13.20
6日	12.94	13.01	13.80	13.16	13.22	13.32	13.42	13.52	13.65
11日	13.19	13.27	13.36	13.45	13.56	13.67	13.80	13.93	14.10
16日	13.43	13.53	13.64	13.76	13.88	14.02	14.18	14.35	14.55
21日	13.67	13.79	13.92	14.06	14.20	14.37	14.55	14.75	15.02
26日	13.90	14.03	14.18	14.34	14.52	14.72	14.92	15.18	15.45
5月1日	14.12	14.27	14.44	14.63	14.82	15.05	15.28	15.57	15.88
6日	14.34	14.51	14.69	14.86	15.13	15.37	15.65	15.95	16.32
11日	14.54	14.73	14.93	15.15	15.40	15.67	15.98	16.33	16.73
16日	14.72	14.93	15.15	15.39	15.67	15.95	16.30	16.68	17.13
21日	14.89	15.11	15.35	15.61	15.90	16.23	16.60	17.02	17.50
26日	15.04	15.27	15.52	15.80	16.13	16.47	16.87	17.32	17.87
6月1日	15.20	15.44	15.70	15.99	16.35	16.72	17.15	17.63	18.23
6日	15.30	15.55	15.82	16.12	16.48	16.88	17.32	17.85	18.47
11日	15.37	15.63	15.91	16.22	16.62	17.00	17.47	18.02	18.67
16日	15.41	15.67	15.96	16.28	16.68	17.08	17.55	18.12	18.78
21日	15.43	15.69	15.98	16.30	16.72	17.12	17.58	18.15	18.85
26日	15.42	15.68	15.97	16.29	16.68	17.10	17.56	18.13	18.82
7月1日	15.37	15.63	15.92	16.24	16.63	17.03	17.50	18.05	18.72
6日	15.30	15.55	15.83	16.14	16.53	16.90	17.37	17.90	18.53
11日	15.21	15.46	15.72	16.01	16.40	16.77	17.20	17.70	18.32
16日	15.09	15.32	15.57	15.85	16.22	16.58	16.98	17.47	18.02
21日	14.94	15.16	15.40	15.67	16.02	16.37	16.73	17.18	17.70
26日	14.78	14.99	15.21	15.46	15.80	16.10	16.47	16.87	17.35

（续）

月 日	北 纬								
	44°	46°	48°	50°	52°	54°	56°	58°	60°
	逐 日 日 照 时 数（时）								
8月1日	14.56	14.75	14.95	15.17	15.48	15.77	16.08	16.45	16.88
6日	14.36	14.53	14.72	14.93	15.22	15.47	15.77	16.08	16.47
11日	14.15	14.31	14.48	14.67	14.92	15.15	15.42	15.72	16.05
16日	13.94	14.08	14.23	14.39	14.63	14.83	15.07	15.32	15.62
21日	13.72	13.84	13.96	14.11	14.32	14.48	14.68	14.92	15.18
26日	13.47	13.57	13.69	13.82	14.00	14.15	14.33	14.52	14.73
9月1日	13.19	13.27	13.36	13.46	13.62	13.75	13.88	14.02	14.18
6日	12.95	13.01	13.08	13.16	13.30	13.40	13.50	13.62	13.75
11日	12.70	12.74	12.79	12.85	12.97	13.03	13.12	13.20	13.30
16日	12.45	12.48	12.51	12.54	12.63	12.68	12.72	12.78	12.85
21日	12.20	12.21	12.22	12.23	12.30	12.32	12.35	12.38	12.40
26日	11.95	11.94	11.93	11.92	11.97	11.97	11.97	11.97	11.95
10月1日	11.69	11.67	11.64	11.61	11.65	11.62	11.58	11.53	11.50
6日	11.44	11.40	11.35	11.30	11.30	11.25	11.18	11.12	11.05
11日	11.19	11.13	11.06	10.99	10.98	10.88	10.82	10.72	10.60
16日	10.95	10.87	10.78	10.68	10.65	10.53	10.43	10.30	10.15
21日	10.71	10.61	10.50	10.39	10.32	10.18	10.05	9.88	9.70
26日	10.47	10.35	10.22	10.09	10.02	9.85	9.68	9.48	9.25
11月1日	10.19	10.05	9.90	9.74	9.63	9.45	9.23	9.00	8.73
6日	9.97	9.82	9.65	9.47	9.33	9.12	8.88	8.62	8.30
11日	9.76	9.59	9.40	9.20	9.05	8.82	8.55	8.25	7.88
16日	9.56	9.38	9.17	8.95	8.78	8.52	8.22	7.88	7.50
21日	9.39	9.19	8.96	8.72	8.52	8.25	7.92	7.55	7.12
26日	9.22	9.01	8.77	8.52	8.30	8.00	7.65	7.25	6.78
12月1日	9.09	8.86	8.61	8.34	8.12	7.78	7.42	6.98	6.48
6日	8.98	8.73	8.48	8.20	7.95	7.60	7.22	6.75	6.22
11日	8.89	8.64	8.38	8.09	7.83	7.47	7.07	6.58	6.02
16日	8.84	8.59	8.32	8.02	7.75	7.38	6.95	6.47	5.90
21日	8.82	8.57	8.30	8.00	7.70	7.33	6.90	6.43	5.83
26日	8.84	8.59	8.31	8.01	7.72	7.35	6.92	6.45	5.85

附录 2　湿度查算表

（摘自中国气象局《湿度查算表》1980 年 12 月版本）

t_w	e	γ	t_d	t_w	e	γ	t_d	t_w	e	γ	t_d
	−10.0			−7.0	1.6	36	−17.0	−4.0	1.2	18	−20.4
−12.0	1.1	39	−21.4	−6.0	2.6	57	−11.3	−3.0	2.2	34	−13.1
−11.0	2.0	69	−14.6	−5.0	3.5	78	−7.3	−2.0	3.3	50	−8.3
−10.0	2.9	100	−10.0	−4.0	4.5	100	−4.0	−1.0	4.3	66	−4.6
	−9.0				−3.0			0.0	5.4	83	−1.6
−11.0	1.3	42	−19.5	−7.0	0.9	19	−23.2	1.0	6.6	100	1.0
−10.0	2.2	71	−13.3	−6.0	1.9	39	−15.0		2.0		
−9.0	3.1	100	−9.0	−5.0	2.9	59	−9.9	−3.0	1.6	22	−17.4
	−8.0			−4.0	3.9	79	−6.1	−2.0	2.6	37	−11.2
−11.0	0.6	19	−27.5	−3.0	4.9	100	−3.0	−1.0	3.7	52	−6.8
−10.0	1.5	46	−17.7		−2.0			0.0	4.8	68	−3.3
−9.0	2.4	73	−12.1	−6.0	1.2	23	−20.2	1.0	5.9	84	−0.5
−8.0	3.3	100	−8.0	−5.0	2.2	42	13.2	2.0	7.1	100	2.0
	−7.0			−4.0	3.2	61	−8.5		3.0		
−10.0	0.9	24	−24.3	−3.0	4.2	80	−4.9	−2.0	1.9	26	−14.8
−9.0	1.8	49	−16.0	−2.0	5.3	100	−2.0	−1.0	3.0	40	−9.4
−8.0	2.7	74	−10.8		−1.0			0.0	4.1	54	−5.3
−7.0	3.6	100	−7.0	−5.0	1.5	27	−17.5	1.0	5.2	69	−2.1
	−6.0			−4.0	2.5	45	−11.5	2.0	6.4	84	0.6
				−3.0	4.6	63	−7.2	3.0	7.6	100	3.0
−9.0	1.1	28	−21.6	−2.0	3.6	81	−3.8		4.0		
−8.0	2.0	52	−14.4	−1.0	5.7	100	−1.0	−2.0	1.3	16	−19.8
−7.0	3.0	76	−9.6		0.0			−1.0	2.3	29	−12.5
−6.0	3.9	100	−6.0	−5.0	0.9	14	−24.0	0.0	3.4	42	−7.7
	−5.0			−4.0	1.9	31	−15.2	1.0	4.6	56	−3.9
−8.0	1.3	32	−19.2	−3.0	2.9	47	−9.8	2.0	5.7	70	−0.9
−7.0	2.3	54	−12.8	−2.0	3.9	65	−5.9	3.0	6.9	85	1.7
−6.0	3.2	77	−8.4	−1.0	5.0	82	−2.7	4.0	8.1	100	4.0
−5.0	4.2	100	−5.0	0.0	6.1	100	0.0		5.0		
	−4.0				1.0			−1.0	1.7	19	−16.6

t_w	e	γ	t_d	t_w	e	γ	t_d	t_w	e	γ	t_d
0.0	2.8	32	−10.4	3.0	3.6	31	−7.2	9.0	9.5	68	6.2
1.0	3.9	45	−6.0	4.0	4.8	42	−3.3	10.0	10.9	78	8.3
2.0	5.1	58	−2.6	5.0	6.1	93	−0.1	11.0	12.5	89	10.2
3.0	6.2	72	0.3	6.0	7.3	64	2.6	12.0	14.0	100	12.0
4.0	7.5	86	2.8	7.0	8.7	76	4.9		13.0		
5.0	8.7	100	5.0	8.0	10.1	88	7.1	4.0	2.1	14	−13.7
	6.0			9.0	11.5	100	9.0	5.0	3.4	23	−7.9
0.0	2.1	23	−13.8		10.0			6.0	4.7	31	−3.6
1.0	3.2	35	−8.5	2.0	1.7	14	−16.3	7.0	6.0	40	−0.2
2.0	4.4	47	−4.5	3.0	2.9	24	−9.8	8.0	7.4	49	2.6
3.0	5.6	60	−1.3	4.0	4.1	34	−5.3	9.0	8.8	59	5.1
4.0	6.8	73	1.5	5.0	5.4	44	−1.7	10.0	10.3	69	7.4
5.0	8.1	86	3.9	6.0	6.7	54	1.2	11.0	11.8	79	9.4
6.0	9.3	100	6.0	7.0	8.0	65	3.8	12.0	13.3	89	11.3
	7.0			8.0	9.4	76	6.1	13.0	15.0	100	13.0
0.0	1.4	14	−18.4	9.0	10.8	88	8.1		14.0		
1.0	2.6	26	−11.4	10.0	12.3	100	10.0	5.0	2.7	17	−10.7
2.0	3.7	37	−6.6		11.0			6.0	4.0	25	−5.7
3.0	4.9	49	−3.0	3.0	2.2	17	−13.2	7.0	5.3	33	−1.8
4.0	6.1	61	0.0	4.0	3.5	26	−7.6	8.0	6.7	42	1.3
5.0	7.4	74	2.6	5.0	4.7	36	−3.5	9.0	8.1	51	4.0
6.0	8.7	87	4.9	6.0	6.0	46	−0.2	10.0	9.6	60	6.4
7.0	10.0	100	7.0	7.0	7.3	56	2.6	11.0	11.1	70	8.5
	8.0			8.0	8.7	66	5.0	12.0	12.7	79	10.5
1.0	1.9	18	−15.1	9.0	10.1	77	7.2	13.0	14.3	90	12.3
2.0	3.1	28	−9.2	10.0	11.0	88	9.2	14.0	16.0	100	14.0
3.0	4.2	40	−4.9	11.0	13.1	100	11.0		15.0		
4.0	5.5	51	−1.5		12.0			4.0	0.8	5	−25.2
5.0	6.7	63	1.3	3.0	1.6	11	−17.4	5.0	2.0	12	−14.2
6.0	8.5	75	3.8	4.0	2.8	20	−10.3	6.0	3.3	20	−8.0
7.0	9.3	7	6.0	5.0	4.0	29	−5.5	7.0	4.7	27	−3.6
8.0	10.7	100	8.0	6.0	5.3	38	−1.8	8.0	6.1	36	−0.1
	9.0			7.0	6.7	48	1.2	9.0	7.5	44	2.8
				8.0	8.4	57	3.9	10.0	8.9	52	5.4
2.0	2.4	21	−12.3								

（续）

t_w	e	γ	t_d	t_w	e	γ	t_d	t_w	e	γ	t_d
11.0	10.4	61	7.6	11.0	8.4	41	4.6	21.0			
12.0	12.0	71	9.7	12.0	10.0	49	7.0	9.0	3.5	14	−7.5
13.0	13.6	80	11.6	13.0	11.6	56	9.2	10.0	4.9	20	−2.9
14.0	15.3	90	13.3	14.0	13.3	65	11.2	11.0	6.4	26	0.7
15.0	17.0	100	15.0	15.0	15.0	73	13.1	12.0	8.0	32	3.8
16.0				16.0	16.8	82	14.8	13.0	9.0	39	6.4
6.0	2.7	15	−10.9	17.0	18.7	91	16.4	14.0	11.3	45	8.8
7.0	4.0	22	−5.7	18.0	20.6	100	18.0	15.0	13.0	52	10.9
8.0	5.4	30	−1.7	19.0				16.0	14.8	60	12.9
9.0	6.8	37	1.5	8.0	3.4	15	−7.9	17.0	16.7	67	14.7
10.0	8.3	46	4.2	9.0	4.8	22	−3.3	18.0	18.6	75	16.4
11.0	9.8	54	6.7	10.0	6.3	29	0.4	19.0	20.6	83	18.0
12.0	11.3	62	8.8	11.0	7.8	35	3.4	20.0	22.7	91	19.5
13.0	13.0	71	10.8	12.0	9.3	43	6.0	21.0	24.9	100	21.0
14.0	14.6	81	12.7	13.0	11.0	50	8.3	22.0			
15.0	16.4	90	14.4	14.0	12.6	58	10.4	9.0	2.8	11	−10.3
16.0	18.2	100	16.0	15.0	14.4	65	12.4	10.0	4.3	16	−4.8
17.0				16.0	16.2	74	14.2	11.0	5.8	22	−0.8
6.0	2.0	10	−14.4	17.0	18.0	82	15.9	12.0	7.3	28	2.6
7.0	3.3	17	−8.0	18.0	20.0	91	17.5	13.0	9.0	34	5.4
8.0	4.7	24	−3.5	19.0	22.0	100	19.0	14.0	10.6	40	7.9
9.0	6.1	32	0.1	20.0				15.0	12.4	47	10.1
10.0	7.6	39	3.1	8.0	2.7	12	−10.7	16.0	14.2	54	12.2
11.0	9.1	47	5.6	9.0	4.1	18	−5.2	17.0	16.0	61	14.1
12.0	10.7	55	7.9	10.0	5.6	24	−1.2	18.0	18.0	68	15.8
13.0	12.3	64	10.0	11.0	7.1	30	2.1	19.0	20.0	76	17.5
14.0	14.0	72	12.0	12.0	8.7	37	4.9	20.0	22.0	83	19.1
15.0	15.7	81	13.7	13.0	10.3	44	7.4	21.0	24.2	92	20.6
16.0	17.5	90	15.4	14.0	12.0	51	9.6	22.0	26.4	100	22.0
17.0	19.4	100	17.0	15.0	13.7	59	11.7	23.0			
18.0				16.0	15.5	66	13.5	10.0	3.6	13	−7.1
7.0	2.7	13	−10.0	17.0	17.4	74	15.3	11.0	5.1	18	−2.4
8.0	4.1	20	−5.5	18.0	19.3	83	10.9	12.0	6.7	24	1.2
9.0	5.5	27	−1.5	19.0	21.3	91	18.5	13.0	8.3	30	4.3
10.0	6.9	34	1.8	20.0	23.4	100	20.0	14.0	10.0	36	6.9

（续）

t_w	e	γ	t_d	t_w	e	γ	t_d	t_w	e	γ	t_d
15.0	11.7	42	9.3	21.0	22.2	70	19.2	25.0	30.3	85	24.3
16.0	13.5	48	11.4	22.0	24.4	77	20.7	26.0	32.9	92	25.7
17.0	15.4	55	13.4	23.0	26.7	84	22.2	27.0	35.6	100	27.0
18.0	17.3	62	15.2	24.0	29.2	92	23.6		28.0		
19.0	19.3	69	16.9	25.0	31.7	100	25.0	12.0	3.3	9	−8.0
20.0	21.4	76	18.6		26.0			13.0	5.0	13	−2.8
21.2	23.5	84	20.1	11.0	3.1	9	−8.9	14.0	6.6	18	1.2
22.0	25.8	92	21.6	12.0	4.7	14	−3.6	15.0	8.4	22	4.4
23.0	28.1	100	23.0	13.0	6.3	19	0.4	16.0	10.2	27	7.2
	24.0			14.0	8.0	24	3.7	17.0	12.0	32	9.7
10.0	2.9	10	−9.7	15.0	9.7	29	6.5	18.0	14.0	37	11.9
11.0	4.4	15	−4.3	16.0	11.5	34	9.0	19.0	16.0	42	14.0
12.0	6.0	20	−0.2	17.0	13.4	40	11.3	20.0	18.0	48	15.9
13.0	7.6	26	3.1	18.0	15.3	46	13.3	21.0	20.2	53	17.7
14.0	9.3	31	5.9	19.0	17.3	51	15.2	22.0	22.4	59	19.3
15.0	11.0	37	8.4	20.0	19.4	58	17.0	23.0	24.7	65	20.9
16.0	12.8	43	10.7	21.0	21.5	64	18.7	24.0	27.2	72	22.4
17.0	14.7	49	12.7	22.0	23.8	71	20.3	25.0	29.7	78	23.9
18.0	10.6	56	14.6	23.0	26.1	78	21.8	26.0	32.3	85	25.3
19.0	18.6	62	16.4	24.0	28.5	85	23.2	27.0	35.0	93	26.7
20.0	20.7	69	18.1	25.0	31.2	92	24.6	28.0	37.8	100	28.0
21.0	22.9	77	19.6	26.0	33.6	100	26.0		29.0		
22.0	25.1	84	21.2		27.0			13.0	4.3	11	−4.7
23.0	27.4	92	22.6	12.0	4.0	11	−5.7	14.0	6.0	15	−0.3
24.0	29.8	100	24.0	13.0	5.6	16	−1.1	15.0	7.7	19	3.2
	25.0			14.0	7.3	20	2.5	16.0	9.5	24	6.2
11.0	3.8	12	−6.4	15.0	9.0	25	5.5	17.0	11.4	28	8.9
12.0	5.3	17	−1.8	16.0	10.8	30	8.2	18.0	13.3	33	11.2
13.0	7.0	22	1.8	17.0	12.7	36	10.5	19.0	15.3	38	13.3
14.0	8.6	27	4.9	18.0	14.6	41	12.6	20.0	17.4	43	15.3
15.0	10.4	33	7.5	19.0	16.6	47	14.6	21.0	19.5	49	17.1
16.0	12.2	38	9.9	20.0	18.7	52	16.5	22.0	21.8	54	18.9
17.0	14.0	44	12.0	21.0	20.9	59	18.2	23.0	24.1	60	20.5
18.0	16.0	50	14.0	22.0	23.1	65	19.8	24.0	26.5	66	22.0
19.0	18.0	57	15.8	23.0	25.4	71	21.4	25.0	29.0	72	23.5
20.0	20.0	63	17.5	24.0	27.8	78	22.8	26.0	31.6	79	25.0

（续）

t_w	e	γ	t_d	t_w	e	γ	t_d	t_w	e	γ	t_d
27.0	34.3	86	26.4	29.0	38.7	86	28.4	17.0	8.0	15	3.8
28.0	37.1	93	27.7		32.0			18.0	10.0	19	6.9
29.0	40.1	100	29.0	15.0	5.7	12	−0.9	19.0	12.0	22	9.6
	30.0			16.0	7.5	16	2.9	20.0	14.0	26	12.0
14.0	5.3	12	−1.9	17.0	9.4	20	6.0	21.0	16.2	30	14.2
15.0	7.0	17	2.0	18.0	11.3	24	8.8	22.0	18.4	35	16.2
16.0	8.8	21	5.2	19.0	13.3	28	11.2	23.0	20.7	39	18.1
17.0	10.7	25	8.0	20.0	15.4	32	13.4	24.0	23.2	44	19.9
18.0	12.6	30	10.4	21.0	17.5	37	15.4	25.0	25.7	48	21.5
19.0	14.6	34	12.6	22.0	19.8	42	17.3	26.0	28.3	53	23.1
20.0	16.7	39	14.7	23.0	22.1	46	19.1	27.0	31.0	58	24.6
21.0	18.9	44	16.6	24.0	24.5	52	20.8	28.0	33.8	64	26.1
22.0	21.1	50	18.4	25.0	27.0	57	22.4	29.0	36.7	69	27.5
23.0	23.4	55	20.0	26.0	29.6	62	23.9		35.0		
24.0	25.8	61	21.6	27.0	32.3	68	25.3	16.0	5.5	10	−1.4
25.0	28.3	67	23.1	28.0	35.1	74	26.7	17.0	7.4	13	2.6
26.0	30.9	73	24.6	29.0	38.1	80	28.1	18.0	9.3	17	5.9
27.0	33.6	79	26.0		33.0			19.0	11.3	20	8.8
28.0	36.5	86	27.4	15.0	5.0	10	2.6	20.0	13.4	24	11.3
29.0	39.4	93	28.7	16.0	6.8	14	1.6	21.0	15.5	28	13.6
	31.0			17.0	8.7	17	5.0	22.0	17.8	32	15.6
14.0	4.6	10	−3.7	18.0	10.6	21	7.9	23.0	20.1	36	17.6
15.0	6.4	14	0.6	19.0	12.6	25	10.4	24.0	22.5	40	19.4
16.0	8.2	18	4.1	20.0	14.7	29	12.7	25.0	25.0	44	21.1
17.0	10.0	22	7.0	21.0	16.9	34	14.8	26.0	27.6	49	22.7
18.0	12.0	27	9.6	22.0	19.1	38	16.8	27.0	30.3	54	24.3
19.0	14.0	31	11.9	23.0	21.4	43	18.6	28.0	33.1	59	25.8
20.0	16.0	36	14.1	24.0	23.8	47	20.3	29.0	36.0	64	27.2
21.0	18.2	40	16.0	25.0	26.3	52	21.9	30.0	39.1	70	28.6
22.0	20.4	45	17.8	26.0	28.9	58	23.5		36.0		
23.0	22.7	51	19.6	27.0	31.6	63	25.0	17.0	6.7	11	1.3
24.0	25.2	56	21.2	28.0	34.5	69	26.4	18.0	8.6	15	4.8
25.0	27.7	62	22.8	29.0	37.4	74	27.8	19.0	10.6	18	7.9
26.0	30.3	67	24.2		34.0			20.0	12.7	21	10.5
27.0	33.0	73	25.7	16.0	6.2	12	0.1	21.0	14.9	25	12.9
28.0	35.8	80	27.1					22.0	17.1	29	15.0

（续）

t_w	e	γ	t_d	t_w	e	γ	t_d	t_w	e	γ	t_d
23.0	19.4	33	17.0		38.0			26.0	24.9	36	21.0
24.0	21.8	37	18.9	18.0	7.3	11	2.5	27.0	27.6	40	22.7
25.0	24.3	41	20.7	19.0	9.3	14	5.9	28.0	30.5	44	24.3
26.0	26.9	45	22.3	20.0	11.4	17	8.9	29.0	33.4	48	25.9
27.0	29.6	50	23.9	21.0	13.5	20	11.5	30.0	36.4	52	27.4
28.0	32.5	55	25.4	22.0	15.8	21	13.8	31.0	39.6	57	28.8
20.0	35.4	60	26.9	23.0	18.1	27	15.9		40.0		
30.0	38.4	65	28.3	24.0	20.5	31	17.9	16.0	2.2	3	−13.5
	37.0			25.0	23.9	35	19.7	17.0	4.0	5	−5.6
17.0	6.0	10	−0.2	26.0	25.6	39	21.5	18.0	6.0	8	−0.3
18.0	8.0	13	3.7	27.0	28.3	43	23.1	19.0	8.0	11	3.7
19.0	10.0	16	6.9	28.0	31.1	47	24.7	20.0	10.0	14	7.0
20.0	12.0	19	9.7	29.0	34.0	51	26.2	21.0	12.0	17	9.9
21.0	14.2	23	12.2	30.0	37.1	56	27.7	22.0	14.4	20	12.4
22.0	16.4	26	14.4		39.0			23.0	16.7	23	14.7
23.0	18.7	30	15.5	18.0	6.6	9	1.1	24.0	19.2	26	16.8
24.0	21.2	34	18.4	19.0	8.6	12	4.8	25.0	21.7	29	18.8
25.0	23.7	38	20.2	20.0	10.7	15	8.0	26.0	24.3	33	20.6
26.0	26.3	42	21.9	21.0	12.9	18	10.7	27.0	27.0	37	22.3
27.0	9.0	46	23.5	22.0	15.1	22	13.1	28.0	29.8	40	24.0
28.0	31.8	51	25.1	23.0	17.4	25	15.2	29.0	32.7	44	25.5
29.0	34.7	55	26.6	24.0	19.8	28	17.4	30.0	35.8	48	27.1
30.0	37.8	60	28.0	25.0	22.3	32	19.3	31.0	3.9	53	28.5

注：t_w 为湿球温度；e 为水汽压；γ 为相对湿度；t_d 为露点温度。

附录 3 用绝对湿度（e）查取露点温度（t_d）表

e (hPa)	t_d (℃)	e (hPa)	t_d (℃)	e (hPa)	t_d (℃)	e (hPa)	t_d (℃)
0.001	−80	0.08	−48	1.2	−21	7.9～8.4	4
0.002	−76	0.09	−47	1.3	−20	8.5～9.0	5
0.003	−74	0.10	−46	1.4	−19	9.1～9.6	6
0.004	−72	0.11	−45	1.5	−18	9.7～10.3	7
0.005	−70	0.12～0.13	−44	1.6	−17	10.4～11.1	8
0.006	−69	0.14	−43	1.7～1.8	−16	11.2～11.8	9
0.007	−68	0.15～0.16	−42	1.9	−15	11.9～12.7	10
0.008	−67	0.17	−41	2.0～2.1	−14	12.8～13.5	11
0.009	−66	0.18～0.19	−40	2.2～2.3	−13	13.6～14.5	12
0.010	−65	0.20～0.21	−39	2.4～2.5	−12	14.6～15.4	13
0.011～0.012	−64	0.22～0.24	−38	2.6～2.7	−11	15.5～16.5	14
0.013	−63	0.25～0.26	−37	2.8～2.9	−10	16.6～17.6	15
0.014～0.015	−62	0.27～0.29	−36	3.0～3.2	−9	17.7～18.7	16
0.016～0.017	−61	0.30～0.32	−35	3.3～3.4	−8	18.8～20.0	17
0.018～0.019	−60	0.33～0.36	−34	3.5～3.7	−7	20.1～21.3	18
0.020～0.022	−59	0.37～0.39	−33	3.8～4.0	−6	21.4～22.6	19
0.023～0.026	−58	0.40～0.44	−32	4.1～4.3	−5	22.7～24.1	20
0.027～0.029	−57	0.45～0.48	−31	4.4～4.7	−4	24.2～25.6	21
0.030～0.033	−56	0.49～0.53	−30	4.8～5.0	−3	25.7～27.2	22
0.034～0.037	−55	0.54～0.59	−29	5.1～5.4	−2	27.3～28.9	23
0.038～0.041	−54	0.6	−28	5.5～5.8	−1	29.0～30.7	24
0.042～0.045	−53	0.7	−27	5.9～6.1	−0	30.8～32.6	25
0.046～0.050	−52	0.8	−25	6.2～6.3	+0	32.7～34.6	26
0.051～0.055	−51	0.9	−24	6.4～6.7	1	34.7～36.7	27
0.06	−50	1.0	−23	6.8～7.3	2	36.8～38.9	28
0.07	−49	1.1	−22	7.4～7.8	3	39.0～41.2	29

附录4　饱和水汽压表

1. 水面上饱和水汽压（hPa）

t（℃）	0	1	2	3	4	5	6	7	8	9
0	6.2	6.2	6.2	6.2	6.3	6.3	6.4	6.4	6.5	6.5
1	6.6	6.6	6.7	6.7	6.8	6.8	6.9	6.9	7.0	7.0
2	7.0	7.1	7.2	7.2	7.3	7.3	7.4	7.4	7.5	7.5
3	7.6	7.6	7.7	7.7	7.8	7.8	7.9	8.0	8.0	8.1
4	8.1	8.2	8.2	8.3	8.4	8.4	8.5	8.5	8.6	8.7
5	8.7	8.8	8.8	8.9	9.0	9.0	9.1	9.2	9.2	9.3
6	9.4	9.4	9.5	9.5	9.6	9.7	9.7	9.8	9.9	10.0
7	10.0	10.1	10.2	10.2	10.3	10.4	10.4	10.5	10.6	10.6
8	10.7	10.8	10.9	11.0	11.0	11.1	11.2	11.2	11.3	11.4
9	11.5	11.6	11.6	11.7	11.8	11.9	12.0	12.0	12.1	12.2
10	12.3	12.4	12.4	12.5	12.6	12.7	12.8	12.9	13.0	13.0
11	13.1	13.2	13.3	13.4	13.5	13.6	13.7	13.8	13.8	13.9
12	14.0	14.1	14.2	14.3	14.4	14.5	14.6	14.7	14.8	14.9
13	15.0	15.1	15.2	15.3	15.4	15.5	15.6	15.7	15.8	15.9
14	16.0	16.1	16.2	16.3	16.4	16.5	16.6	16.7	16.8	17.0
15	17.1	17.2	17.3	17.4	17.5	17.6	17.7	17.8	18.0	18.1
16	18.2	18.3	18.4	18.5	18.7	18.8	18.9	19.0	19.1	19.3
17	19.4	19.5	19.6	19.8	19.9	20.0	20.1	20.3	20.4	20.5
18	20.6	20.8	20.9	21.0	21.2	21.3	21.4	21.6	21.7	21.8
19	22.0	22.1	22.3	22.4	22.5	22.7	22.8	23.0	23.1	23.2
20	23.4	23.5	23.7	23.8	24.0	24.1	24.3	24.4	24.6	24.7
21	24.9	25.0	25.2	25.4	25.5	25.7	25.8	26.0	26.1	26.3
22	26.5	26.6	26.8	26.9	27.1	27.3	27.4	27.6	27.8	27.9
23	28.1	28.3	28.5	28.6	28.8	29.0	29.2	29.3	29.5	29.7
24	29.9	30.0	30.2	30.4	30.6	30.8	31.0	31.1	31.3	31.5
25	31.7	31.9	32.1	32.3	32.5	32.7	32.9	33.0	33.2	33.4
26	33.6	33.8	34.0	34.2	34.4	34.6	34.9	35.1	35.3	35.5
27	35.7	35.9	36.1	36.3	36.5	36.8	37.0	37.2	37.4	37.6
28	37.8	38.1	38.3	38.5	38.7	39.0	39.2	39.4	39.6	39.9
29	40.1	40.3	40.6	40.8	41.0	41.3	41.5	41.8	42.0	42.2
30	42.5	42.7	43.0	43.2	43.5	43.7	44.0	44.2	44.5	44.7

（续）

t (℃)	0	1	2	3	4	5	6	7	8	9
31	45.0	45.2	45.5	45.8	46.0	46.3	46.5	46.8	47.1	47.3
32	47.6	47.9	48.1	48.4	48.7	49.0	49.2	49.5	49.8	50.1
33	50.4	50.6	50.9	51.2	51.5	51.8	52.1	52.4	52.7	53.0
34	53.3	53.6	53.8	54.2	54.5	54.8	55.1	55.4	55.7	56.0
35	56.3	56.6	56.9	57.2	57.6	57.9	58.2	58.5	58.8	59.2
36	59.5	59.8	60.1	60.5	60.8	61.1	61.5	61.8	62.2	62.5
37	62.8	63.2	63.5	63.9	64.2	64.6	64.9	65.3	65.6	66.0
38	66.3	66.7	67.0	67.4	67.8	68.2	68.5	68.9	69.3	69.6
39	70.0	70.4	70.8	71.1	71.5	71.9	72.3	72.7	73.1	73.5
40	73.8	74.2	74.6	75.0	75.4	75.8	76.2	76.6	77.1	77.5
41	77.9	78.3	78.7	79.1	79.5	80.0	80.4	80.8	81.2	81.7
42	82.1	82.5	83.0	83.4	83.8	84.3	84.7	85.2	85.6	86.1
43	86.5	87.0	87.4	87.9	88.3	88.8	89.2	89.7	90.2	90.6
44	91.1	91.6	92.1	92.6	93.0	93.5	94.0	94.5	95.0	95.5
45	96.0	96.4	96.9	97.4	97.9	98.4	98.9	99.4	100.0	100.5
46	101.0	101.5	102.0	102.6	103.1	103.6	104.1	104.6	105.2	105.7
47	106.3	106.8	107.3	107.9	108.4	109.0	109.5	110.1	110.6	111.2
48	111.8	112.3	112.9	113.5	114.0	114.6	115.2	115.8	116.3	116.9
49	117.5	118.1	118.7	119.3	119.9	120.5	121.1	121.7	122.3	122.9

注：如左侧 t 下为 8，右侧表头为 6，即为 8.6℃下的水面上饱和水汽压为 11.2hPa。

2. 冰面上饱和水汽压（hPa）

t (℃)	0	1	2	3	4	5	6	7	8	9
−49	0.04	0.04	0.04	0.04	0.04	0.04	0.04	0.04	0.04	0.04
−48	0.05	0.05	0.05	0.05	0.05	0.05	0.05	0.05	0.05	0.05
−47	0.06	0.06	0.06	0.06	0.05	0.05	0.05	0.05	0.05	0.05
−46	0.06	0.06	0.06	0.06	0.06	0.06	0.06	0.06	0.06	0.06
−45	0.07	0.07	0.07	0.07	0.07	0.07	0.07	0.07	0.07	0.07
−44	0.08	0.08	0.08	0.08	0.08	0.08	0.08	0.08	0.07	0.07
−43	0.09	0.09	0.09	0.09	0.09	0.09	0.09	0.08	0.08	0.08
−42	0.10	0.10	0.10	0.10	0.10	0.10	0.10	0.10	0.09	0.09
−41	0.12	0.11	0.11	0.11	0.11	0.11	0.11	0.11	0.11	0.11
−40	0.13	0.13	0.13	0.13	0.12	0.12	0.12	0.12	0.12	0.12
−39	0.15	0.14	0.14	0.14	0.14	0.14	0.14	0.13	0.13	0.13
−38	0.16	0.16	0.16	0.16	0.16	0.15	0.15	0.15	0.15	0.15

（续）

t（℃）	0	1	2	3	4	5	6	7	8	9
-37	0.18	0.18	0.18	0.18	0.17	0.17	0.17	0.17	0.17	0.16
-36	0.20	0.20	0.20	0.20	0.19	0.19	0.19	0.19	0.19	0.18
-35	0.23	0.22	0.22	0.22	0.22	0.21	0.21	0.21	0.21	0.20
-34	0.25	0.25	0.25	0.24	0.24	0.24	0.24	0.23	0.23	0.23
-33	0.28	0.28	0.27	0.27	0.27	0.27	0.26	0.26	0.26	0.25
-32	0.31	0.31	0.31	0.30	0.30	0.30	0.29	0.29	0.29	0.28
-31	0.34	0.34	0.34	0.34	0.33	0.33	0.33	0.32	0.32	0.32
-30	0.38	0.38	0.38	0.37	0.37	0.37	0.36	0.36	0.35	0.35
-29	0.43	0.42	0.42	0.41	0.41	0.41	0.40	0.40	0.39	0.39
-28	0.47	0.46	0.46	0.46	0.45	0.45	0.45	0.44	0.44	0.43
-27	0.52	0.52	0.51	0.51	0.50	0.50	0.49	0.49	0.48	0.48
-26	0.58	0.57	0.57	0.56	0.56	0.55	0.55	0.54	0.53	0.53
-25	0.64	0.63	0.63	0.62	0.62	0.61	0.60	0.60	0.59	0.59
-24	0.71	0.70	0.69	0.69	0.68	0.67	0.67	0.66	0.65	0.65
-23	0.78	0.77	0.77	0.76	0.75	0.74	0.74	0.73	0.72	0.71
-22	0.86	0.85	0.85	0.84	0.83	0.82	0.81	0.80	0.80	0.79
-21	0.95	0.94	0.93	0.92	0.91	0.90	0.90	0.89	0.88	0.87
-20	1.05	1.04	1.03	1.02	1.01	1.00	0.99	0.98	0.97	0.96
-19	1.15	1.14	1.13	1.12	1.11	1.10	1.09	1.08	1.07	1.06
-18	1.26	1.25	1.24	1.23	1.22	1.21	1.19	1.18	1.17	1.16
-17	1.39	1.38	1.36	1.35	1.34	1.33	1.31	1.30	1.29	1.28
-16	1.52	1.52	1.50	1.48	1.47	1.46	1.44	1.43	1.41	1.40
-15	1.67	1.66	1.64	1.63	1.61	1.60	1.58	1.57	1.55	1.54
-14	1.83	1.81	1.80	1.78	1.77	1.75	1.73	1.72	1.70	1.69
-13	2.00	1.99	1.97	1.95	1.93	1.92	1.90	1.88	1.86	1.85
-12	2.19	2.17	2.15	2.14	2.12	2.10	2.08	2.06	2.04	2.02
-11	2.40	2.38	2.36	2.34	2.32	2.29	2.27	2.25	2.23	2.21
-10	2.62	2.60	2.57	2.55	2.53	2.51	2.49	2.46	2.44	2.42
-9	2.86	2.84	2.81	2.79	2.76	2.74	2.71	2.69	2.67	2.64
-8	3.12	3.09	3.07	3.04	3.02	3.99	2.96	2.94	2.91	2.88
-7	3.40	3.37	3.34	3.32	3.29	3.26	3.23	3.20	3.18	3.15
-6	3.70	3.67	3.64	3.61	3.58	3.55	3.52	3.49	3.46	3.43
-5	4.03	4.00	3.97	3.93	3.90	3.87	3.84	3.80	3.77	3.74
-4	4.39	4.35	4.31	4.28	4.25	4.21	4.17	4.41	4.10	4.07
-3	4.77	4.73	4.69	4.65	4.62	4.58	4.54	4.50	4.46	4.43
-2	5.18	5.14	5.10	5.06	5.02	4.98	4.93	4.89	4.85	4.81
-1	5.63	5.58	5.54	5.49	5.45	5.40	5.36	5.32	5.27	5.23
-0	6.11	6.06	6.01	5.96	5.91	5.86	5.82	5.77	5.72	5.67

附录5 天气预报用语和符号摘要

气象台站在绘制天气图或进行观测记录时，对于天气系统和天气现象，常用统一规定的符号来表示，现摘要如下：

天气系统符号

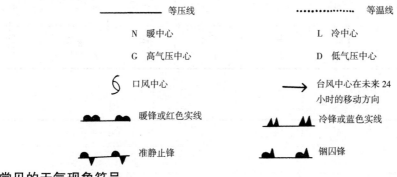

常见的天气现象符号

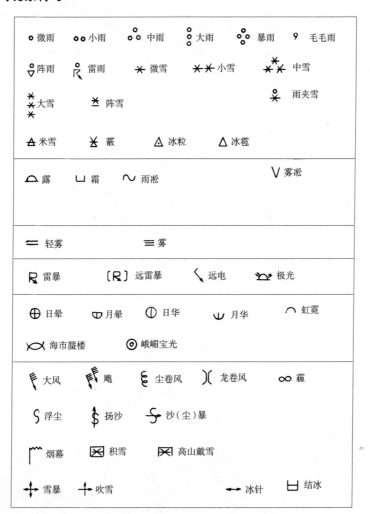

风的符号　箭杆表示风的来向，箭羽表示风的速度。

风速（m/s）	1	2	3～4	5～6	7～8	9～10	11～12
符号							

风速（m/s）	13～14	15～16	17～18	19～20	21～22	23～24	25～26
符号							

云类符号

C_L（低云）		C_M（低云）		C_N（低云）	
符号	云类	符号	云类	符号	云类
	淡积云		透光高层云		毛卷云
	浓积云		蔽光高层云		密卷云
	秃积雨云		蔽光高积云		伪卷云
	积云性层积云		荚状高积云		钩卷云
	层积云		层状透光高积云		卷层云（高度角小于45°）
	层云		积云性高积云		卷层云（高度角大于45°）
	碎雨云		蔽光高积云		卷层云布满天空
	积云		堡状高积云		卷层云未布满天空
	鬃状积雨云		混乱天空的高积云		卷积云

参考文献

陈家豪.1999.农业气象学 [M].北京：中国农业出版社.

程万银.1996.农业气象 [M].北京：中国农业出版社.

贡复俊.1993.农业气象学 [M].北京：中国农业出版社.

韩湘玲，马思延.2002.二十四节气与农业生产 [M].北京：金盾出版社.

河北省保定农业学校.1985.农业气象 [M].北京：农业出版社.

刘汉中.1990.普通农业气象学 [M].北京：北京农业大学出版社.

罗汉民，彭安仁，吴诗敦.1986.气候学 [M].北京：气象出版社.

马秀玲，刁瑛元，吴钟玲.1996.农业气象 [M].北京：中国农业科技出版社.

彭安仁，陈林铫，仇永康.1981.天气学 [M].北京：气象出版社.

彭小峡，马国清.1985.农村实用气象问答400例 [M].北京：人民日报出版社.

山东省林业学校.1985.气象学 [M].北京：中国林业出版社.

王景文.1985.农业气象学 [M].哈尔滨：黑龙江朝鲜民族出版社.

吴永莲，涂美珍.1987.气象学基础 [M].北京：北京师范大学出版社.

信乃诠.2001.农业气象学 [M].重庆：重庆出版社.

姚丽华.1992.气象学 [M].北京：中国林业出版社.

张亚红.2008.农业气象观测实习指导 [M].银川：宁夏人民教育出版社.

中国科协青少年工作部，团中央宣传部.1985.青少年科技活动全书 [M].气象分册.北京：中国青年出版社.

中国农业科学院.1999.中国农业气象学 [M].北京：中国农业出版社.

中国气象局.2003.地面气象观测规范 [M].北京：气象出版社.

中山大学，兰州大学，西北大学.1984.气象学与气候学 [M].北京：高等教育出版社.

朱振全.2010.农业生产与气象 [M].北京：金盾出版社.

图书在版编目（CIP）数据

农业气象/闫凌云主编. —5 版. —北京：中国
农业出版社，2019.10（2021.11重印）
"十二五"职业教育国家规划教材　经全国职业教育
教材审定委员会审定　高等职业教育农业农村部"十三五"
规划教材
ISBN 978-7-109-26166-2

Ⅰ.①农…　Ⅱ.①闫…　Ⅲ.①农业气象-高等职业教
育-教材　Ⅳ.①S16

中国版本图书馆 CIP 数据核字（2019）第 242857 号

中国农业出版社出版

地址：北京市朝阳区麦子店街 18 号楼

邮编：100125

责任编辑：王　斌

版式设计：韩小丽　责任校对：周丽芳

印刷：北京通州皇家印刷厂

版次：2001 年 7 月第 1 版　2019 年 10 月第 5 版

印次：2021 年 11 月第 5 版北京第 3 次印刷

发行：新华书店北京发行所

开本：787mm×1092mm　1/16

印张：17.5

字数：420 千字

定价：54.00 元
